JN063399

世界の宇宙ビジネス法

小塚荘一郎 笹岡愛美 編著

商事法務

はしがき

　2021（令和 3）年は、宇宙ビジネス（商業宇宙活動）にとって、ひとつの画期をなす年として記憶されるであろう。7月 11日、宇宙ツーリズムの先駆者として注目を集めてきた米国のヴァージン・ギャラクティック社は、創業者のリチャード・ブランソン氏が搭乗する機体によって、宇宙空間への飛行に成功し、7月 20日にはブルーオリジン社の機体「ニューシェパード」がそれに続いた。また、宇宙デブリの軌道上除去に挑む日本のアストロスケール社は、3月に実証機 ELSA-d を打ち上げ、今後、軌道上で実証実験を行う予定と伝えられる。宇宙ビジネスのすそ野も急速に広がりつつあり、5月には、宇宙関連技術の事業化を支援するためのフォーラムとして宇宙サービスイノベーションラボ事業協同組合が設立され、多種多様な宇宙ビジネスが日本から生み出される予兆を感じさせた。マスメディアによる日々の報道でも、科学分野だけではなく、経済分野のニュースとして、宇宙ビジネスやそれに対する出資が、連日、取り上げられるようになっている。

　本書は、このように宇宙ビジネスが日常的な事業機会となった時代を迎える中で、企業法務関係者が関心を寄せるグローバルな宇宙法について、研究者と実務家が共同して執筆したものである。本書の元となった共同研究「投資・金融のフロンティアとしての宇宙ビジネスに関する法制度の研究」の成果は、宇宙ビジネス法の意義をいち早く認められた（一社）国際商事法研究所のご厚意により、国際商事法務 45 巻 11 号（2017 年）から 48 巻 9 号（2020 年）まで、隔月で掲載された。今回、単行書として刊行するにあたり、米国の宇宙分野における調達法制や、世界的に注目を集める商業宇宙輸送（宇宙ツーリズム）法制、近年の発展が目ざましいアラブ首長国連邦（UAE）の宇宙法などについて新しい項目を追加し、また、既出の論稿も最新の動向を確認して、内容をアップデートしている。

　上記の共同研究に対しては、2016 年度から 2020 年度まで、（公財）野村

財団による「金融・証券のフロンティアを拓く研究」の助成を受けてきた。この助成金に応募した2015年当時、宇宙ビジネス法はきわめて尖った研究課題であり、研究メンバー（編者両名のほか青木節子、増田史子および重田麻紀子の各教授）は、しばしば、目新しい研究に関与する者として好奇のまなざしを向けられた。当時は、いわゆる宇宙2法（「人工衛星等の打上げ及び人工衛星の管理に関する法律」と「衛星リモートセンシング記録の適正な取扱いの確保に関する法律」）も検討の途上であって、官民を挙げて宇宙ビジネスへの投資が促進される現在の状況などはとても予想できなかったことを思えば、無理もなかったと言えよう。そのような中で、研究メンバーは、宇宙ビジネスに関する世界の法制度を学術的に検討することの意義を信じて研究を進め、2019年には、いわば中間報告として『宇宙六法』（青木節子＝小塚荘一郎編、信山社）を出版した。本書は、それをふまえた共同研究の最終的な成果であり、志を同じくする研究者および実務家の方々とともに、グローバルな宇宙ビジネス法の動向を正確に記述し、それが持つ含意を論じたものである。

　ささやかな本書の刊行も、多くの方々のご配慮やご尽力に支えられている。とりわけ、本書の元となった連載をお引き受けいただいた国際商事法務の姫野春一編集長、共同研究を助成により支えてくださった（公財）野村財団、共同研究の事務局を担当してくださった慶應義塾大学宇宙法研究センター（とりわけ事務局員の宮田善之氏）には、編者両名より、心から御礼を申し上げる。また、原稿の整理等を補助していただいた小塚研究室（小塚ビジネス法研究所 Kozuka's TASK）スタッフの藤原もと子、一宮舞の両氏および笹岡研究室スタッフの松﨑めぐみ氏にも、そして、株式会社商事法務の澁谷禎之氏に、末尾ながら大きな謝意を表したい。

　　令和3年7月

小塚荘一郎　笹岡愛美

目　次

第1章

序　説

第2章

宇宙ビジネスを規律する各国法

目次

第3章

宇宙ビジネスを支える法的基盤

目次

第4章

宇宙ビジネスのフロンティア

第5章

宇宙ビジネスをめぐる基礎理論の展開

略語表

本書では略語として下記のものを使用する。

宇宙活動法（日本国）	人工衛星等の打上げ及び人工衛星の管理に関する法律（平成 28 年法律 76 号）
衛星リモートセンシング法	衛星リモートセンシング記録の適正な取扱いの確保に関する法律（平成 28 年法律 77 号）
宇宙条約	月その他の天体を含む宇宙空間の探査及び利用における国家活動を律する原則に関する条約（1966 年 12 月 13 日採択、1967 年 10 月 10 日発効）
救助返還協定	宇宙飛行士の救助及び送還並びに宇宙空間に打ち上げられた物体の返還に関する協定（1967 年 12 月 12 日採択、1968 年 12 月 3 日発効）
宇宙損害責任条約	宇宙物体により引き起こされる損害についての国際的責任に関する条約（1971 年 11 月 29 日採択、1972 年 9 月 1 日発効）
宇宙物体登録条約	宇宙空間に打ち上げられた物体の登録に関する条約（1974 年 11 月 12 日採択、1976 年 9 月 5 日発効）
月協定	月その他の天体における国家活動を律する協定（1979 年 12 月 14 日採択、1984 年 7 月 11 日発効）
アルテミス合意	平和的目的のための月、火星、彗星及び小惑星の民生探査及び利用における協力のための原則（2020 年 10 月 13 日署名）
COPUOS, UNCOPUOS	国連宇宙空間平和利用委員会（United Nations Committee on the Peaceful Uses of Outer Space）
OOSA, UNOOSA	国連宇宙部（United Nations Office for Outer Space Affairs）
ITU	国際電気通信連合（International Telecommunication Union）

ICAO	国際民間航空機関（International Civil Aviation Organization）
EU	欧州連合（European Union）
ESA	欧州宇宙機関（European Space Agency）
JAXA	国立研究開発法人宇宙航空研究開発機構（Japan Aerospace Exploration Agency）
NASA	米国航空宇宙局（National Aeronautics and Space Administration）
FAA	米国連邦航空局（Federal Aviation Administration）
AST	商業宇宙輸送室（Office of Commercial Space Transportation）
CNES	フランス国立宇宙研究センター（Centre National d'Etudes Spatiales）
ISS	国際宇宙ステーション（International Space Station）

第1章

序　　説

宇宙ビジネス法とは何か

小塚荘一郎

I　はじめに

　ここ数年の間に、日本では、宇宙ビジネスに対する関心が急速に高まってきた。宇宙活動がもはや JAXA や NASA のような宇宙機関のみによって担われるものではないという認識は人々の間に広く普及し、民間事業者による宇宙への挑戦がメディアに取り上げられる機会も増えた。平成27年12月に開催された宇宙開発戦略本部の会合で、当時の安倍首相は自ら「GDP600兆円に向けた生産性革命において、宇宙分野を柱の一つとして推進していく」と発言し[1]、平成30年3月には、再び安倍首相が、以後5年間で宇宙分野に1000億円の投資（リスクマネー供給）を実行すると宣言した[2]。この間に、いわゆる宇宙2法（人工衛星等の打上げ及び人工衛星の管理に関する法律〔宇宙活動法〕および衛星リモートセンシング記録の適正な取扱いの確保に関する法律〔衛星リモートセンシング法〕）が成立したことなども契機となり[3]、宇宙ビジネスの法もまた、注目されるようになった。弁護士

---

1)　第11回宇宙開発戦略本部会合議事要旨〈http://www.kantei.go.jp/jp/singi/utyuu/honbu/dai11/gijiyoushi.pdf〉参照。

2)　内閣府、総務省、外務省、文部科学省、経済産業省「宇宙ベンチャー育成のための新たな支援パッケージ」（平成30年3月20日）〈https://www8.cao.go.jp/space/policy/pdf/package.pdf〉参照。

3)　笹岡愛美「日本の宇宙法制──宇宙二法の成立を振り返る」法律のひろば74巻4号（2021年）4頁。

会が、宇宙法の部会を立ち上げて研究を進める事例も現れている[4]。

　しかし、他の宇宙活動国が持っている宇宙ビジネス法の内容や、国際的なフォーラムにおける法ルールの議論といった海外の動向については、必ずしも正確に理解されていない場合もある。また、折しもここ数年の間に、海外では、宇宙諸条約に関する注釈書[5] や、宇宙法の各分野を網羅した体系書[6] が相次いで刊行されたことと比較すると、日本における宇宙ビジネス法への関心は、なお緒に就いたばかりという印象を否めない。宇宙ビジネスについては、政策的な議論の中で制度が論じられる場合も少なくないが、そうであればこそ、海外の状況とこれまでの議論の蓄積について、正確な理解を共有することが重要であると考えられる。これが、本書を刊行する趣旨である。

　「世界の宇宙ビジネス法」の全体像を描き出す一つの方法は、宇宙大国から新興国までさまざまな宇宙活動国の法制を国ごとに紹介することであろう。しかし、すべての宇宙活動国の国内法制を正確に調査しようとしても、一次資料の利用可能性をはじめとして障害は少なくない。また、宇宙ビジネスのルールは、後述するとおり国内法だけではなく国際的な規範によっても形成されているが、国ごとの記述では、そうした国際的な動向を十分に伝えられない。そこで、本書では、これまで宇宙ビジネスをリードしてきた米国・フランスと、近年になって自国の宇宙産業の支援に乗り出した英国・ルクセンブルク・ニュージーランド・アラブ首長国連邦について国内法を記述するとともに、衛星向け周波数の割当て、宇宙ファイナンス、商業有人宇宙飛行（いわゆる宇宙ツーリズム）、宇宙資源開発等の重要なト

---

4)　第一東京弁護士会編『これだけは知っておきたい！　弁護士による宇宙ビジネスガイド』（同文舘出版、2018 年）、東京弁護士会主催シンポジウム「宇宙旅行の実現に向けた最新の動向—日本が宇宙旅行のハブになるために—」（2021 年 3 月 15 日）など。

5)　Stephan Hobe, Bernhard Schmidt-Tedd and Kai-Uwe Schrogl (eds), *Cologne Commentary on Space Law* vols I-III (2010-2015, Carl Heymanns Verlag).

6)　Frans von der Dunk and Fabio Tronchetti (eds), *Handbook of Space Law* (2015, Edward Elgar); Ram S. Jakhu and Paul Stephen Dempsey (eds), *Routledge Handbook of Space Law* (2017, Routledge); Francis Lyall & Paul B. Larsen, *Space Law: A Treatise* (Routledge, second edn, 2018).

ピックに関しては横断的に動向を分析し、全体として宇宙ビジネス法の現在の姿を記述することとする。

II　宇宙ビジネス法の構造

　宇宙ビジネスを規律する法は、3 層ないし 4 層の性質を異にする規範によって重層的に構成されている。この点は、直截に指摘されることがあまり多くないので、ここで、少し立ち入って検討しておこう[7]。

　宇宙活動に関する最も基本的な法規範の階層は、国際法の枠組である。まず、1963 年の宇宙法原則宣言（国際連合総会決議 1962〔XVIII〕）を基盤として 1967 年に採択された宇宙条約は、広く国際社会に受け入れられ、2020 年 1 月までに日本を含む 110 か国が当事国となった[8]。日本は、このほかに、救助返還協定、宇宙損害責任条約および宇宙物体登録条約を批准している。これらの条約の当事国数は、それぞれ 98 か国、98 か国、69 か国であり（2020 年 1 月現在。その後、ルクセンブルクが宇宙物体登録条約に加入している）、宇宙物体登録条約の当事国はやや少ないが、内容に関して国際的に大きな対立はない。これに対して、国連が採択した第 5 の条約である月協定は、月（太陽系内の他の天体を含む）およびその天然資源を「人類の共同財産」と明言した上に（月協定 11 条 1 項）、月の天然資源について国際レジームを通じた開発を規定したことから、多くの宇宙活動国は批准せず、現在に至るまで賛否が激しく対立している。さらに、宇宙活動を規律する以上の諸条約と並んで、宇宙活動に不可欠な電波の利用に関しては、ITU（国際電気通信連合）の電波規則（Radio regulations）が国際的なルールを形成してきた。世界のほぼすべての国（193 か国）が ITU の加盟国となっているため、これは、ITU 憲章にもとづいて各国を拘束し、電波という有限

---

7)　小塚荘一郎「宇宙ビジネス法の構造と課題」国際私法年報 21 号（2019 年）102 〜 104 頁でもこの点を指摘した。

8)　United Nations Office for Outer Space Affairs, 'Status of International Agreements relating to activities in outer space as at 1 January 2020', available at〈https://www.unoosa.org/oosa/en/ourwork/spacelaw/treaties/status/index.html〉.

の資源を国際的に管理する枠組となっている。

　第 2 の階層は、宇宙活動の許可・監督に関する国内法によって構成される。日本で 2018 年に施行された宇宙活動法は、その一つである。国内法上、特定の産業について公益的な見地から設けられた許可や監督の制度は珍しくないが、宇宙ビジネスの場合には、宇宙条約が民間主体による宇宙活動について関係国による許可および継続的な監督を要請し（同条約 6 条）、かつ宇宙活動によって惹き起こされた損害について打上げ国の賠償責任を定めているため（同条約 7 条）[9]、こうした国内法は、第 1 の階層をなす国際法の規範を国内法の平面で実施するための法制度（条約の国内担保法）という意味も持つ。また、宇宙ビジネスはいわゆる機微技術や機微情報と不可分であるため、国際的な取引に対して安全保障の観点から規制が加えられる場合も多い。日本でいえば、外国為替及び外国貿易法によって担保される安全保障輸出管理や、衛星リモートセンシング法による取引規制であるが、これらも第 2 の階層に含めてよいであろう。

　第 3 に、以上のような特殊性を持ちつつも、宇宙ビジネスは、一般的な商事法の規律をも受ける。衛星の売買や商業打上げ契約には契約法、資金調達に関しては金融・担保取引法（PFI 法などを含む）、そして宇宙関連技術や衛星リモートセンシングデータについては知的財産法、情報法、サイバー法などが問題となる。宇宙ビジネスを行う企業の M&A やリスク管理は会社法上の問題を提起するし、今後は、宇宙ビジネスに関する環境法や、商事仲裁（一方当事者が国であれば投資紛争仲裁）・国際民事訴訟などの紛争解決手続も重要になるであろう。これらが、宇宙ビジネス法の第 3 の階層を形成する。宇宙法に固有の法制度ではないため、ともすると宇宙ビジネス法と認識されない場合もあるが、宇宙ビジネス法を専門とする法律家が日常的に業務を行う対象は、むしろこの階層に関する法務である[10]。

　将来的には、これらの上に、第 4 の階層が発展するかもしれない。それ

---

9)　しばしば「国家への責任集中」と言われるが、民間主体（非政府団体）の民事法上の責任が排除されているわけではないので、民事法にいう責任集中ではない。
10)　新谷美保子「宇宙ビジネスの実務」法律のひろば 74 巻 4 号（2021 年）24 頁。

は、宇宙ビジネスの事業者が形成していく業界標準・規格等のソフトローである。従来、宇宙法におけるソフトローとしては、宇宙諸条約の重要概念や制度について解釈を示した国連総会決議（スペース・ベネフィット宣言、「打上げ国」の概念、宇宙物体登録決議など）のように国家間で形成される非拘束的な文書がもっぱら念頭に置かれてきたが[11]、宇宙ビジネスにとっては、むしろ同業他社との間で確立される標準や規格の方が重要であろう。たとえば、衛星からのスペースデブリ（宇宙ゴミ）発生抑止のように国家間の合意が困難にみえる分野でも、ISO（国際標準機関）の規格（最上位の規格は ISO-24113:2011）が存在するほか[12]、CONFERS（The Consortium for Execution of Rendezvous and Servicing Operations）や SSC（Space Safety Coalition）といった事業者団体がフォーラム標準を形成したり、世界経済フォーラムのグローバル未来会議による呼びかけに端を発した宇宙サステナビリティ格付け（Space Sustainability Rating〔SSR〕）の仕組みが考案されたりしている[13]。また、宇宙旅行ビジネスに用いる有人の宇宙機・サブオービタル機の安全基準については業界標準の開発が米国法で謳われており[14]、宇宙資源開発の分野でもそうした標準の策定を期待する動きがある[15]。宇宙ビジネスは、技術が先端的であるため規制当局よりも事業者に専門的な知見が蓄積されやすい上に、事業者の数が限られているため、業

---

11) Setsuko Aoki, The Function of 'Soft Law' in the Development of International Space Law, in: Irmgard Marboe（ed）, *Soft Law in Outer Space*（Böhlau Verlag 2012）, p.57.

12) スペースデブリに関しては、各国の宇宙機関の間の合意（IADC スペースデブリ低減ガイドライン）および国連宇宙平和利用委員会のスペースデブリ低減ガイドライン（A/62/20）が知られているが、それらをふまえた具体的な設計上の基準である ISO 規格の方が、衛星メーカーにとっては、より直接的な意味を持っていると思われる。

13) Minoo Rathnasabapathy et al., 'Space Sustainability Rating: Designing a Composite Indicator to Incentivise Satellite Operators to Pursue Long-Term Sustainability of the Space Environment'（IAC-20-E9.1-A6.8.6）.

14) 51 USC § 50905（c）(3).

15) Draft Building Blocks for the Development of an International Framework on Space Resource Activities 10.2.

界標準が実質的な規範となる条件は揃っていると言えそうである。

III 「ニュースペース（New Space）」と宇宙ビジネス法

　宇宙ビジネス法を構成するこれらの階層のうち、第2の階層である国内法上の規制は、宇宙産業の発展とともに変容を遂げてきた。当初の立法例には、宇宙活動に対する監督と責任を国家に集中する宇宙諸条約を忠実に実施して、民間主体が宇宙活動を行う場合に政府の許可を要求するものが多かった（1960年代に立法された北欧諸国の宇宙活動法など）。条約上の「打上げ国」が複数の立場の国を含む概念であることを反映して、打上げの実施と外国のロケットによる打上げ（打上げ委託）を区別せず、双方を規制の対象としていた点も、この時期の立法の特色である。また、国家が宇宙条約・宇宙損害責任条約によって損害賠償責任を負担したときには原因を作り出した民間主体に対して求償する根拠を規定した立法例もある（1986年の英国の宇宙活動法[16] が代表例）。これらを、第一世代の宇宙活動法と呼んでおく。

　1980年代になると、米国やフランスで、政府や宇宙機関が打上げや衛星リモートセンシング等の宇宙活動を自ら行う代わりに、民間事業者からのサービス調達を行うという形で、宇宙活動の商業化が進展した。この時期の宇宙ビジネスは、もっぱら「官需」に依存するものであったが、自国に十分な規模の宇宙産業を持たない国の需要をも取り込んで、いわば横展開するところに、宇宙活動国の事業者は商機を見出した。そうした自国の宇宙産業の競争力を強化するため、宇宙活動を規制する国内法には、宇宙事業者の（民事法上の）損害賠償責任を制限したり、その一部を政府が補償等によって肩代わりしたりする制度が盛り込まれるようになる。商業打上げの市場で欧州のアリアンロケットに対抗する目的から、米国は、1988年に商業宇宙打上げ法を改正して政府による被害者補償の制度を導入した[17]。

---

16) Outer Space Act 1986 (UK).

17) この背景については、Timothy Robert Hughes and Esta Rosenberg, 'Space Travel

当時、アリアンスペース社の打上げに起因する民事責任については、必ずしもルールが明確になっていたわけではなく、関係する欧州各国の間でフランスが条約上の国際責任を負担することのみが合意されていたが[18]、フランスは、2008年に至って宇宙活動法を立法し、宇宙活動主体の損害賠償責任のうち保険による保障が及ばない部分を政府が肩代わりする制度を明文化する（第2章第4節参照）。これによって、宇宙活動法の第二世代の標準形が確立されたと言えよう。日本の宇宙活動法や、2018年に成立した英国の宇宙産業法（第2章第5節参照）も、基本的にはこの第二世代に属する。

　ところが、第二世代の立法が相次ぐようになった2010年前後から、宇宙産業は大きな構造転換を見せるようになった。IT業界等で財を成した著名人がSpaceX社、Blue Origin社などの新興宇宙企業を創業したことに始まり、衛星の小型化は低軌道を活用した新しい形態の宇宙利用のコンセプトをもたらして、商業打上げ用ロケットの小型化、さらには小型ロケットのための射場開発へと波及した。宇宙産業が急速なIT化を経てIoT化を進める状況には、パソコンやスマートフォン等のコモディティ化した端末が普及し、大型のメインフレームに代替していった歴史を、数十年を経て再現するかのような既視感がある。コンピュータの世界でその後に発生したネットワーク化は、宇宙産業では、光通信の実用化によって実現するであろう。

　こうした宇宙産業の構造転換は、「ニュースペース（New Space）」と総称されている。そして、世界の宇宙ビジネス法も、ニュースペースの台頭に対応して、徐々に変貌しつつある。一方では、ニュースペースの先頭を走る米国が、新たに出現した宇宙ビジネスに対して性急に規制したり関与したりせず、産業の自由な発展に俟つスタンスをとっている点が注目されよ

Law (and Politics): The Evolution of the Commercial Space Launch Amendments Act of 2004', *Journal of Space Law*, vol.31, (2005) p.1, at p.16 参照。

18)　アリアンスペース社の打上げに対する当時の法的枠組みについては、A. Kerrest de Rozavel & F.G. von der Dunk, 'Liability and Insurance in the Context of National Authorization', in: Frans G. von der Dunk (ed), *National Space Legislation in Europe* (Nijhoff 2011), p.125, at pp.150-153.

う。米国は、サブオービタル機による宇宙旅行ビジネスが出現したときも、また2015年の商業宇宙打上げ法改正によって宇宙資源開発のビジネス化を推進することとした際にも、法ルールを明確化してそうした活動を可能にする反面で、具体的な規制の枠組や許可基準等は事業者との対話を通して逐次整備するという政策をとった。他方、ニュースペースは既存の宇宙活動国に限られた現象ではなく、宇宙活動に関与する事業者を擁する国は急速に広がりを見せている。その結果、宇宙活動を規律するために国内法を制定する国も増え、ルクセンブルク（第2章第7節参照）や、ニュージーランド（第2章第8節参照）、アラブ首長国連邦（第2章第9節参照）などでも宇宙活動法が制定された。これらの立法動向には、新規参入者および地理的な範囲の両面において宇宙ビジネスの裾野が拡大しているという共通点はあるものの、それ以上に明確な特徴が示されてはいないので、過渡的な「第2.5世代」の宇宙活動法制と呼んでおきたい。

Ⅳ　宇宙法務の可能性

　こうして、時代とともに変容しながら重層的な構造を発達させてきた「宇宙ビジネス法」については、ともすれば、取引の基礎となる財産権や責任に関するルールが不明確で、公正な競争条件を含む国際取引ルールが欠落しているなど、ビジネスを促進する環境ではないとも指摘されてきた[19]。たしかに、国家による民間主体の継続的な監督が必須とされ、事業者の活動から生ずる損害が民事法上の損害賠償責任だけではなく国家責任と直結するという制度は、私的自治と自由な企業活動を原則とする古典的な市場経済体制から見ると、まったく異質であるようにも見える。しかし、改めて考えれば、そのような「企業活動の自由」は、多分に理念型として提唱されてきたもので、現実の国際ビジネスは、国家からの無制限な自由

---

19)　たとえば、Richard Berkley, 'Space Law versus Space Utilization: The Inhibition of Private Industry in Outer Space', *Wisconsin International Law Journal* vol.15 (1996), p. 421.

を享受してきたわけではない。大規模な国際金融取引（とりわけイスラム金融のように非西洋法の要素が関係する取引）や、環境リスクを伴う大規模プロジェクトなど、国際法の枠組・国内法上の規制・民商事の取引法が重層的に適用される取引は、国際ビジネスの分野では特に目新しいわけではないとも言えそうである。

　そうだとすれば、宇宙ビジネス法務とは、国際金融取引や大規模プロジェクト案件の法務と同様に、重層的に適用される法制度を与件としつつ、事業者の目的を実現するための法的戦略を立案することだと考えられる。まず、制度環境をも勘案しながら事業拠点を選択し、事業を成功に導くためのプランニングを行わなければならない。そして、関係する事業者の間でリスクの分配（責任の分界点）を決定し、政府や宇宙機関を含む顧客（ユーザー）との間の取引条件を設定するような契約のストラクチャーを組み上げる作業が、法律家には求められるであろう。さらにいえば、事業者の側が持つ技術上、商業上の優位性をふまえて、逆に、そうした優位性を生かすことができるような制度環境の形成を働き掛けていくという政策法務も求められる[20]。世界の宇宙ビジネス法に関する正確でタイムリーな情報を基礎に、そうした質の高い宇宙ビジネス法務が日本で発展することを期待したい。

---

20) 竹内悠「宇宙法政策の形成過程における法律家の役割」法律のひろば74巻4号（2021年）15頁。

第2章

宇宙ビジネスを
規律する各国法

第1節

宇宙活動に関する米国の連邦法

小塚荘一郎／笹岡愛美

I　はじめに

　アメリカ合衆国（以下、「米国」という）は、1970年代末のカーター政権時代に、宇宙利用の商業化を「国家宇宙政策」の中に位置づけ、それ以降、世界の宇宙ビジネスを牽引してきた。21世紀に入って宇宙産業を大きく変容させた「ニュースペース」も、米国から世界に波及したものである。そのような背景の下で、宇宙ビジネスに関する法制度も、他国に先駆けて作られてきた。

　ところが、米国は連邦制の国家である上に、統治機構もきわめて分権的になっているため、そうした法制度は、体系的ではなく、連邦法と州法のさまざまな箇所に分散して置かれている。本節では、このうち連邦の宇宙ビジネス関連法について概観する（州法については、第2節を参照）。連邦の宇宙法は、2010年に、連邦法典（United States Code）の第51編に法典化され、ある程度まで体系化された体裁になったが[1]、商用通信衛星の運用に関する部分は依然として法制化が進んでいないなど、なお包括的な宇宙活動法制とはなっていない。

---

1)　この法典化については、Rob Sukol, Positive law codification of space programs: the enactment of Title 51, United States Code, *Journal of Space Law* Vol.37, p.1 (2011).

II　米国における宇宙ビジネス法の発展 [2]

　米国でも 1970 年代までは、宇宙活動の担い手はもっぱら NASA であった。その当時には、米国の宇宙法とは、ほぼ National Astronautics and Space Act of 1958 を意味していた。唯一の例外は商用通信衛星であり、1962 年の Communications Satellite Act によって Comsat 社が設立され、国際コンソーシアムとして設立された INTELSAT に米国が参加することとなった [3]。

　1980 年代に入る頃、米国は、衛星の打上げをもっぱらスペースシャトルによって行うという政策をとっていたが、それでは、増大してきた商用衛星の打上げ需要を十分に満たすことができなかった。フランスの Arianespace 社は、その間隙をついて商用打上げサービスというビジネスモデルを確立し、市場シェアを拡大していた。これを見て、米国でも民間による商用打上げの構想が立ち上がり、1982 年に SSI 社が初めての打上げを行った。ところが、その時点で民間宇宙活動に関する法制度が存在していなかったため、SSI 社は国務省、運輸省、連邦通信委員会（FCC）などあちこちの当局を回り、それぞれが必要と指摘した対応を、一つ一つクリアしていかなければならなかった。この状態はあまりに煩瑣で、商用打上げサービスの発展を阻害すると考えられたため、運輸省を窓口とするワンストップの手続を創設することとなり、1984 年に商業宇宙打上げ法（CSLA）が制定されたのである [4]。

---

2)　米国法の概説として、小塚荘一郎＝佐藤雅彦編著『宇宙ビジネスのための宇宙法入門〔第 2 版〕』（有斐閣、2018 年）第 4 章 II 1 頁。歴史的な発展については、Joanne Irene Gabrynowicz, One Half Century and Counting: The evolution of U.S. national space law and three long-term emerging issues, *Journal of Space Law* Vol.37, p.41 (2011).

3)　Note, The Satellite Communications Act of 1962, *Harvard Law Review* Vol.76, p.388 (1962).

4)　Kim G. Yelton, Note, Evolution, Organization and Implementation of the Commercial Space Launch Act and Amendments of 1988, *Journal of Law and Technology*

　米国の宇宙ビジネス法は、このような経緯から、基本的には規制緩和法
制である。そして、新たな商業宇宙活動の類型が出現すると、その都度、
所管当局が定められ、許可制度が整備されるという形で発展してきた。
2004 年に、高度 100 キロメートルを超える有人飛行を 2 回行うという An-
sari X Prize の課題がクリアされると、商業宇宙打上げ法がただちに改正
され、人工衛星の商業打上げと同じ当局（連邦航空局〔FAA〕）の下で、有
人打上げに関する規制が整備された（後述Ⅲ 1⑵）。それに次ぐ大規模な改
正は 2015 年の商業宇宙打上げ競争力強化法（U.S. Commercial Space Launch
Competitiveness Act）によるものであり[5]、その第 1 編（Spurring Aerospace
Competitiveness Entrepreneurship Act of 2015）によって商業宇宙打上げ法
が改正されるとともに（「コラム 1」参照）、第 4 編（通称は Space Resource
Exploration and Utilization Act of 2015）として宇宙資源探査・利用に関する
数か条が置かれたが、宇宙資源探査・利用を所管する当局は、法律の中で
は指定されなかった。

　このような立法のアプローチをとると、必然的に、実務の発展を法制度
が後追いすることになる。それには、実態とそぐわない過剰な規制がつく
られることを避けるというメリットもあるが、宇宙ビジネスが多様化し、
かつ速いスピードで進化する時代には、法的な不明確性をもたらして宇宙
ビジネスの発展に足かせとなる危険もあろう。2017 年から 2020 年のトラ
ンプ政権はそうした問題意識を抱いて、2018 年 5 月と 6 月に相次いで宇宙
政策第 2 指令[6] と第 3 指令[7] を発し、商業打上げとリモートセンシング
システム運用の許認可（第 2 指令 2 項・3 項）、周波数の規制（第 2 指令 5 項）、
および衛星運用規制に付随したスペースデブリに関する規制（第 3 指令 4 項
⒞）を見直し、合理化すること（streamlining）を、それぞれの当局に命じ

Vol.4, p.117（1989）.

5)　Pub. L. 114-90, 129 Stat. 704.

6)　Space Policy Directive – 2, Streamlining Regulations on Commercial Use of Space
　　（May 24, 2018）.

7) Space Policy Directive – 3, National Space Traffic Management Policy（June 18,
　　2018）.

た。これらの指示を受けて、2020年には各種の規制が相次いで改正された結果、トランプ政権下で、法律の改正は行われなかったにもかかわらず、宇宙ビジネスの規制が一新されることとなった。さらに、政権末期の2020年12月になって公表されたトランプ政権の「国家宇宙政策」では、商務省が、国家宇宙会議（National Space Council）と協議した上で、既存の許可制度の適用範囲から外れている宇宙活動を特定し、そうした宇宙活動について、透明で柔軟な許可と監督の手続を設ける議論を主導するものとされた[8]。この政策が承継されるならば、米国でも、包括的な宇宙ビジネスの規制体系を導入する議論が生まれるかもしれない。

Ⅲ　宇宙活動の許可の体系

　現在のところ、米国で許可制度が設けられている宇宙活動の類型は、商業打上げ、通信衛星の運用、リモートセンシング衛星の運用の3類型である。

1　商業打上げ

(1)　全般
　商業打上げについては運輸省が所管当局であり、その権限は、同省に属するFAAに委ねられている。FAAには商業宇宙輸送室（AST）があり、商業打上げの許可（license）に関する審査実務を担う。
　許可制度の対象となる行為類型は、打上げ機の打上げ、打上げ場・再突入地点の運営および再突入機の再突入であり、それらの行為を、①何人であれ米国内で行う場合、②米国の国民または米国法にもとづく法人が米国外で行う場合、③米国の国民または米国法人が支配的権益を持つ法人が、米国外かつ他国の領域外である地で行う場合（米国と他国の協定により当該他国が管轄を持つときを除く）、④米国の国民または米国法人が支配的権益を持つ法人が、他国の領域内で行う場合（米国と当該他国の協定により米国

---

8)　National Space Policy of the United States of America（December 9, 2020）, p.22.

18

が管轄を持つときに限る）に、FAA の許可が必要となる[9]。③と④は、形式的には外国法にもとづく法人であっても、実質的に見れば米国法人に該当するとして、米国法の規制を及ぼすものである。

　FAA の審査は、以下の 4 つの側面から行われる[10]。

　(a)　政策審査

　打上げ機の型式や構造、打上げ実施者に対する外国資本の有無、および飛行計画等から、許可申請された行為が米国の国家安全保障、外交上の利益または条約上の義務を害するか否かを審査する[11]。

　(b)　安全審査

　打上げ・帰還が、「公共の健康及び安全並びに財産の安全を害することなく」実施できるか否かの審査であり[12]、打上げミッションのリスクが許容水準を下回っていることが求められる[13]。リスクの許容水準は、人身損害の発生確率が全体として 1×10^{-4}、かつ任意の個人について 1×10^{-6} である。ただし、同一または隣接する射場内で別の打上げ準備などに従事する者は、同業者としてリスクを甘受していると位置づけられ、全体として 2×10^{-4}、任意の従事者につき 1×10^{-5} でよい。

　打上げ実施者は、打上げまたは帰還のプロセスを通じて、システム安全プログラムを実行していなければならない。これには、安全に関する組織体制の整備、ハザード管理、コンフィギュレーション管理および飛行後のデータ検証が含まれる[14]。改正された規則の下では、組織体制の整備以外の項目について、基本的にパフォーマンス・ベースの規制を採用しており、打上げ実施者が適切なリスク分析を行ってその結果を提出し、審査を

---

9)　51 USC § 50904 (a).

10)　以下の記述は打上げ機に関する審査であるが、それに加えて、打ち上げられるペイロード（衛星等）に関しても、必要な許認可を取得していることや公共の安全を害しないこと、安全保障や外交政策を阻害しないことなどの審査が行われる（ペイロード審査）。14 CFR § 450.43.

11)　14 CFR § 450.41.

12)　14 CFR § 450.45.

13)　14 CFR § 450.101.

14)　14 CFR § 450.103.

受ける[15]。もっとも、安全確保に必須のハードウェアやコンピュータ・システムなどについては、規範的規制が課されている[16]。

(c)　環境審査

国家環境政策法（NEPA）によって要請される審査であり、許可当局としてのFAAが、重大な影響がない旨の所見（Finding of No Significant Impact：FONSI）または環境影響に関する報告書（EIS）を発行する[17]。

(d)　財政能力の確認

関係事業者間の相互免責（クロス・ウェイバー）により訴訟リスクが排除されていることおよび許可条件として義務づけられる保険（後述Ⅳ1）が手配されていることを確認する[18]。

実は、以上の基準を満たさない場合にも、個別案件の事情に照らして例外的に打上げを許容する「ウェイバー」の制度があり、実際にも活用されているようである[19]。さらに、再利用型のサブオービタルロケットまたは打上げ機の打上げについては、ウェイバーとは別に、簡易な試験飛行許可（experimental permit）の制度がある[20]。これは、調査研究、審査基準への適合性検査または乗組員の訓練を目的とする場合にのみ発給され、許可の場合と比較して審査のプロセスが大幅に短縮されるという制度である。有人のサブオービタル機の試験飛行は、もっぱらこの試験飛行許可によって行われている（ただし、2019年以降、新規の試験飛行許可はないようである[21]）。

---

15)　14 CFR § 450.103 (e) (2).

16)　14 CFR § 451.141 et seq.

17)　14 CFR § 450.47.

18)　14 CFR §§ 440.5, 440.9, 440.17.

19)　51 USC § 50905 (b) (3); 14 CFR 404.5. 事例として、2010年に行われたSpace X社の輸送機Dragonの打上げは、打上げ機のリスクと合算すると安全基準を超えるにもかかわらず、ウェイバーにより打上げが許可された。See Matthew J. Kleiman, Jenifer K. Lamie & Maria-Vittoria Carminati, *The Laws of Spaceflight* (American Bar Association, 2012), p.93.

20)　51 USC § 50906.

21)　https://www.faa.gov/data_research/commercial_space_data/launches/?type=Permitted (last visited May 31, 2021).

(2)　有人サブオービタル飛行[22]

(a)　サブオービタル飛行の法的位置付け

　有人サブオービタルに係る法制度は日本でも関心が高いので、やや詳しく取り上げておこう。米国では、1984年に商業宇宙打上げ法が制定された当初から、打上げ機（launch vehicle）の一種として「サブオービタルロケット（suborbital rocket）」の打上げについても打上げ許可を要するものと整理していた。当時の商業宇宙打上げ法は、無人の使い捨てロケット（ELV）のみを規制対象としており、その開発段階において打ち上げられるサブオービタル機についても、同じ規制枠組みにおいて規律するという政策判断があった。

　2004年まで開催されたAnsari X Prizeと並行して、FAA/ASTにおいては有人飛行に関する許可制度の整備が進められる。すでにサブオービタルロケットについては規制対象とされていたため、SpaceShipOne等の水平離発着型の機体の飛行に即して具体的な定義規定を設けるとともに、有人飛行に対応する様々な規律を導入することとなった。サブオービタルロケットとは、「全部または一部をロケットエンジンによって推進し、かつサブオービタル軌道（suborbital trajectory）における飛行を目的とする機体であって、その上昇時におけるロケット推進の大部分において、推力が揚力に勝るもの」を意味する[23]。この定義は、航空機と同様に揚力の作用で飛行する性質を持つ機体について、耐空証明等の航空法規の適用を回避して、商業宇宙打上げ法を適用するために定められたものである[24]。

　まず、①一部でもロケットエンジンによって推進することが要件とな

---

22)　有人サブオービタル飛行に関する以下の記述は、笹岡が2019年度に一般財団法人日本宇宙フォーラムの委託を受けて実施した調査研究の成果（日本宇宙フォーラム「我が国の民間参入に資する有人宇宙飛行の法整備に関する調査（新技術振興渡辺記念会平成31年度上期科学技術調査研究助成）」〔令和2年6月30日〕、http://www.jsforum.or.jp/technic/pdf/FY2019_1st_HumanFlight.pdf）に依拠するものである。

23)　51 USC § 50902 (24).

24)　詳しくは、Timothy Robert Hughes and Esta Rosenberg, 'Space Travel Law (and Politics): The Evolution of the Commercial Space Launch Amendments Act of 2004' (2005) 31 J Space L 1, 50, 51

る。これにより、ロケット推進する機体は、航空機として飛行する部分が
あったとしても、商業打上げ法における「サブオービタルロケット」とな
りうる。次に、②予定された飛行経路がサブオービタル軌道であることが
必要となる。「サブオービタル軌道（suborbital trajectory）」とは、予定され
た飛行における真空中落下予測点が地表となる飛行経路を意味する[25]。し
たがって、エンジンを停止しても地球に落下しない機体（オービタル機）は
サブオービタルロケットの定義から除外される。最後に、③ロケット噴射
による推進時の大部分において、揚力ではなく推力による作用が大きいも
のである必要がある。つまり、ロケット推進による上昇中に揚力が作用す
る場合であっても、推力によるものが大きい場合は、「サブオービタルロ
ケット」と性質決定される。比較されるのは、離陸から着陸までの全飛行
過程ではなく、ロケット噴射によって上昇する区間のみである。これに
よって、航空機として飛行する時間が長い機体であっても、サブオービタ
ルロケットの定義から除外されないようになっている[26]。現段階では
2004年改正における上記の定義が維持されているが、技術の進展に応じて
今後見直される可能性がある[27]。

　以上の定義からすると、ロケット噴射によって推進しない高高度気球
（high-altitude balloon）は、サブオービタルロケットではない。ただし、2013
年に米国の Paragon Space Development Corporation が高度30キロメー
トルまで上昇する有人気球（World View）の飛行について商業打上げ法の
適用を求めた際、FAA は、機体の中の環境は宇宙空間で運用することを
想定したものであるとして、「打上げ機（launch vehicle）」（「宇宙空間におい
て運用する、またはペイロードもしくは人を宇宙空間に運ぶために製造される機
体」）に該当すると判断している[28]。

---

[25] 51 USC § 50902 (25).

[26] Hughes & Rosenberg (n 24), 51.

[27] 51 USC § 50922 (c) (2) (A).

[28] https://www.faa.gov/about/office_org/headquarters_offices/agc/practice_areas/regulations/interpretations/data/interps/2013/meredith-zuckertscoutt&rasenberger%20-%20(2013)%20legal%20interpretation.pdf.

(b)　実証段階の飛行

　先述のように、一定の要件を満たした再使用型の機体は、打上げ許可ではなく試験飛行許可のみで打ち上げることができる。試験飛行許可による飛行では、政府宇宙飛行士や宇宙旅行者を乗り組ませて飛行させることはできるが、報酬を受けることはできない[29]。また、許可を第三者に譲渡することはできず[30]、損害が生じた場合も政府補償（後述Ⅳ 1）の対象とはならない[31]。試験飛行許可の対象となる機体は、「再使用型サブオービタルロケットまたは再使用型打上げ機」のみである[32]。許可の有効期間は 1 年間であり、その間は実機だけではなく、許可された設計に基づく機体についても打上げが認められる。また、予め一定の範囲での設計変更の可能性を指定して許可を受けることもできる[33]。

　再使用型のサブオービタル機は、無人であればアマチュアロケット（amateur rocket）として商業打上げ法ではなく、航空法制に基づいて打ち上げることもできる[34]。アマチュアロケットは、Class 1 から 3 までのカテゴリーに分かれており、到達高度が150km 未満のサブオービタル飛行であって、推力が 200,000 ポンド／秒未満であれば、商業宇宙打上げ法に基づく試験飛行許可や打上げ許可ではなくアマチュアロケットについての規律を適用できるものと考えられている[35]。アマチュアロケットには、商業宇宙打上げ法は適用されない[36]。アマチュアロケットに人を乗り組ませることはできないが、有人機を開発するプロセスの中で、開発中の機体をアマチュアロケットとして飛行させることはできる。

(c)　宇宙支援機としての航空機

　SpaceShipTwo を牽引する WhiteNightTwo は、性質上は航空機に該当

29）　51 USC § 50906 (d), (h).

30）　51 USC § 50906 (f).

31）　51 USC § 50914 参照 .

32）　51 USC § 50906 (d).

33）　51 USC § 50906 (e).

34）　14 CFR Part 101.

35）　https://www.faa.gov/space/licenses/operator_licenses_permits/.

36）　14 CFR § 400.2 (b).

する。同様に、打上げ機または再突入機と性質決定される機体がロケット推進せずに航空機としてのみ飛行する（訓練のためにパラボリックフライトを行うなど）ときは、航空機に関する安全規制（FAA の航空安全室〔Office of Aviation Safety, AVS〕が所管する）が適用される可能性がある。そこで、同じ機体や飛行について規制機関が異なるのは効率的ではないとの意見から[37]、2018 年にいわゆる「宇宙支援機（space support vehicle）法」が成立し[38]、空域における宇宙支援機の飛行（space support vehicle flight）についても FAA/AST が審査することとなった[39]。ただし、SpaceShipTwoの打上げを行わずに WhiteNightTwo のみが飛行する日は、AST ではなくAVS が審査をする[40]。なお、空気吸入式（エアブリージング）エンジンを用いた機体については、現在のところ、打上げ機ではなく宇宙支援機として審査を行うようである。

2　商用通信衛星の運用

　商用通信衛星を運用するためには、連邦通信委員会（FCC）から周波数の割当てを受ける必要がある。そのほかに、衛星の運用・管理に関する許可制度は存在しない。もっとも、FCC は 2004 年以降、周波数免許の付与に際して衛星のデブリ防止措置についても審査しており、現在では、周波数の割当て制度が衛星管理の許可に近いものとなっている。

　FCC による周波数の割り当ては、静止衛星と非静止衛星とで異なる[41]。

37）2016 年に米国会計検査院（GAO）から指摘（https://www.gao.gov/products/GAO-17-100〔last visited May 31, 2021〕）があり、2017 年には FAA のレポート（https://www.faa.gov/about/plans_reports/congress/media/Report-on-Enabling-Space-Support-Vehicles-(Sec.-105-report)-6.29.17.pdf）が連邦議会に提出されている。

38）FAA Reauthorization Act of 2018, Pub. L. 115-254, Oct. 5, 2018; 132 Stat. 3398.

39）51 USC § 50902, 49 USC § 44737.

40）実際に、2020 年 2 月に WhiteNightTwo がカリフォルニア州モハベ空港からニューメキシコ州スペースポートアメリカまで移動した際には、打上げ許可は求められていないようである（https://www.faa.gov/data_research/commercial_space_data/launches/〔last visited May 31, 2021〕）。

41）これとは別に、非営利目的の衛星は、実験的無線局（47 CFR § 5.64）またはアマチュア無線局（47 CFR § 97.207）として免許を申請することになる。

静止衛星については先願主義がとられており、基準を満たす申請がなされれば、すでに付与されている免許と干渉しない限り、免許が付与される[42]。他方で、いったん付与された免許を他の者に譲渡することはできない[43]。それに対して、非静止衛星の場合には、申請がなされてもただちに免許が付与されるのではなく、一定期間を定めて競合する申請を募り、均等に周波数を割り当てる（processing round）[44]。すると、申請者が事業を実施するために十分な周波数を確保できない場合が生じうるが、非静止衛星の周波数免許は譲渡できるものとされているので、そうした事業者は必要な周波数を買い集めることになる。その結果、一種の市場原理によって、当該周波数帯に経済的価値を見出す者がその使用権を取得するという結果が実現される。

　2020 年に、FCC は宇宙政策第 2・第 3 指令を受けた宇宙局免許手続の合理化を行い、小型衛星向けの簡易手続を新設した[45]。これは、非静止軌道で小型衛星を用いたコンステレーションの運用が急増してきたことに対応し、一定の条件を満たす小型衛星については、processing round の手続ではなく、先に提出された出願を優先して免許を付与するものである[46]。そして、複数の衛星（10 機以内）をまとめて出願することを認め、かつ、申請 1 件当たりの手数料を大幅に引き下げた[47]。簡易手続を利用する条件は、各衛星の運用期間が 6 年以内であること、高度 600 キロメートルより低い軌道で運用するかまたは各衛星に推進装置を搭載していること、他の既存衛星の活動と共存しかつ将来の他の衛星による活動に大きな制約とならないことなどであり[48]、スペースデブリの問題を含め、宇宙空間の利用

---

42)　47 CFR § 25.158 (b).

43)　47 CFR § 25.158 (c).

44)　47 CFR § 25.157.

45)　47 CFR § 25.122.

46)　47 CFR § 25.157 (i).

47)　FCC の説明によると、通常の手続による場合、コンステレーションを 1 件申請すると 471.575 ドルの手数料が発生するが、小型衛星の簡易手続を利用すれば、申請 1 件（最大 10 機）につき 30,000 ドルですむという（85 Fed. Reg. 43711, 43726）。

48)　47 CFR § 25.122 (c).

に対する負荷が限定されていることを重視しているようである。

3　商用リモートセンシング衛星の運用

　通信衛星とは異なり、商用リモートセンシング衛星については、周波数免許に加えて「リモートセンシングシステム」の運用について許可を取得しなければならない。制度上は、商務省が許可を与える権限を有しているが[49]、その運用は海洋大気庁（National Oceanic and Atmospheric Administration：NOAA）に委任されており、NOAA に設置された Commercial Remote Sensing Regulatory Affairs Office（CRSRAO）が実務を担当している。

　リモートセンシング衛星について、特に厳しく運用を規制する目的は、高分解能の衛星が不適切に運用され、安全保障上または外交上の問題を生ずることがないようにするところにある。しかし、近年では商用リモートセンシング事業者の数が大きく増加し、その中には、米国の規制に服さない海外の事業者も多数存在する。海外から衛星データが入手できるときに、それと同等の衛星データを収集する米国の商用リモートセンシングシステムを規制しても、安全保障上は何の意味もなく、米国のリモートセンシング事業者の負担になるだけである[50]。そうした状況の変化をふまえ、2020 年に改正された新しい規則は、商用リモートセンシングシステムを 3 類型に分けてそれぞれに異なる規制を課すこととした。

　まず、海外の事業者（正確に言えば米国法にもとづく規制を受けない事業者）から入手可能な未処理データと同等の未処理データを取得する商用リモートセンシングシステムは Tier 1 とされ、法令の遵守や米国の国益を害さないことなどきわめて一般的な義務のみが、すべての類型に共通の規制として課される[51]。米国法では、商用リモートセンシングシステムの規制に関して分解能の閾値は設けられていないため、学生が製作して打ち上げる小型衛星などもすべて NOAA の許可を受けなければならないことになる

49）　51 USC § 60121（a）.

50）　85 Fed. Reg. 30970, 30971 – 30972.

51）　15 CFR § 960.8.

が[52]、このように整理すれば、義務の負担は大きくないであろう。

　次に、米国の（米国法の規制に服する）事業者からのみ入手可能な未処理データと同等の未処理データを取得するシステムは Tier 2 となり、Tier 1 と共通の義務のほか、国家安全保障に関する懸念が増大したときにデータの収集または頒布を禁止する商務長官の命令（いわゆるシャッターコントロール）に従うことが義務づけられる。また、地球観測ではなく、宇宙空間の人工物に関して一定以上の解像度でデータを取得する場合は、その人工物の所有者から書面による同意をとり、かつ 5 日以上前に商務長官に報告しなければならない[53]。これらの義務は許可の条件として付されるが、許可を受けた後で海外の事業者の分解能が向上し、同等のデータを流通させるようになったときは、Tier 2 から Tier 1 への変更がなされて、追加的な義務は解除される。

　米国の内外を問わず既存の商用リモートセンシングシステムから取得可能な未処理データ以上の未処理データを取得する商用リモートセンシングシステムは Tier 3 とされる[54]。Tier 3 のシステムは、Tier 2 のシステムと同じ規制のほかに、国防総省または国務省の要請により、一時的な条件が課される場合がある。一時的な条件の期間は 1 年以内とし、原則として 2 回まで（通算して 3 年間まで）延長されうる[55]。Tier 3 のシステムが取得するデータは分解能がきわめて高く、国家安全保障を脅かす危険が大きいため、政府がそうした危険に対処する方法を考案するまでの間、一時的な条件を課して、システムの本格的な利用を制約するという仕組みを用意したものである。

　法律上、NOAA による許可の対象はリモートセンシングシステムの運

52）実際には、法の存在を知らず、許可の申請も怠ったまま無許可で小型衛星を打ち上げるケースもあったようである。Glenn Tallia, NOAA's Licensing of CubeSats as Private Remote Sensing Space Systems under the national and Commercial Space Policy Act, <http://www.americanbar.org/content/dam/aba/administrative/science_technology/1_20_12_licensing.authcheckdam.pdf>.
53）15 CFR § 960.9.
54）15 CFR § 960.6 (a).
55）15 CFR 960.10.

用であり、取得されたデータの流通は規制されていない。2020 年の規則改正前は、データの取得、運用、加工、保存および流通の全工程にわたる「データ保護プラン」の策定や、販売代理店契約を含む「重要な海外契約」について NOAA の審査が行われ、データの流通を間接的に規制する体制が取られていた[56]。しかし、改正後の規則では、データの流通先は（シャッターコントロールの発動時を除いて）許可制度による規律の対象に含まれず、たとえ米国外の顧客との間で未処理データの販売に関する契約を締結しても、許可には影響がないこととなった[57]。衛星データの流通取引はもはや日常となり、政府が規制すべき対象とは考えられなくなったのである。

IV　宇宙活動から生ずるリスクの負担

1　地上第三者の損害

　米国は宇宙条約および宇宙損害責任条約の当事国であるから、米国が打上げ国とされる宇宙物体によって損害が発生したときは、外国の被害者に対して、国際法上の損害賠償責任（国家責任）を負う。その宇宙物体の所有者や打上げを行った者が民間事業者である場合に、損害賠償義務を履行した米国政府が民間事業者に対して責任を追及することができるか否かについて、明文の規定は存在しない。文献の中には、明文によって排除されていない以上、当然にそうした責任の追及（いわゆる求償）が可能であると述べるものがある[58]。

56）　本節の元になった論文（小塚荘一郎「世界の宇宙ビジネス法（第2回）　宇宙活動に関する米国の連邦法」国際商事法務 46 巻 2 号 157 頁、159 頁）の記述は当時の規制にもとづくものである。

57）　厳密に言えば、未処理データを受信する地上局はリモートセンシングシステムの一部を構成するので、海外の顧客が管理する地上局に未処理データを直送する契約を締結すると許可の内容に対する変更となるが、クラウド経由でデータを提供すればその問題は発生しない。そして、そのこととの均衡上、地上局への直送を行う契約についても、許可の変更の申請を行えば承認されるであろうとされている（85 Fed. Reg. 30790, 30797）。

58）　Kleiman, Lamie & Carminati（n 19）, 106.

　いずれにせよ、そのような場合には、米国政府に対して国際法上の責任が追及されるよりも、関係する民間事業者に対して直接に訴訟が提起される可能性の方が大きいであろう。民事責任については、連邦法には規定がなく、打上げ実施者や衛星所有者などに対してコモンロー上の不法行為責任が追及されうる。そのような前提の下で、いわゆる 3 層のリスク分配が定められている。これは、Arianespace 社との国際競争を意識して商業宇宙打上げ法が 1988 年に改正され、導入された制度である[59]。

　第 1 に、連邦法にもとづく許可を受けて打上げを行う者は、損害を発生させたときの被害者に対する責任を保障するため、賠償責任保険を付保しなければならない。その契約の保険金額は、打上げごとに、いわゆる最大蓋然損害（Maximum Probable Loss: MPL）の金額として FAA が定めた金額であるが、MPL が 5 億ドルを上回る場合には 5 億ドルとされる[60]。この金額は、商業打上げ法の立法以前に、NASA が民間事業者の衛星打上げを受託する際には衛星 1 機あたり保険金額を 5 億ドル（2 機以上の場合は 7.5 億ドル）とする保険契約の締結を求めていたことをふまえたもののようである[61]。当時は、保険市場の引き受け能力が限られていると認識されていたので、保険市場で合理的に入手可能な金額が 5 億ドルを下回った場合には、保険金額の上限を入手可能な最大限の金額まで引き下げるものとされた[62]。実際には、そもそも MPL が 2 億ドル台で指定されており、これらの上限が適用される事案は生じていない。

　第 2 に、指定された保険金額を超える損害が発生したときは、連邦政府が責任主体に代わって被害者に対する補償を支払う[63]。この補償は、（保険金額を超えて）15 億ドルに達するまで行われる。15 億ドルという上限金

---

59)　Hughes and Rosenberg（n 24）, 16. なお、第 1 章参照。

60)　51 USC § 50914 (a)(3).

61)　U.S. Department of Transportation, Office of Commercial Space Transportation, Financial Responsibility for Reentry Vehicle Operations, p.9 (1995).

62)　Senate Report 100-593, Report of the Senate Committee on Commerce, Science, and Transportation on H.R. 4399, p.9 (1984).

63)　51 USC § 50915.

額は、1989年以降に物価が上昇すればそれに合わせて換算されるので、2021年には33億ドル近くになっている。第3に、万一、これを超える損害が発生すると、その超えた部分については損害担保措置がまったく存在しないので、民間事業者が、原則どおりに（無制限の）不法行為責任を負うことになる。

2　連邦政府の射場に対する損害

　もっとも、現実には、米国の許可にもとづいておこなわれる打上げから地上第三者損害が発生する可能性は、ほぼ考えられない。前述のとおり、安全審査の中でそうしたリスクを極限まで小さくすることが求められており、打上げ経路の設定等がそのようになされるからである。しかし、打上げの失敗によって射場や打上げに関与する作業員等に損害が発生する可能性はあり、現実に、射場に損害を生ずる事例は発生している。このとき、米国の商業打上げは、ほとんどの場合、連邦政府が保有する射場を利用して行われるので、法的には、連邦政府から打上げを行う者に対して損害賠償請求権が発生することになる。これに関して、商業宇宙打上げ法では、打上げを行う者が連邦政府に生じうる損害のMPLとしてFAAが指定する金額を保険金額とする責任保険を付保し[64]、保険金額を超える部分の損害については、連邦政府と打上げを行う者との間であらかじめ相互免責の合意を交わしておくものと定めている[65]。ただし、保険金額は1億ドル（市場で合理的に入手できる保険金額がそれを下回るときは、入手可能な最大限の金額）を上限とする。結果的には、打上げを行う者は保険料のみを負担し、想定外の損害は連邦政府が負担するというリスク分配になっているわけである。

　打上げに使用する射場が空軍の施設である場合、空軍は、Commercial Space Operations Support Agreement（CSUSA）と呼ばれる契約書式によって施設の利用を認める[66]。CSLAの定義する「打上げ」は射場にロ

---

64)　51 USC § 50914 (a).
65)　51 USC § 50914 (b) (2).
66)　Mark R. Land, The Commercial Space Launch Act: 15 Years of Department of

ケットが搬入された時点に開始するので [67]、それ以前の行為（たとえば、
空軍の施設内に搬入されたがまだ射場には到達していない間の作業）から発生
した損害についてはCSLAではなくCSOSAにもとづくリスク分配が適用
され、空軍は基本的にリスクを負担しない [68]。2020年には、FAAによる
打上げの規制とCSOSAの下で空軍が行う規制の一元化が実現し、空軍が
管理する射場についてFAAは打上げ時の安全審査をウェイバーにより免
除することとなったが [69]、CSOSAにもとづくリスク負担は変更されてい
ないようである。

　CSLAは、連邦の射場以外に州政府や民間主体によって射場が運営され
ることも想定し、それらの運営主体はFAAの許可を得なければならない
ものとしている。それらの射場が使用される場合、打上げ実施者と射場運
営者やその被用者との間には相互免責の合意が交わされ、責任問題は発生
しないが、第三者に対して射場運営者が責任を負う可能性の有無、現実に
責任を追及された場合のリスク分配等については、なんら規定されていな
い。打上げに関係する責任は、打上げ実施者が付保する保険の被保険者に
射場運営者やその被用者を追加することで実質的に担保されており、現実
の問題にはならないと考えられたのであろう。有人の打上げ（サブオービタ
ル飛行）が事業化されて以降、打上げのない時期にも射場を一般人が訪問
する機会が増えているため、そうした際の事故に備える必要があるのでは
ないかという指摘もなされるようになっている [70]。

Defense Support to the Commercial Space Industry: A Primer, *The Procurement Lawyer,* Summer 1999, p.4.

67)　51 USC § 50902（9）.

68)　小塚・前掲注56）160 ～ 161頁参照。

69)　FAA, Statement of Policy on Waiving Ground Safety Regulations at Cape Canaveral Air Force Station, Vandenberg Air Force Base, Wallops Flight Facility, and Kennedy Space Center（3 Nov. 2020）.

70)　Kleiman et al.（n 19）, 109.

V　今後の米国宇宙法

　トランプ政権下で相次いで行われた各種の許可制度の改正は、不合理な手続上の負担を解消し、企業にとって使いやすい制度とすることを目的としていた。それは、国家主導の宇宙開発プログラムではなく、市場における宇宙ビジネスのダイナミズムを通じて宇宙大国の地位を強固にしていこうとする産業中心の宇宙政策であったと評することができよう。

　このような宇宙政策の下では、商務省に、大きな役割が期待される。宇宙政策第 2 指令は、商務省に商業宇宙活動の規制を担当する部署を設けることを指示し、これにもとづいて、宇宙商業室（Office of Space Commerce）が設置された。そして、2020 年の「国家宇宙政策」では、「グローバルな宇宙市場をリードする米国の商業宇宙セクターは、一層の継続的な繁栄、自由市場の原理、高次の国際的な連帯と協調、技術の革新、そして科学的な発見を含む国家戦略目標の基盤であり、米国および同盟国の安全のため不可欠である」と宣言された。

　このような考え方は、特定の政権に固有のものではなく、米国における宇宙ビジネスの発展が、宇宙政策の主役を官から民へと転換させた結果であったように思われる。2015 年に商業宇宙打上げ競争力法が成立した当時は、軌道上サービスや宇宙資源探査・開発についても FAA を管轄当局とする方針が示されており[71]、将来的に、宇宙ビジネスの許可、監督権限を FAA に集約する方向が想定されていた。ところが、2017 年になって下院に提出された宇宙商業自由企業法案（American Space Commerce Free En-

---

[71]　2015 年商業宇宙打上げ競争力強化法にもとづく大統領府科学技術政策室の 2 つの報告書(Letter of John P. Holden to the Chairman Thune of the Committee on Commerce, Science, and Transportation of the Senate and the Chairman Smith of the Committee on Science, Space, and Technology of the House of Representatives, dated 4 April 2016 and Letter of John P. Holden to the Chairman Thune of the Committee on Commerce, Science, and Transportation of the Senate and the Chairman Smith of the Committee on Science, Space, and Technology of the House of Representatives, dated 18 July 2016) を参照。

terprise Act Bill) は、民間宇宙活動に関する管轄を商務省に一元化する制度を提案した[72]。この法案自体は成立に至らなかったものの、商業セクターを宇宙政策の中心に位置づけるという宇宙政策の方向性は、超党派で共有されているわけである。政権交代後、トランプ政権の施策を矢継ぎ早に覆したバイデン政権も、宇宙政策については、方向性を大きく転換する考えは示していない。今後も、米国の宇宙法は、宇宙ビジネスの自由な発展を促進する方向に進んでいくであろう。

---

72) H.R. 2809 (115th Congress).

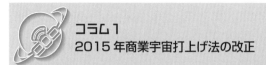

コラム1
2015年商業宇宙打上げ法の改正

上久保知優／藤田唯乃／小塚荘一郎

◇改正の概要

　米国の商業宇宙打上げ法は、制定以来これまでに何度か改正されているが、その中でも2015年の改正は、商業有人宇宙飛行に関する規制をアップデートしたという点で重要である。そもそも、商業有人宇宙飛行に関する規制の体系は、民間宇宙船SpaceShipOneが高度100キロメートルへの有人飛行を実現してAnsari X Prizeの懸賞を獲得し、有人の商業宇宙飛行が現実化した2004年に作られた。ところが、有人宇宙飛行に対するハードルは当初の予想以上に高く、2014年には、SpaceShipOneの事業化に乗り出したVirgin Galactic社がテストフライト中に事故を起こし、パイロットを一人失うという痛ましい事故も発生した。そうした中で、有人宇宙飛行はまだ実用化段階に達していないと判断され、商業有人宇宙飛行の安全を確保するための規則制定を先送りし、事業者による技術開発競争を支援するという判断がなされたのである。なお、この改正は、2015年米国商業宇宙打上げ競争力法（The Commercial Space Launch Competitive Act）のうちの最初の部分であり、「2015年民間宇宙活動競争力・起業促進法」（Spurring Private Aerospace Competitiveness and Entrepreneurship Act of 2015）と呼ばれる。その略称は、英文の頭文字をとってSPACE Act of 2015であるが（同法101条。Space〔宇宙〕に語呂を合わせたもの）、以下の本稿では「2015年法」とする（なお、本稿で引用する商業宇宙打上げ法の翻訳は、青木節子＝小塚荘一郎編『宇宙六法』〔信山社、2019年〕によった）。

◇打上げ許可の基準

旅客の安全等

　民間の有人打上げ事業者（宇宙旅行事業者）にとって最も大きな改正は、旅客の安全を確保するための安全基準が、当面、作られないことになったという点である。これは、50905条の改正によって実現した。

〈改正箇所（2015年法111条による50905条「免許の申請及び要件」の改正）〉

　①　50905条(c)の第(3)項から第(9)項が追加された。

　②　同条第(9)項において、安全基準適用のための学習期間が2023年までとされた。

〈コメント〉

　改正箇所①により、搭乗員等の安全規則に関連する以下のような条項が追加された。

- ・同条第(3)項では、運輸長官は、商業的宇宙産業界の自主基準の発展のために商業宇宙輸送諮問委員会 (Commercial Space Transportation Advisory Committee：COMSTAC) 等との協働を続けなければならないこと、同条第(4)項では、運輸長官が商業的宇宙産業における安全規則制定に先立ち、商業的宇宙産業界と議論することは制限されないことが規定されている。

- ・運輸長官は、上院の商業・科学・運輸委員会、下院の科学・宇宙・技術委員会に対して、同条第(5)項：2016年12月31日までに、また2021年12月31日までは30か月ごとに、COMSTAC 等と協議の上、産業の安全性を高めるための「コンセンサスによる標準」の構築に関する商業的宇宙輸送産業の進展状況の報告、同条第(6)項：第(9)項の規制を含む安全対策の枠組み変更についての準備状況を示す産業指標を指定した報告、同条第(7)項：COMSTAC 等と協議の上、適切な安全対策の構築に向けた活動に関する報告、同条第(8)項：2022年12月31日までに、工学的・技術的支援団体や規格開発団体による評価書（商業的宇宙産業の進展や連邦政府による安全政策の変更に関するもの）を提出することとされた。

　改正箇所②は、安全基準適用のための学習期間の終期が迫っていたことから、その期間を延長したものである。

　本条の改正のポイントは、安全基準の制定を単純に約10年間延長しただけではなく、その間に、規制当局（運輸長官）と産業界（ロビイング団体としてのCOMSTAC）とが協働して、自主基準を発展させるものとされたことである。規制当局と規制される事業者との間には、もちろん、健全な緊張関係がなければならないが、現状では、最先端の技術開発を行う技術者は事業者の側に集まっており、規制当局の側には、有人宇宙飛行に関する専門人材が不足している。そして、技術開発にしのぎを削っている事業者の側ですら、どのような技術を用いれば安全性を確保できるのかについて、手探りの状態である。それならば、規制側と事業者側が協働して、望ましい技術規格についてコンセンサスを作っていこうという考え方になったものと思われる。

　許可の柔軟化

　商業打上げについてのもう1つの改正点は、有人以外の商業打上げも含めた打上げの許可制度について、産業界の負担を軽減するために規制の柔軟化が行われたことである。商業打上げ法の下では、もともと、正式の免許 (license) と

実験的許可（experimental permit）という2つの制度が用意されていたが、同一の事業者に対して、双方を同時に発行できることになった。

〈改正箇所（2015年法104条による50906条「実験的許可」の改正）〉

① 50906条(d)の柱書では「又は再使用可能な打上げ機」の文言が追加された。

② 50906条(g)では新たに「長官は、本章に基づく免許にかかわらず、本条に基づく許可を発行することができる。本章に基づく免許の発行により、本条に基づき発行された許可を無効にすることはできない」と規定された。

〈コメント〉

改正箇所①では、当局による「実験的許可」の対象に「サブオービタルロケット」だけでなく「再使用可能な打上げ機」も追加された。これは、有人宇宙飛行を目的とした改正ではなく、Space X社が再利用型の機体開発を続けていることを反映したものである。

改正箇所②について、正式の免許の有無に関わりなく、試験的な打上げ等について実験的許可をすることができ、正式の免許がされた場合であっても、実験的許可は無効とされないこととされた。

正式の免許は、宇宙飛行参加者（乗客）を有償で搭乗させることができるが、実験的許可は、まだ試験段階であるため、有償のサービスができない。事業者にとって、この2つを同時に保有する意味がどこにあるかといえば、試験が順調に進んで正式許可を取得した後に、万一事故が発生した場合の問題だと思われる。事故が発生すると、原因が究明され、安全が確認できるまで、当然、正式の免許は取り消されるが、航空機のようにデータが十分に蓄積されていない有人宇宙機については、原因の究明や安全を確保する技術の試験のために、同型の機体を飛行させる必要が出てくる場合もあるであろう。それを可能にするために、いわば実験的許可を「手持ち」しておいて、正式免許の取消し後は実験的許可にもとづいて試験目的の飛行をするという運用が考えられているものと思われる。このような制度が盛り込まれた背景には、Virgin Galactic社のテストフライトが失敗し、事故による免許の取消しという事態が現実的に感じられるようになったという事情があるのであろう。

◇運送事業者の責任

クロス・ウェイバーの拡大

宇宙打上げ事業は、有人か無人かを問わず、一般的な事業に較べてリスクのスケールがきわめて大きい。そこで、リスクを関係者間で分配し、事業を健全に発展させるための制度が、慣行として作られてきた。

　その１つが、関係者間であらかじめ相互に損害賠償請求権を放棄し、責任追及をしない（故意または重過失の場合を除く）というクロス・ウェイバーの慣行である。米国の商業打上げ法は、クロス・ウェイバーが関係者間で有効に合意されていることを打上げ許可の条件としており、2004年改正で、これが有人宇宙飛行の打上げ許可にも及ぼされたが、当時、連邦議会における審議の過程で、宇宙旅行参加者（乗客）と事業者の間のクロス・ウェイバーだけは、対象外とされてしまった。おそらく、宇宙旅行参加者はプロではなく一般人だという前提のもと、法律上、一律に損害賠償請求権を放棄させることはおかしいと考えられたのであろう。

　しかし、現実には、有人宇宙飛行のリスクの方が一段と大きく、クロス・ウェイバーなしで実施することは考えられない。そこで、宇宙飛行契約を受け付ける際の契約の中で、クロス・ウェイバーに同意してもらうという実務が一般的になっている。契約自由の原則からそのような合意は有効だと事業者は考えているが、契約自由は無制限に認められるものではないから、万一事故が起こった場合に、生命・身体の損害についての責任を排除することと等しいこうした合意の有効性には、ずっと、不安がつきまとっていた。2015年の改正は、事業者にとってのこうしたリーガル・リスクを取り除くものである。

〈改正箇所（2015年法103条・107条による50914条「責任保険及び賠償資力の要件」の改正）〉

①　責任保険で保護される者を定めた50914条(a)の第(4)項に、新たに「(E)宇宙飛行参加者」が追加された。

②　同条に、新たに第(5)項として「(4)(E)は2025年9月30日をもって無効となる」が追加された。

③　50914条(b)の第(1)項に基づく賠償請求権の相互放棄（クロス・ウェイバー）を、第(A)号で「関係する当事者」との間で行うべきものとした上で、第(B)号で「関係する当事者」を以下のように定義している。

「(B)　本号において、「関係する当事者」とは以下を意味する。
　（i）　免許人又は譲受人の契約者、下請契約者及び顧客
　（ii）　顧客の契約者及び下請契約者
　（iii）　宇宙飛行参加者」

さらに、第(C)号で「(B)(iii)は、2025年9月30日をもって無効となる」と規定された。

〈コメント〉

　改正箇所①②③のいずれも、責任保険で保護される者や相互権利放棄の主体に「宇宙飛行参加者」を新たに追加する改正である。なお、これは2025年9月30日までの時限的措置とされている。

　とくに、2004年に対象外とされた宇宙旅行参加者との間のクロス・ウェイバーを制度上に位置づけ、その取得を許可条件に含めたという点が重要である。もちろん、行政法的な規制である許可条件が、契約としてのクロス・ウェイバーの有効性と直結するものではないが、法律上に明記されたことで、裁判で争われてもその有効性が認められる可能性が高められたといえる。

連邦裁判所の裁判管轄

〈改正箇所（2015年法106条による50914条「責任保険及び賠償資力の要件」の改正）〉

　50914条(g)として、新たに「連邦の管轄　免許に基づき実施された活動による死亡、身体の傷害又は財産の損傷若しくは滅失に対する第三者又は宇宙飛行参加者による請求は、連邦裁判所の専属管轄とする」旨の規定が追加された。

〈コメント〉

　商業打上げや有人宇宙飛行など免許を受けた活動で重大な損害を被った場合の訴えは連邦裁判所が管轄する旨が規定された。この改正の背景として、米国では、事業者の責任の問題を考える際に陪審制度の存在を考慮しなければならないという点がある。事故の被害者やその遺族は、地元（被害者の居住地）で訴訟を提起しようとするであろうが、人身損害について、とりわけ有人宇宙飛行に関する事件として世間の注目を集める訴訟の場合、地元の州裁判所で訴えられ、陪審裁判になると、事業者側が圧倒的に不利になる可能性は十分にある。その場合、事業者と被害者が異なる州に所在するという州籍相違の主張が認められれば、管轄が連邦裁判所に移るが、そのような主張が通るかどうかは、実際に裁判になってみないとわからない。

　そこで、このような不安を解消するために、宇宙旅行参加者（や墜落事故に巻き込まれた地上第三者）が人身損害について訴訟を提起する場合には、連邦裁判所が専属的に裁判管轄を持つこととされたのである。連邦裁判所の場合、地元の被害者に同情的な判決が出るというバイアスは小さくなるであろう。また、クロス・ウェイバーを法定した連邦法の立法趣旨に対しても、配慮が与えられる可能性は、より大きいと考えられる。これらの改正には、商業有人宇宙飛行を大きく支援する効果が期待される。

政府補償の拡大

　商業宇宙打上げ法にもとづく政府補償は、時限的な措置とされ、2016年に期限の到来が迫っていたため、それを延長する必要が生じていた（以下の改正箇所②。これは、有人宇宙飛行だけではなく、商業打上げ全般にかかわる改正である）。それに加えて、有人宇宙飛行にかかわる2点の改正が行われた。

〈改正箇所（2015年法103条による50915条「賠償責任保険及び財政上の責任の要件を超える請求の支払」の改正）〉

①　50915条(a)第(1)項に定める政府補償でカバーされる免許人の責任を「第三者の(3)(A)に記載される者に対する認容される請求」と規定した上で、同条(a)の末尾に、

「(3)(A)　この号に記載される者は、以下のいずれかである。

　　(i)　この章に基づく免許人又は譲受人

　　(ii)　免許人又は譲受人の契約者、下請契約者又は顧客

　　(iii)　顧客の契約者又は下請契約者

　　(iv)　宇宙飛行参加者

　(B)　(A)(iv)は2025年9月30日をもって無効となる」と規定された。

②　50915条(f)において、政府補償制度の適用期間が「2025年9月30日」までと規定された。

〈コメント〉

改正箇所①により、政府補償制度の対象となるクレームとして、第三者から宇宙飛行参加者に対するクレームが追加された。クロス・ウェイバーの拡大に示されるように、宇宙飛行参加者は、当面（2025年9月30日まで）、免許人と同じ立場の存在と位置づけられたので、機体が墜落事故を起こして地上第三者に損害が生じた場合などには、地上第三者に対する加害者として訴えられる可能性が生じてくる（日本法では考えにくいが、米国では十分にありうる）。そこで、万一そのような宇宙飛行参加者の責任が裁判所で認められた場合には、その責任も政府補償でカバーされるものとされた。

改正箇所②は、政府補償制度の適用期間を2025年9月30日に延長するものである。

◇事業機会の創出（2015年改正法112条による改正）

2015年改正項目には、NASAが商業打上げ機を使用して国際宇宙ステーション（ISS）に滞在する宇宙飛行士を輸送する場合に関するものも含まれている。2020年には日本の野口聡一宇宙飛行士がSpaceX社の宇宙船Crew Dragonに搭乗したが、2015年改正法以前の商業宇宙打上げ法では、NASAの宇宙飛行士が民間の宇宙機に搭乗することは想定されていなかった。民間の宇宙機の場合、その民間事業者の被用者である「乗員」が操船し、乗客にあたる「宇宙旅行参加者」が搭乗するという形態のみが予定されていたのである。

2015年改正法は、NASAや日本などパートナー国の宇宙飛行士を乗客として輸送することが可能になるように、何か所かの改正を行った（50901条・50902条・50904条・50905条・50907条・50908条・50919条）。宇宙飛行士は輸送される

乗客の立場で搭乗するのであるが、受け身の「宇宙飛行参加者」と同じ位置づけではおかしいので「政府の宇宙飛行士」というカテゴリーを設け、「乗員」「政府の宇宙飛行士」「宇宙飛行参加者」を総称するときには「人員」という用語が用いられることになった。これも重要な改正点であるが、やや細かな規定の適用関係の問題なので、内容の詳細は割愛する。

第2節

米国の州法による宇宙活動の促進[1]

小塚荘一郎／藤野将生／濱田祥雄／野村遥祐

I　はじめに

　米国の宇宙法というとき、一般的には、商業宇宙打上げ法や陸域リモートセンシング法等の連邦法（第2章第1節参照）が想起される。しかし、米国は連邦制の国家であり、合衆国憲法により特別に禁じられているとき以外については、各州が立法の権限を有する。そのため、実は、宇宙活動に関する法律を州が独自に制定することも、排除はされていない。米国の主要な宇宙法が連邦法として規定されている理由は、第1に、条約締結権限は連邦政府に留保されているため、その権限に基づいて締結された宇宙諸条約の実施をする上で必要かつ適切な事項については連邦政府に立法権限があるためであり、第2に、従来は宇宙活動が連邦政府の機関であるNASAとの契約にもとづいて実施されていたためである（NASAとの契約は、通常、いわゆる連邦コモンローが準拠法とされる）。なお、連邦憲法では、「外国との通商や各州間の通商」については連邦と州がともに立法権限を有し、その双方が抵触するときは連邦法が優先するとされている。商業宇宙活動が活発になると、この事項に該当するケースも増えてくる可能性もあろう。

　実際に州が独自に制定した宇宙関連法は相当な数に上るが、それらはす

---

1)　本稿の執筆にあたっては、松宮慎、岩下明弘、北村尚弘、大段徹次および毛阪大佑の各弁護士の調査への協力を得た。ここにお礼を申し上げる。

べて、何らかの意味で州内の宇宙産業を振興する目的を持っている。これらを大別すると、①産業振興のため宇宙当局（space authority）等の組織を設立するもの、②宇宙港・スペースポートの整備に関連したもの、③宇宙関連産業に税法上のインセンティヴを与えるもの、④特定の宇宙事業者に対して民事責任の制限という特典を与えるもの、の4つの類型に整理できる[2]。

日本でも、「宇宙ビジネス創出推進自治体」として2018年に北海道、茨城県、福井県および山口県が、また2020年には福岡県と大分県が選定された。このうち北海道では地元経済界による独自の宇宙産業ビジョンが発表されるなど、宇宙ビジネスに関して地方独自の取り組みが生まれつつある。もとより、米国の現状は、連邦制という固有の背景にもとづくものであって、日本の地方自治体による条例の制定などと同列に論じられるものではない。とはいえ、地域が独自に宇宙産業を振興しようとする際のポイントを知るという意味では、示唆するところも少なくないように思われる。そこで以下では、上記の類型ごとに、米国の各州による宇宙関連法の概略を紹介する。

II 宇宙当局

宇宙ビジネスの促進・誘致のために米国の州が用いている1つの方法は、宇宙ビジネスの振興のための組織の設立である。宇宙ビジネスに特化した政府から独立した法人の州法上の根拠を有する米国の州としては、アラスカ[3]、フロリダ[4]、オクラホマ[5]、ヴァージニア[6] およびウィスコン

---

2) P.J. Blount, *If You Legislate It, They Will Come: Using Incentive-Based Legislation to Attract the Commercial Space Industry*, 22 Air and Space Lawyer 19 (2009).

3) *See* A.S. § 26.27.010.

4) *See* F.S.A. § 331.302.

5) *See* 74 O.S. § 5203.

6) *See* Va. Code Ann. § 2.2-2202.

7) *See* Wis. Stat. § 114.61.

シン[7]が、宇宙ビジネスに特化した内部部局の州法上の根拠を有する米国の州としては、アラバマ[8]、カリフォルニア[9]、ハワイ[10]およびニューメキシコ[11]が挙げられる。宇宙当局には、宇宙港等のインフラの整備・運営、そのための債券発行等の資金調達、宇宙ビジネスに関する情報提供、連邦政府に対するロビーイング等の権限が与えられている。法人の形式をとっている州では、宇宙当局に宇宙港等のインフラの整備・運営の権限が与えられるとともに、そのための債券発行等の資金調達権限が与えられている[12]。内部部局の形式をとっている州では、ニューメキシコのみが宇宙当局に宇宙港等のインフラの整備・運営の権限とそのための債券発行等の資金調達権限を明記しており、さらに、ニューメキシコでは、単会計年度で終了することのない、宇宙当局用の特別の会計口座を設けている[13]。宇宙港等のインフラの整備・運営には、多額の資金が必要であり、また、長期的な視点が必要であることが反映されていると推測される。アラバマでは、宇宙港を保有することについてのフィージビリティスタディを内部部局の宇宙当局が行うこと等の明記に留められており[14]、カリフォルニアの内部部局の主たる責務は、宇宙活動の産業化のための連邦政府の資金の獲得に留められている[15]。

Ⅲ　宇宙港

　宇宙港の整備は、宇宙ビジネスの促進・誘致のための一つの重要な方法

8）　*See* Ala. Code § 41-23-170 & 172.

9）　*See* Cal. Govt. Code § 14007.2.

10）　*See* H.R.S. § 201-72.

11）　*See* N.M.S. § 58-31-4.

12）　ヴァージニアについては、宇宙港等のインフラの整備・運営が宇宙当局の権限の列挙の中で明確に記載されてはいないものの、宇宙産業の促進という宇宙当局の設立目的に必要な行為として、宇宙港等のインフラの整備・運営も行うことができるものと考えられる（*See* Va. Code Ann. § 2.2-2202 & 2204）。

13）　*See* N.M.S. § 58-31-17.

14）　*See* Ala. Code § 41-23-173.

である。企業にとって、宇宙港へのアクセスが悪ければ、宇宙船、衛星等
の輸送に追加の時間・費用がかかることとなる上、宇宙船、衛星等の最終
調整のためには、多くの場合、宇宙港に人員を配置する必要がある。宇宙
港について、米国では、その運営に連邦政府からのライセンスが必要とさ
れているが[16]、米国の州法にも宇宙港についての規定が存在する場合があ
る。宇宙港の整備に関して州法上の定めがある州としては、アラバマ[17]、
アラスカ[18]、カリフォルニア[19]、フロリダ[20]、ニューメキシコ[21]、オク
ラホマ[22]、テキサス[23]、ヴァージニア[24] およびウィスコンシン[25] が挙
げられる。これらの州法の多くは、宇宙港について基本的に公共設備とし
て州が整備する方針をとっており、たとえば、上記のとおり、法人の形式
をとる各州の宇宙当局と内部部局の形式をとるニューメキシコの宇宙当局
には、宇宙港の整備・運営の権限が与えられるとともに、そのための債券
発行等の資金調達権限が与えられている。

　特筆すべき州法の一つ目は、Spaceport America を整備したニューメキ
シコの州法である。上記のとおり、ニューメキシコは内部部局として宇宙
当局を有しており、これが Spaceport America を運営し、連邦政府からの
必要なライセンスも受けているが、Spaceport America の整備にあたり、
ニューメキシコ州政府と地方公共団体の複数が契約を締結して宇宙港の開
発のための特別の公法人が設立できるようにされた[26]。この公法人に参加
するためには、地方公共団体はその地域で事業を営む者に総収入に対する

15）*See* Cal. Govt. Code § 14007.2.
16）*See* 51 U.S.C. 50904.
17）*See* Ala. Code § 41-23-173.
18）*See* A.S. § 26.27.100.
19）*See* Cal. Pub. Util. Code § 22553.
20）*See* F.S.A. § 331.305.
21）*See* N.M.S. § 58-31-5.
22）*See* 74 O.S. § 5204.
23）*See* Tex. Gov't Code § 481.0066.
24）*See* Va. Code Ann. § 2.2-2202, 2204 & 2699.2.
25）*See* Wis. Stat. § 114.62.
26）*See* N.M.S. § 5-16-1 et seq.

特別の課税を行い、その 75％以上を当該公法人の宇宙港の整備等の事業に
提供しなければならないこととし、これにより宇宙港の整備の資金の一部
を確保している [27]。

　また、テキサスの法制度も特筆すべきと考えられる。テキサスの地方公
共団体は、単独で、または、他の地方公共団体と共同して、宇宙港の整備
のための特別な法人を設立することができるとされており [28]、その資金を
得るための債券の発行権限も有する [29]。テキサスでは、宇宙港の整備のみ
に用いることができ、テキサス州政府が資金を提供できる信託基金が設立
され、上記の特別な法人が宇宙港の整備の計画を作り、必要な資金の 75％
以上を拠出することができる場合であり、再使用可能な宇宙機の製造能力
を有する企業が当該宇宙港に施設をおくことを約束し、かつ、当該宇宙港
の運用者となる者が連邦政府からの必要なライセンスを得ている、また
は、申請しているときには、この特別な法人に上記の信託基金から資金提
供を行うことができる [30]。テキサスでは、この資金を用いて、SpaceX が
使用予定の宇宙港の整備が進んでいる [31]。

Ⅳ　優遇税制

　宇宙ビジネスの促進・誘致のために米国の州が用いているその他の方法
として、宇宙ビジネス振興のための優遇税制がある。各州は、宇宙ビジネ
スに税のインセンティヴを与えることによって、主に州の産業および雇用
の促進を図っている。宇宙ビジネスに関連する優遇税制の州法上の根拠を

27）　*See* N.M.S. § 7-19D-15 & 20E-25.

28）　*See* Tex. Local Gov't Code § 507.003.

29）　*See* Tex. Local Gov't Code § 507.151.

30）　*See* Tex. Gov't Code § 481.0069.

31）　*See* Andrea Leinfelder, *SpaceX success gives Texans reason to cheer*, HOUSTON
CHRONICLE, Feb. 12, 2018, https://www.houstonchronicle.com/business/technolo
gy/article/SpaceX-success-gives-Texans-reason-to-cheer-12584146.php.

32）　*See* A.R.S. § 41-1532（A）-（D）, 42-5075（B）（4）, 42-12006 & 42-15006.

33）　*See* Cal. Rev. & T. Code § 6380.

有する米国の州としては、少なくともアリゾナ[32]、カリフォルニア[33]、コロラド[34]、コネティカット[35]、フロリダ[36]、ハワイ[37]、インディアナ[38]、ミネソタ[39]、ミシシッピ[40]、ネブラスカ[41]、ニューメキシコ[42]、オクラホマ[43]、サウスカロライナ[44]、テネシー[45]、ユタ[46]、ヴァージニア[47]、ウェストヴァージニア[48] およびウィスコンシン[49] が挙げられる。なお、このうちネブラスカの Nebraska Angel Investment Tax Credit Program と呼ばれる適格投資家向けの税額控除プログラムは 2019 年をもって廃止された[50]。優遇税制の方法は各州によって違うものの、概ね、税額控除、税還付、売上税または使用税の免税、所得税または法人税の免税、財産税との関係における評価額計算の際の優遇または生産設備の加速減価償却、および、宇宙当局が発行した債券に関する免税、等にわけられる。優遇税制の対象となる企業も、宇宙ビジネスを行っている企業だけでなく、研究開発を行う企業、中小企業、軍需企業または宇宙ビジネスに対する投資家等、州によって様々である。なお、上述したとおり、優遇税制の主な目的は州の産業および雇用の促進にあるから、州の産業および雇用の促進にどれだけ貢献したかを優遇税制の要件としている州も少なくない。たとえば

---

34) *See* C.R.S.A. § 24-48.5-112, 24-48.5-117, 39-22-531 & 39-22-532.

35) *See* C.G.S.A. § 12-217n.

36) *See* F.S.A. § 220.194 & 288.1045.

37) *See* H.R.S. § 237-26.

38) *See* I.C. § 6-3.1-4-2.5.

39) *See* M.S.A. § 116J.8737.

40) *See* Miss. Code Ann. § 57-113-1, 57-113-7.

41) *See* Neb. Rev. St. § 77-6301 – 77-6310.

42) *See* N.M.S. § 7-9-26.1, 30, 54.1, 54.2 & 54.4.

43) *See* Okla. Admin. Code 710:50-15-109.

44) *See* S.C. Code Ann. § 12-37-930.

45) *See* T.C.A. § 67-6-209（i）.

46) *See* U.C.A. § 59-12-104（15）（b）（i）.

47) *See* Va. Code Ann. § 58.1-322.02（22）&（23）& 58.1-402（C）（22）&（23）.

48) *See* W. Va. Code Ann. § 11-13D-3f.

49) *See* Wis. Stat. § 114.76.

50) NE L.B. 334（2019）.

ミシシッピにおいて宇宙ビジネスを行おうとする企業が優遇税制を受けるためには、ミシシッピにおいて 2500 万米ドル以上の設備投資をすることおよび一定の年収以上で 25 人以上のフルタイムの雇用を生み出すことが条件とされている [51]。

　これらの州法の中でも特筆すべき州法は、ヴァージニア州が 2008 年に制定した Zero G Zero Tax Act [52] である。Zero G Zero Tax Act は、有人打上げサービスの提供および有人打上げに関連する訓練の提供から得られる所得に対して、所得税（個人）および法人税（法人）からの免税を与えている。また、Zero G Zero Tax Act は、NASA の商業軌道輸送サービス（Commercial Orbital Transportation Services）の部局との間で締結されるペイロードを運搬するための積み荷補給サービス契約から得られる所得に対しても同様の免税を与えている。なお、これらの免税を受けるためには、当該有人打上げサービスまたは訓練の提供はヴァージニア州内で行われなければならず、また、当該ペイロードの運搬はヴァージニア州内の空港または宇宙港から打ち上げられなければならない [53]。

　また、特徴的な州法としては、オクラホマの優遇税制が挙げられる。オクラホマの優遇税制は、企業だけでなく被用者も一定の適格要件を満たせば税額控除を受けられる点で注目される。具体的には、主たる事業が宇宙ビジネスである企業に 2009 年 1 月 1 日以降に雇用された労働者であってその他の一定の要件を満たした適格被用者は年 5000 米ドルを上限とした税額控除を受けることができる [54]。

V　責任制限

　宇宙ビジネスの促進・誘致のために米国の州が用いているその他の方法として、特定の宇宙事業者の民事責任を制限することが挙げられる。

51）　*See* Miss. Code Ann. § 57-113-1.
52）　*See* supra note 47.
53）　*See* supra note 47.
54）　*See* supra note 43.

　一般に、宇宙活動には危険が伴う一方で、事故が発生した場合に生じる損害賠償額は莫大なものとなりうる。そのため、宇宙ビジネスに参入・従事する業者にとっては、万一の際に負担しうることとなる損害賠償責任の範囲や、被害者への損害賠償債務の履行の方法は重大な関心事であるし、被害者にとっても同様である。そこで、商業宇宙打上げ法では、打ち上げの許可にあたって、責任保険の契約や財産の確保が必要とされることで、被害者への損害の実填補が図られている [55]。加えて、州においては、宇宙ビジネスに関連する民事責任を制限し、宇宙事業者を誘致するという取り組みが行われている。この取り組みを行う州としては、少なくとも、アリゾナ [56]、カリフォルニア [57]、コロラド [58]、フロリダ [59]、ジョージア [60]、ニューメキシコ [61]、オクラホマ [62]、テキサス [63] およびヴァージニア [64] が挙げられる。

　この民事の損害賠償責任の限定の内容をみると、概ね、宇宙事業者が乗客からのインフォームド・コンセントを得ると、当該乗客に生じた損害については責任を負わなくてもよいというものとなっている。たとえば、カリフォルニアにおいては、宇宙飛行事業者は、原則として、宇宙飛行参加者に対して、事前に、宇宙飛行にあたっての危険性および損害賠償責任の制限について説明し、当該参加者から同意を得ておけば、当該参加者の人身損害等について責任を負わないことが定められている。なお、宇宙事業者側の重過失等の例外的な事由がある場合は、責任制限は行われない。

　もっとも、州によって責任制限の規定が適用される場面が異なるため、

55）　*See* 51 U.S.C. § 50914（a）.

56）　*See* A.R.S. § 12-558.

57）　*See* Cal. Civ. Code § 2210, 2211 & 2212.

58）　*See* C.R.S.A. § 41-6-101.

59）　*See* Fla. Stat. § 331. 501.

60）　*See* Ga. Code Ann. § 51-3-41, 42, 43 & 44.

61）　*See* N.M.S. § 41-14-1, 14-3 & 14-4.

62）　*See* 3 O.S. § 351, 352 & 353.

63）　*See* Tex. Civ. Prac. & Rem. Code § 100A-001, 002, 003 & 004.

64）　*See* Va. Code Ann. § 8.01-227.8, 227.9 & 227.10.

この点について留意すべきである。たとえば、責任制限がされうる者は、カリフォルニアの場合、宇宙飛行事業者のみであるが、コロラド等の他州の場合は、宇宙飛行事業者に加え、宇宙機製造者と部品供給者も含まれている。なお、ニューメキシコでは、従前は、責任制限規定が適用されうる者が宇宙飛行事業者に限定されていたが、2013 年の改正で対象が拡大され、コロラド等の州と同様、宇宙機製造者と部品供給者も含まれることとなった。また、責任制限のなされない場面として、故意または重過失がある場合に留める州もあれば、それらの場合に加え、土地、施設または機材の危険な状態について、現実の認識があった場合および合理的に認識するべきであった場合も含める州もある（後者の例として、カリフォルニア、コロラド、フロリダおよびニューメキシコが挙げられる）。

　なお、商業宇宙打上げ法の 2015 年改正により、宇宙飛行参加者からの運用事業者に対する損害賠償請求権放棄を求めることが、打上げ許可の条件として法定された（コラム 1 参照）[65]。その結果、州法による宇宙飛行事業者の免責が持つ意味は減少したと思われる。

65）　51 USC § 50914（b）（1）（B）（iii）.

第3節

米国における政府調達方式が宇宙ビジネスの産業振興に与える影響

新谷美保子

I はじめに

　米国の民間宇宙ビジネスが活況であることは、日本国内にいても頻繁にその活躍をニュース等で耳にする。米国のスタートアップにとっては、米国政府の宇宙開発に参入する障壁は低いともいわれ、特に低軌道への輸送については、民間企業の大きな成功が伝えられている。ロケット打上げ事業を展開している Space Exploration Technologies Corp.（以下「SpaceX」とする）はその代表格であり、「NASA が育てた企業である」と言われることもある。NASA が民間企業を育てるとはどういうことか。また日本において民間の宇宙産業育成のために「アンカーテナンシー[1] が必要」であることが叫ばれているが、米国では具体的にどのような政府からの調達が行われ民間企業が仕事を得ているのか。本稿では、民間宇宙ビジネスの最先端国である米国の実情を検討し、米国政府による調達方式によって産業振興にどのような効果が生まれているかを分析することで、この中から日本に取り入れられることがないかを検討したい。

1）　アンカーテナンシーとは、民間の産業活動において政府が一定の調達をすることにより、産業基盤の安定等を図ることをいう。

Ⅱ　宇宙産業における米国政府の調達方式

1　米国調達方式の概要

　米国政府機関は、調達方式について、原則として、Federal Acquisition Regulations（連邦調達規則、以下「FAR」とする）に基づいて行うこととされている。FAR は、米国の政府調達に関する原則を定めたものであり、入札招請から契約締結までのオープンな競争手続を規定している（ただし、そのような競争手続が適用されない例外もある）[2]。全ての執行機関による調達について、統一の方針および手続の成文化と公表を行う FAR システムは、FAR および FAR を補完する政府機関調達規則から構成される[3]。

　NASA は、FAR を補完する政府機関調達規則として、NASA FAR Supplement（NASA 調達規則、以下「NFS」とする）を定めている[4]。NFS は、FAR または NFS により明確に除外される場合を除き、全ての調達に適用されることが原則であるが、Ⅲで詳述するとおり、宇宙ビジネスに関する調達については、NASA の設置法である国家航空宇宙法（National Aeronautics and Space Act of 1958、以下単に「Space Act」とする）に規定されている「その他取引権限（Other Transaction Authority）」に基づき、FAR システムに則った場合の制限や必要手続等を回避して、必要な技術等を調達することができるとされている。

　以下では、実際に米国内で宇宙ビジネスの振興に役立っていると考えられる米国政府の調達方式のうち、FAR に基づく調達および Space Act に基づく調達に分けて検討する。

---

2)　経済産業省通商政策局編「2012 年版不公正貿易報告書」420 頁。
　　https://www.meti.go.jp/shingikai/sankoshin/tsusho_boeki/fukosei_boeki/2012_report.html

3)　Federal Acquisition Regulations 1.101
　　https://www.acquisition.gov/content/part-1-federal-acquisition-regulations-system

4)　NASA FAR Supplement
　　https://www.hq.nasa.gov/office/procurement/regs/NFS.pdf

2　宇宙ビジネスの振興に利用されるFARに基づく調達方式について

　NASA および米空軍は、通常の確定価格契約による調達方式とその他の調達方式を使い分けて発注しているが、宇宙ビジネスにおける輸送系の調達において好んで利用しているその他の調達方式として、「未確定調達（Indefinite-Delivery）」が挙げられる。

　未確定調達とは、契約締結時にはまだ、将来必要となる供給の正確な時期や数量が未確定な物品・サービスの調達に用いられるものであり、対象の物品およびサービスをある期間内に必要としているが、将来の確定的な予算までを保証できないことから考案された方式である。産業振興の場面に置き換えていえば、「いつ、何台のロケット打上げを依頼できるか確定的にはわからないが、民間企業を育てたい」場合に取ることができる契約形態であるといえる。原則として最長5年（オプションを行使することで延長可能）の契約を締結することができる。

　この未確定調達の具体的な契約例をいくつか挙げて説明する。

⑴　数量未確定契約：Indefinite-Quantity（FAR16.504）

　定められた期間内に、数量または価格で示される最大限度または最小限度のみを定めて、未確定量の物品やサービスを、複数の業者から購入するための未確定調達（Indefinite-Delivery）として数量未確定契約（Indefinite-Quantity）がある（それぞれの頭文字を取って、通称「IDIQ」と呼ばれる）。IDIQ では、米国政府による発注が掛けられて初めて契約に至ることとなっているが、米国政府は最小量を必ず発注しなければならないとされている[5]。

　　◆具体的な適用例としては、SpaceX および Northrop Grumman が事業者の選定を受けている NASA の商業補給サービス（CRS）契約、電気推進エ

---

5)　FAR16.504 (a)(1)
　　https://www.acquisition.gov/content/16504-indefinite-quantity-contracts

レメント（PPE）の開発等契約、商業月ペイロードサービスイニシアチブ（CLPS initiative）、NASA と Axiom Space との ISS 商業モジュール購入契約、NASA と Boeing が交わした Space Launch System（SLS）の開発契約が挙げられる。

(2) 要求契約：Requirement（FAR 16.503）

　定められた期間内に、未確定量の物品・サービスを、1社から購入するための未確定調達として、要求契約が挙げられる。上記の IDIQ が複数の業者から購入するための契約形態であるのに対し、要求契約は1社から購入するための契約形態である点で違いがあるといえる。米国政府による発注が掛けられて初めて契約に至ることは IDIQ と同じであるが、発注当局は要請（solicitation）において現実的な推定総量を提示しなければならないとされているものの[6]、契約締結後に推定総量を発注する義務は無い。

　◆具体的な適用例としては、ULA が事業者の選定を受けている米空軍の打上げサービス調達（EELV 発展型使い捨てロケット）が挙げられる。

(3) ハイブリッド型の契約

　1つの契約が複数の契約類型の特徴を有することもある。たとえば、NASA が大型ロケットである Space Launch System（以下「SLS」とする）の開発について、Boeing との間で締結した契約が挙げられる。この契約は、コストプラスアワードフィー契約（CPAF：Cost-Plus-Award-Fee Contract）、コストプラスインセンティブフィー契約（CPIF：Cost-Plus-Incentive-Fee Contract）、IDIQ および確定価格契約（FFP：Firm-Fixed-Price Contract）としての要素を持つといえる。具体的には、NASA は Boeing に対し、許容される人件費の全額（all allowable labor costs）を償還すると共に、成果やマイルストーンの完了、材料費の目標額に応じた報酬を支払う。また、

6）　FAR16.503（a）（1）
　https://www.acquisition.gov/far/16.503

2007年から2018年にかけてのBoeingステージ契約の更改[7]

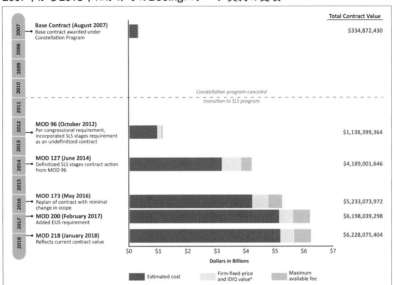

NASAは、Boeingがコアステージと他のSLSの構成要素（エンジン等）を統合させた場合、追加報酬を支払うことになっている。

3　Space Actに基づく調達方式について

　Space Actに基づき、宇宙ビジネスに関する調達においては、NASA長官に、FARの適用外で、事業遂行に必要な契約を自らが妥当と考える条件で契約（Space Act Agreement、以下「SAA」とする）を締結できる権限（Other Transaction Authority）が与えられている。SAAが導入された背景には、NASAと企業が迅速にパートナシップを組み、NASAミッションを実現すると共に、NASAの人材・設備の利用やNASAが開発した技術を

---

7)　National Aeronautics and Space Administration, "NASA's Management of the Space Launch System Stages Contract" p.6:
https://oig.nasa.gov/docs/IG-19-001.pdf

産業界へと移転させる目的があるとされている。FAR 適用外の調達方式
を準備した理由としては、NASA の側から企業側に対して技術的要求を示
すのではなく、設計製造段階から、コスト管理等あらゆる面において、民
間企業の自律性を促したことにあるものと考えられる。

◆具体的な適用例としては、SpaceX および Orbital Sciences Corp.[8] と締
結した Commercial Orbital Transportation Services（通称「COTS[9]」と
呼ばれる）Demonstration、商業乗員輸送開発第1ラウンド・第2ラウン
ド（CCDev1/CCDev2）、商業乗員統合能力（CCiCap）が挙げられる。

Ⅲ　NASA の Space Act Agreement について

ここでは Ⅱ で紹介した SAA について詳細を検討する。

1　Space Act Agreement の概略

既に述べたとおり、Space Act Agreement とは、NASA の設置法であ
る国家航空宇宙法（National Aeronautics and Space Act of 1958）を根拠とす
る契約形態であり、Space Act に基づき、NASA は、契約、リース、協力
協定以外に、SAA を含む「その他取引（other transactions）」を締結する権
限を有するとされている[10]。「その他取引」ができるのは、米国では
NASA、DoD を含めた8機関のみで、研究開発に用いられている[11]。

---

8)　なお、同社は ATK と合併して Orbital ATK Inc. になった後、Northrop Grumman
に買収された。

9)　NASA は COTS の後、COTS で開発・実証されたシステムを用いた ISS 物資補給
サービスについて第2の2(1)に記載した CRS 契約（Commercial Resupply Services
contract）を締結し、まとめ発注により調達をしている。

10)　The National Aeronautics and Space Act of 1958, §20113 (e)

11)　L.Elaine Halchin, Other Transaction（OT）Authority, CRS Report for Congress
（2010）

　SAA においては、民間企業の自律性を促すために、開発におけるマイルストーン、費用負担や責任の所在、知的財産権の配分等について自由に契約条件が作成できる。主な規定内容は、①各当事者の責任、②責任・成果のマイルストーン、③資金面でのコミットメント、④リソースのコミットメント、⑤当事者間のリスク配分、⑥知的財産権の配分、⑦権利義務の解除、⑧有効期間の 8 つである[12]。NASA によれば、SAA のような自由な契約形態を採れることによって、FAR に基づく複雑な要求条件がある伝統的な契約形態では実現できない民間企業との協力関係を築くことができ、産業界の新たな努力を促すことができるとしている[13]。

　SAA は償還型 SAA、無償型 SAA、ファンド型 SAA に大別され、外国契約は償還型・無償型のみ可能である。以下詳述する。

2　SAA の分類 [14]

(1)　償還型（reimbursable）SAA

　償還型 SAA では、一定の条件を満たす場合に、契約を締結した民間企業が NASA の設備等を有償で使用でき、この費用は民間企業側が負担するのが原則だが、NASA が民間企業側の発明を使用できる場合には減免することもできる[15]。なお、全ての償還型 SAA は、NASA の財政管理ポリシー（NASA financial management policy）に従わなければならない。

---

12)　David S.Schuman "Space Act Agreements", Journal of Space Law p.282
　　Space Act Agreements Guide pp. iv - xi
13)　NASA Office of Inspector General "NASA's Use of Space Act Agreements"
14)　NASA https://www.nssc.nasa.gov/saa
15)　ガイドラインによれば、全額を請求しないという判断は、以下の要素を満たしているべきである。
　　"1) Be accomplished consistent with statute and NASA's written regulations and policies; 2) Articulate the market pricing analysis, benefit to NASA, and other legal authority that supports less than full cost recovery; and 3) Account for recovered and unrecovered costs in accordance with NASA financial management policy."

(2) 無償型 (non-reimbursable) SAA

無償型 SAA では、NASA および民間企業側のそれぞれが、契約実施にかかる費用を自己負担することが原則である。NASA は、職員や情報、設備等を提供することになるため、NASA にとっても利益がある場合に締結される。

(3) ファンド型 (funded) SAA

ファンド型 SAA において、NASA は国内の民間企業に対し、NASA の宇宙開発を行うことを目的として、適切な資金を提供することが認められている。ただし、このファンド型 SAA の適用は限定的であり、他の契約類型では目的を達成できないと考えられる場合に限られている。

3 SAA の締結実績

(1) SAA の件数

NASA は何件ほどの SAA を締結しているだろうか。参考にできた資料[16] によれば、FY2008-12 で、3,667 件の SAA が締結され、うち償還型 2,270 件、無償型 1,384 件、ファンド型 13 件とのことである。

(2) SAA の契約相手方

同資料によれば、FY2008-2012 における契約相手方は、52 パーセントが非政府系の契約主体、33 パーセントが政府系の契約主体で、15 パーセントが米国外の契約主体であった（そのうち外国の契約主体が帰属する国として最も多い 90 件弱の SAA を締結した国は日本である）。また平均的な契約期間は、国内の契約相手方では 2 年、外国の契約相手方では 4 年であった。

(3) ファンド型 SAA の適用

ファンド型 SAA の適用は限定的で、FY2008-2012 では総額約 22 億ドル

---

16) NASA Office of Inspector General "NASA's Use of Space Act Agreements" https://oig.nasa.gov/audits/reports/FY14/IG-14-020.pdf

が拠出されたが、適用された産業振興プログラムとしては商業軌道輸送サービスであるCOTSや、商業有人プログラムであるCCPのうち、商業有人輸送開発（CCDev1/2）および商業乗員統合能力（CCiCap）と呼ばれるプログラムがあり、4でCOTSを例にその具体的な内容を検討する。

4　商業軌道輸送サービス（COTS）とSAA

　SAAの契約類型の中でも最も産業振興の色が濃く、その効果も大きいと考えられるファンド型SAAが適用された事例として日本においても知られているプログラムは、Commercial Orbital Transportation Services（商業軌道輸送サービス、以下「COTS」とする）であろう。COTSとは、国際宇宙ステーション（ISS）までの物資の補給、クルーの輸送を民間サービスに委ね、地球低軌道の運用について、NASAはあくまでも民間からサービスを購入することを目指す産業振興プログラムである。

　2012年5月、SpaceXが貨物輸送船ドラゴンの最終デモンストレーションに成功し、2014年10月にはOrbital Sciencesが貨物輸送船シグナスの最終デモンストレーションに成功したことによりCOTSは終了したが、この実現の裏にはNASAおよび民間企業側の試行錯誤や新しいことを成し遂げる強い意思があったことが感じ取れる[17]。COTSでNASAの資金提供を受けることになったこれらの会社は、どのように選定されたのだろうか。

(1)　COTSの選定経緯

　COTSのRound 1について、2006年3月以下の公募条件が発表された。

---

①50パーセント以上米国国籍を有する者に保有される企業を対象とする。
②所定のフォーマットで、Capabilityの提案がされた後、デューデリジェンスを行う。
③公募に添付されているSAA案に対しては、NASAが修正を要求できる。

---

17)　NASA, "Commercial Orbital Transportation Services, A New Era in Spaceflight" https://www.nasa.gov/sites/default/files/files/SP-2014-617.pdf

公募条件では、Capability（チャレンジできる能力があるかどうか）の提案は求められたが[18]技術的な要求はされず、企業による自由な発想が求められ、Boeing、Lockheed Martinといった伝統的な宇宙企業はもちろんのこと、中小規模のスタートアップ企業を含む20社から提案が出された。Round 1では、提案書にかかれたプランの実現可能性と、NASAが予定しているスケジュールで商業的な供給が受け続けられるかなどが主に評価された。

ファイナリストは、政府との契約が未経験である新興企業6社[19]であり、宇宙業界において新世代を示す"NewSpace"の台頭を示すかたちとなった。6社のファイナリストは、詳細な対面のデューデリジェンス・ミーティングを受け、SpaceXとRocketplane Kisteler Limited Inc.が選定されたものの、2007年10月にRocketplane Kisteler Limited Inc.が資金繰りに失敗しCOTSから撤退した。その後の2007年から2008年に実施されたCOTSのRound 2では、Orbital Sciencesが選定された。

結果として、SpaceXの資金調達は自己資金が4億5,400万ドル、NASAからの資金が3億9,600万ドルの合計8億5,000万ドルであり、Orbital Sciencesは自己資金が5億9,000万ドル、NASAからの資金が2億8,800万ドルの合計8億7,800万ドルであった。いずれもCOTSプロジェクトに基づくファンド型SAAの締結で受け取った政府資金よりも多くの資金を民間企業自身が調達していることになる。

(2)　無償型SAAの締結の活用

COTSでは、NASAは選定されなかった会社のうち5社と無償型SAAを締結した。このことは、NASAの産業振興プログラムに応募して選ばれなかったとしても、NASAと別の形で関係を継続できるチャンスがあるこ

18）過去の実績は問われず、ビジネスプラン、マネジメント構造含む企業のリーダーとしての経験・実績、資金調達能力含めた資金プランが評価対象とされ、また伝統的な点数評価は採られなかった。

19）Andrews Space Corp.、Rocketplane Kisteler Limited Inc.、SpaceDev Inc.、SpaceX、SpaceHab Inc.、Transformational Space Corp.

NASA's Space Act Agreement Formulation and Approval Process[20]

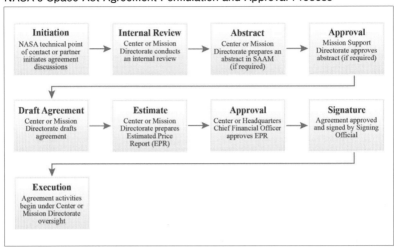

とを示しており、NASA のサポートを受けられることで技術の実現性を高めることができ、NASA の別プログラムに選定されたり、NASA との関係を根拠に市場から資金を調達しやすくなるなどのメリットが考えられる。なお、SAA の締結過程は、上記の図のとおりである。

IV　米国調達方式を日本において応用する可能性

1　JAXAによるCRD2について

　JAXA は、現在、民間事業者と連携してスペースデブリ対策の事業化を目指す商業デブリ除去実証（Commercial Removal of Debris Demonstration, 以下「CRD2」とする）を実施している。CRD2 においては、大型デブリ除去を2つのフェーズで行うことになる。2019 年 10 月、JAXA はフェーズ I に関する技術提案要請（RFP）を発出し、株式会社アストロスケールが

---

20)　2014/6/5 NASA Office of Inspector General "NASA's Use of Space Act Agreements"

RFP発出の範囲[22]

契約相手方として選定された[21]。フェーズⅠの目的は「非協力ターゲットであるデブリへの接近、近傍制御を行い、世界的にも情報の少ない軌道上に長期間放置されたデブリの運動や損傷・劣化がわかる映像の取得を目指」すことである。フェーズⅡにおいては、デブリへの接近、近傍制御、撮像、除去、リエントリが行われる。

　JAXAによるロードマップは以下のとおりであり、2024年までにはCRD2のフェーズⅡが開始される。

　このCRD2は日本版COTSと称されることもある。しかし、CRD2は現時点ではまだ計2回の実証に過ぎないのに対し、米国のCOTSは継続的に国が民間の打上げサービスを購入し続けるという点で異なるものである。一方、民間事業者が、デブリ除去を新規宇宙事業としてJAXAと共に技術的な実現可能性を高められる点において、CRD2は大いに産業振興に資するプログラムであるといえる。

21）宇航研第19TK01203GKGI号「契約相手方の選定結果の公示」：
　　http://stage.tksc.jaxa.jp/compe/tec-p/FY2019-0358.pdf
22）宇宙航空研究開発機構「商業デブリ除去実証」：
　　http://www.kenkai.jaxa.jp/research/debris/crd2/crd2.html

CRD2のロードマップ[23)]

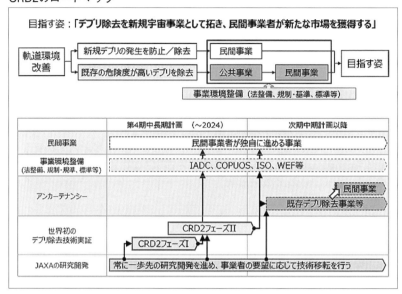

2　JAXAにおける契約とSAAの比較

　ここでは、NASAが締結しているSAAとJAXAにおいて締結していると考えられる契約の比較をする。償還型SAAについては、いわゆる有償の受託契約や、JAXAの設備を民間企業に使用させる設備共用の契約ではぼ同じことが実現できていると考えられる。また、無償型SAAは、JAXAが民間企業との間で結んでいる無償の共同研究契約等がこれにあたるといえる。

　ファンド型SAAに関しては、NASAにおいても非常に限定的に適用されているものであるが、これと同種のことは日本においては執筆時点では実現できない。直接的な理由としては、国立研究開発法人宇宙航空研究開

発機構法（いわゆる「JAXA法」）上、産業振興業務は、民間事業者の求めに応じて援助および助言を行うという限定的な規定がされていることが挙げられる[24]。すなわち、JAXAの業務としては、JAXAの研究開発に資する範囲で調達を行うという考え方が原則であり、とりわけ大型ロケット開発においては、技術の維持による宇宙へのアクセス権・国としての自律性確保を重視する必要もあるといえる。

3 JAXAにおけるCOTS導入の可能性

たとえば、今後、国際競争力の強化を主眼とするロケットを開発する場合、JAXAは衛星顧客として打上げサービスを購入のみに徹し、開発は全て企業責任で行うことも理論上は考えられる。現状では、JAXAは研究開発機関であり、NASAと比べても量産の調達が少ないことから、JAXAの調達のみで民間事業者の事業が成立することは難しいため、多角的な観点から市場の成立性、事業計画の検討が必要であり、民間企業側によるイノベーティブな発想や、市場からの資金調達の努力が不可欠となっている。いずれにしても、米国のファンド型SAAと同様の日本版COTSを導入するには、国内市場における民間企業の役割の拡大と新規参入の促進という目標のもと、新興企業に対する政府機関からの大型の資金提供ができる新たな仕組みが必要となる。

V まとめ

以上でみてきたとおり、米国には日本と異なる調達方式があり、これを利用した様々な産業振興プログラムにより、米国の中小企業等が政府の宇宙開発案件を受注することができ、新興の民間企業を育てることに役立っている。米国の産業振興プログラムにおいては、民間企業が革新的な製造過程やビジネスプランを生み出すことで、自国の商業サービスを利用することで物資や宇宙飛行士をISSに輸送することを可能にし、未来の商業輸

---

24) 同法18条6号。

送能力の基盤を築いている。米国政府が宇宙産業において取っている調達方式を含む産業振興は、世界の中で最も効果を挙げているといって過言ではないのであり、日本が参考にして日本に取り入れることができる部分も大いにあるものと考える。

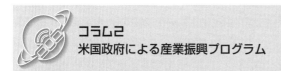

コラム2
米国政府による産業振興プログラム

新谷美保子／齋藤　俊

　第2章第3節では、産業振興に資する米国政府による調達方式を法的な観点から分析した。ここで見たように、米国政府による調達の契約方式としては、FAR に基づくものおよび SAA が挙げられるが、これらが実際に適用されている産業振興のプログラムには、それぞれ COTS や CRS 等のプロジェクト名がつけられている。このようなプロジェクト名が数多くあるため、このコラムではこれらを整理し、サービス分野ごとに米国宇宙開発の産業振興プログラムを簡単に紹介したい。

◇輸送サービス
　NASA による輸送サービスの産業振興プログラムとしては、主なものとしてCOTS、CRS、VCLS、CLPS initiative が存在する。

商業軌道輸送サービス（COTS）
　Commercial Orbital Transportation Services（以下「COTS」とする）は 2006年に開始されたプログラムである。本プログラムでは、①曝露型貨物の ISS への輸送・ISS 分離後の廃棄、②与圧型貨物の ISS への輸送・ISS 分離後の廃棄、③与圧型貨物の ISS への輸送・帰還、および④クルーの ISS への輸送・帰還について、NASA による公募が行われた[1]。この COTS プログラムにおいて、NASA は主要投資家・顧客としての役割を果たし、輸送機の開発実証についてマイルストーンごとに金銭を支払った。
　COTS のキーコンセプトは、① LEO の運用を民間事業者にゆだねること、②政府の投資を制限的にすること、③ LEO への乗り物を買うのではなく LEO でのサービスを買うこと、および④パフォーマンスに基づく固定価格のマイルストーンを用いることであった[2]。
　2006 年に実施された COTS の Round 1 では、SpaceX と RpK が選定されたものの、2007 年 10 月に RpK が資金繰りに失敗し COTS から撤退した。2007年から 2008 年に実施された COTS の Round 2 では、Orbital Sciences が選定された。2012 年 5 月、SpaceX が貨物輸送船ドラゴンの最終デモンストレーションに成功し、2013 年 10 月には Orbital Sciences が貨物輸送船「シグナス」の最終デモンストレーションに成功したことにより COTS は終了した[3]。

商業補給サービス（CRS-1/CRS-2）

ISS の輸送サービスの購入を内容とする Commercial Resupply Services（商業補給サービス、以下「CRS」とする）の第1期の契約（CRS-1）は、NASA と SpaceX、NASA と Orbital Sciences との間で 2008 年に締結された。同契約は、契約期間が 2009 年から 2016 年までの IDIQ 契約である。第1期の契約額は、SpaceX が 12 フライトで 16 億ドル、Orbital Sciences が 8 フライトで 19 億ドルだった。同契約では、最低 20 トンの貨物を ISS に輸送することが義務付けられ、NASA は製造につきマイルストーンを設定した[4]。

2015 年の初め、CRS-1 は延長され、Orbital Sciences が 2 つのフライト、SpaceX が 3 つのフライトの注文を受けた。SpaceX の報酬は、合計 4 億 5000 万ドルであった。2015 年 12 月には、CRS-1 の契約に基づき、SpaceX が新たに 5 つのフライトの注文を 7 億ドル（推定）で受けた[5]。なお、2014 年 10 月 28 日、Orbital Sciences の 3 回目のフライトが失敗し、2015 年には、SpaceX の 7 回目のフライトが失敗している[6]。

CRS の第2期の契約（CRS-2）は、NASA と SpaceX、NASA と Orbital ATK[7]、NASA と Sierra Nevada Corporation の間で 2016 年 1 月に締結された。同契約は、ISS への貨物輸送サービスの提供、不必要な貨物の廃棄、研究用サンプルと他の貨物の NASA への輸送を内容とするものであり、契約期間は 2019 年から 2024 年である。IDIQ 契約である本契約に基づき、各企業は貨物輸送サービスを少なくとも 6 回提供する。注文されるミッションの内容により報酬は変動するものの、これらの契約により NASA は最大 140 億ドルを支払うことになる[8]。

ベンチャー級輸送サービス契約（VCLS 契約）

2015 年、NASA は 3 社との間で Venture Class Launch Services（ベンチャー級輸送サービス、以下「VCLS」とする）契約を締結した。具体的には、Firefly Space Systems が 550 万ドル、Rocket Lab が 690 万ドル、Virgin Galactic が 470 万ドルで、小型衛星を地球低軌道へと打ち上げるサービスを提供することとなった[9]。VCLS の一環として、2018 年には Rocket Lab の Electron ロケットにより、2021 年には Virgin Galactic から分社された Virgin Orbit の LauncherOne ロケットにより、キューブサットが打ち上げられた[10]。

また、2020 年 12 月には、NASA は Venture Class Launch Services Demonstration 2（ベンチャー級輸送サービスデモンストレーション 2）契約を締結した。Astra Space が 390 万ドル、Relativity Space が 300 万ドル、Firefly Black が 980 万ドルで小型衛星を宇宙へと打上げることになる[11]。

商業月ペイロードサービスイニシアチブ（CLPS initiative）

商業月ペイロードサービスイニシアチブ（Commercial Lunar Payload Services initiative、以下「CLPS イニシアチブ」とする）は、ペイロードを月へと輸送する等のサービスを米国企業から購入することを内容とする。同イニシアチブは、技術実証等で NASA の Artemis 計画にも貢献することになる。

NASA は、2018 年に米国企業 9 社を、2019 年には他の米国企業 5 社を月面への輸送サービスへの入札（bid）に参加できるとした。個々の企業は、ペイロードの統合・運用、地球からの打上げ、月面への着陸を含む、年 2 件（予定）の輸送サービスの受注を競うことになる。案件ごとに、NASA は技術的実行可能性や価格、スケジュール等を考慮し、上記の 14 企業の中から受注者を選ぶ。CLPS イニシアチブで締結される契約は IDIQ 契約であり、本契約に基づき NASA は今後 10 年で最大 26 億ドル支払うことになる [12]。

2019 年 5 月、NASA は、ペイロードを輸送し月面に着陸させるサービスにつき Astrobotic Technology、Intuitive Machines、Orbit Beyond の 3 社を選定した。NASA の支払額はそれぞれ 7950 万ドル、7700 万ドル、9700 万ドルであった [13]。Orbit Beyond は 2020 年にサービスを提供する予定だったものの、2019 年 7 月、期限内にサービスを提供できないことを理由に NASA との契約を合意解除した [14]。Astrobotic Technology は United Launch Alliance の Vulcan Centaur ロケットを、Intuitive Machines は SpaceX の Falcon 9 ロケットを使用し、それぞれ 2021 年に NASA のペイロードを運ぶ予定である [15]。また、2022 年および 2023 年にも、CLPS イニシアチブにより購入された輸送サービスにより、NASA のペイロードが月面へと輸送される予定である [16]。

Gateway 計画の貨物輸送サービス

2019 年、NASA は Gateway [17] への貨物輸送サービスについての Request for Proposal（提案依頼書）を公表した。本提案によれば、契約企業は毎回のミッションで最低 3400kg の与圧貨物と 1000kg の非与圧貨物を Gateway に輸送し、それと同等の重さの廃棄物を処理することが求められ、その代わりに NASA は最大で 70 億ドル支払う。このサービスについては、確定価格契約かつ IDIQ の契約が締結され、打上げ前に報酬の 75 パーセントが支払われることになる [18]。契約期間は 15 年である [19]。

2020 年、NASA は SpaceX を最初の貨物輸送サービスの提供事業者として選定した [20]。なお、SpaceX は、Gateway の最初の構成要素である Power and Propulsion Element（電力推進要素。以下「PPE」とする）および Habitation and Logistics Outpost（ミニ居住棟。以下「HALO」とする）の打上げも NASA から受注している [21]。

◇有人輸送

商業乗員プログラム（CCP）

低軌道への人員輸送システム開発への支援を内容とする Commercial Crew Program（商業乗員プログラム、以下「CCP」とする）は、2009 年に開始された。本プログラムは、安全性、信頼性および費用対効果が高い ISS および地球低軌道（LEO）への往復アクセスを達成できる米国の商業乗員宇宙輸送能力の開発を促進するという目的で創設された。選定企業の輸送能力がNASAの既定の要求を満たしていると認証されれば、NASA は、自己の ISS 乗員ローテーションおよび緊急帰還義務を満たすためのミッションを実行することになる[22]。CCP を通じて、NASA は、合計 83 億ドル以上の資金を企業に提供してきた。

本プログラムの一環として、2020 年 5 月、SpaceX は米国商業有人宇宙船クルードラゴンでNASA の 2 名の宇宙飛行士を ISS に送り届け、同年 8 月には地球へと帰還させた[23]。また、SpaceX は、同年 11 月、日本の野口聡一宇宙飛行士と NASA の 3 名の宇宙飛行士を ISS へと打上げた[24]。

有人着陸システム（HLS）

Human Landing System Studies, Risk Reduction, Development, and Demonstration（有人着陸システム研究・リスク低減・開発・実証）に関連するプログラムとして、NextSTEP-2 Appendix E が存在する。本プログラムにおいて、2019 年に NASA によって選出された 11 社は、NASA との契約の下、可能性のある有人着陸システムの下降、移動、燃料補給の際のスケジュールリスクを減らす試作品の研究開発を 6 か月間行うことになった。NASA と各企業との契約価額の総額は 4550 万ドルであり、各企業はプロジェクトの費用の最低 20 パーセントを負担するよう求められている[25]。

また、2020 年 5 月 1 日、NASA は NextSTEP-2 Appendix H の一環として、Blue Origin、Dynetics および SpaceX の 3 社との間で有人着陸システムの設計および製造を内容とする契約を締結した。本契約は固定価格かつマイルストーンに基づく契約であり、契約価額の総額は 9 億 6700 万ドルである[26]。

電気推進エレメント（PPE）開発等契約

2019 年 5 月、NASA は Maxar Technologies[27] との間で、NASA の Gateway 計画の電源・推進・通信能力を有する PPE の開発・実証を内容とする契約を締結した。

本契約は、確定価格契約であると同時に、IDIQ 契約としての要素も有し、契約価額は最大で 3 億 7500 万ドルになる。本契約において、Maxar Technologies は最初の 12 か月で設計を完了させる。その後、Maxar Technologies は 26 か

月、14 か月、および 12 か月 × 2 のオプション期間で機体の開発、打上げ、宇宙空間でのフライトの実証を行う可能性がある。そして、実証が成功すれば、NASA は Maxar から PPE の所有権を得るオプションを有する[28]。

◇サブオービタル飛行

NASA は、NASA Flight Opportunities Program（NASA 飛行機会プログラム、以下「FO」とする）を通じてサブオービタル飛行の開発を促進してきた。同プログラムは、NASA 宇宙技術ミッション部門（STMD）の官民連携施策の 1 つであって、X-PRIZE、CRuSR（商業再使用サブオービタル研究プログラム）の後継施策として、2011 年に開始された。同プログラムは、産業飛行提供者にサブオービタル飛行の機会を与えることで、宇宙開発や宇宙産業の拡大にとって有望な技術の素早い実証を容易にすることにある[29]。

NASA は、公募によって輸送サービスの提供者や利用者を選定してマッチングさせると共に、一定の金銭を支払う。予算は、当初は年約 1500 万ドルであったが、FY2019 以降は年 2000 万ドルに引き上げられた。2021 年には、FO の一環として、Virgin Galactic によりペイロードが打上げられる予定である[30]。

◇居住モジュール

居住モジュール開発

居住モジュール開発に関連するプログラムとして、NextSTEP-2 Omnibus BAA（以下「NextSTEP-2」とする）の Appendix A が存在する。本プログラムにより、NASA と選出された企業は、LEO での商業開発と深宇宙での探査能力を高めるために、居住技術を開発した。

2016 年 8 月に Bigelow Aerospace、Boeing、Lockheed Martin、Orbital ATK、Sierra Nevada Corporation、NanoRacks の 6 社が選定された。契約額は、6 社合計で 6500 万ドルであり、各社最低 30 パーセントを自己負担とすることとなっていた[31]。2019 年には、Lockheed Martin、Northrop Grumman、Boeing、Sierra Nevada Corporation、Bigelow Aerospace の 5 社がプロトタイプを提出し、NASA がこれらのプロトタイプの試験を行うことになった[32]。

その後、NASA は、Gateway の HALO の製造について、NextSTEP-2 の参加企業のうち Northrop Grumman と契約を結ぶことに決めたと発表し[33]、2020 年には NASA と Northrop Grumman の完全子会社が契約を締結し、同社が HALO の設計を 1 億 8700 万ドルで行うこととなった[34]。

ISS 商業モジュール購入

ISS の商業モジュールに関連するプログラムとして、NextSTEP-2 の Appendix I が存在する。同プログラムにより、2020 年 2 月、NASA は Axiom との間で、少なくとも 1 つの有人商業モジュールを製造し ISS に接続させることを内容とする契約を締結した。本契約は、確定価格契約かつ IDIQ 契約であり、7 年間で最大 1 億 4000 万ドルの契約価額を有する [35]。

◇廃棄物圧縮処理システム（TCPS）

　Trash Compaction and Processing System（廃棄物圧縮処理システム）に関連するプログラムとして、NextSTEP-2 の Appendix F が存在する。本プログラムにより、2018 年に NASA により選出された 2 社は、NASA との契約の下、深宇宙でのミッションにおいて廃棄物を小さくし、その過程で生じた空気中の汚染物質を処理するシステムを開発する。各企業は、全体の 20 パーセントのリソースを自ら拠出する [36]。

◇米国民間探査

　月面イノベーションイニシアチブ（LSII）

　2020 年、NASA は月における居住および探査に必要なテクノロジーを開発するために、月面イノベーションイニシアチブ（Lunar Surface Innovation Initiative、以下「LSII」とする）を設立した。LSII では、月資源の利用や極限環境でも機能する機械および電子装置の製造などの能力を成熟させることが目標として掲げられている。LSII の一要素として、月面イノベーションコンソーシアム（The Lunar Surface Innovation Consortium）が設立され、月面探査に必要なテクノロジーやシステムの形成のために産学官の連携が行われている [37]。

　2020 年、LSII の一環として、NASA が 10 社に対して合計約 1 億ドルの投資を行う予定であることが発表された [38]。

　商業宇宙能力協力（CCSC）

　2014 年 3 月、Collaborations for Commercial Space Capabilities（以下「CCSC」とする）が開始され、同年 12 月には Orbital ATK、Final Frontier Design、SpaceX、United Launch Alliance の 4 社が選定された。この 4 社は、NASA と SAA を結び、2014 年から 5 年間、NASA の有する各種データ等にアクセスできた。また、2016 年 4 月には、無人火星着陸の実施を目的とする Red Dragon Mars Lander Mission が既存の CCSC の SAA に追加された。本契約において、NASA は SpaceX に様々な分野で協力し、3200 万ドル相当の技術支援を行う。これに対し、SpaceX は NASA に対し火星再突入・着陸時の収集データを提供する。

　また、2014 年 10 月、深宇宙探査を目的とする探査につき、Next Space Technologies for Exploration Partnerships（以下「NextSTEP」とする）が開始された。

◇月面データ購入（ILDD 契約）

2010 年、NASA は、機体の能力の開発およびロボット装置による月面着陸ミッションの実証の過程で生じた技術データを購入する Innovative Lunar Demonstrations Data（ILDD）契約を、6 社との間で締結した。同契約は IDIQ 契約であり、NASA は 5 年で最大 3010 万ドルを支払うことになる。NASA は、各社から最低 1 万ドル、最大で 1001 万ドル分のデータを購入することになる。テスト段階でのデータも対象となる[39]。

ここ数年を追うだけでも米国は多くの産業振興プログラムで民間の宇宙開発を促進しており、今後この流れはますます加速するものと思われる。日本においても JAXA 等が主導する様々なプロジェクトで民間の宇宙活動が活発化しているが、今後もこの動きが米国同様に加速することを期待したい。

1) National Aeronautics and Space Administration, "Commercial Orbital Transportation Services: A New Era in Spaceflight", p.18:
    https://www.nasa.gov/content/cots-final-report
2) National Aeronautics and Space Administration, "Commercial Orbital Transportation Services: A New Era in Spaceflight", pp.10-12:
    https://www.nasa.gov/content/cots-final-report
3) National Aeronautics and Space Administration, "Commercial Orbital Transportation Services: A New Era in Spaceflight", p.111:
    https://www.nasa.gov/content/cots-final-report
4) National Aeronautics and Space Administration, "NASA Awards Space Station Commercial Resupply Services Contracts":
    https://www.nasa.gov/offices/c3po/home/CRS-Announcement-Dec-08.html
5) Space News, "SpaceX wins 5 new space station cargo missions in NASA contract estimated at $700 million":
    https://spacenews.com/spacex-wins-5-new-space-station-cargo-missions-in-nasa-contract-estimated-at-700-million/
6) 一般財団法人 日本宇宙フォーラム「新しい宇宙活動を創出するための官民連携方策に関する調査研究」17-18 頁：
    www.jsforum.or.jp/2016/05/09/img/upload/new_business.pdf
    National Aeronautics and Space Administration, "NASA Independent

Review Team
　SpaceX CRS-7 Accident Investigation Report Public Summary”:
https://www.nasa.gov/sites/default/files/atoms/files/public_summary_
nasa_irt_spacex_crs-7_final.pdf

7)　Orbital Sciences と ATK が 2015 年に合併してできた会社であり、2018 年
に Northrop Grumman に買収された。
　Space News, “Acquisition of Orbital ATK approved, company renamed
Northrop Grumman Innovation Systems”:
https://spacenews.com/acquisition-of-orbital-atk-approved-company-re-
named-northrop-grumman-innovation-systems/

8)　National Aeronautics and Space Administration, “NASA Awards Interna-
tional Space Station Cargo Transport Contracts”:
https://www.nasa.gov/press-release/nasa-awards-international-space-
station-cargo-transport-contracts

9)　National Aeronautics and Space Administration, “NASA Awards Venture
Class Launch Services Contracts for CubeSat Satellites”:
https://www.nasa.gov/press-release/nasa-awards-venture-class-launch-
services-contracts-for-cubesat-satellites

10)　National Aeronautics and Space Administration, “NASA Sends CubeSats
to Space on First Dedicated Launch with US Partner Rocket Lab”:
https://www.nasa.gov/press-release/nasa-sends-cubesats-to-space-on-first-
dedicated-launch-with-us-partner-rocket-lab
　Space News, “Virgin Orbit reaches orbit on second LauncherOne mis-
sion”:
https://spacenews.com/virgin-orbit-reaches-orbit-on-second-launcherone-
mission/

11)　National Aeronautics and Space Administration, “NASA Awards Venture
Class Launch Services Demonstration 2 Contract”:
https://www.nasa.gov/press-release/nasa-awards-venture-class-launch-
services-demonstration-2-contract

12)　National Aeronautics and Space Administration, “Commercial Lunar Pay
load Services Overview”:
https://www.nasa.gov/content/commercial-lunar-payload-services-
overview

13)　National Aeronautics and Space Administration, “NASA Selects First
Commercial Moon Landing Services for Artemis Program”:

https://www.nasa.gov/press-release/nasa-selects-first-commercial-moon-landing-services-for-artemis-program

14) National Aeronautics and Space Administration, "Commercial Lunar Payload Services Update":
https://www.nasa.gov/feature/commercial-lunar-payload-services-update

15) National Aeronautics and Space Administration, "First Commercial Moon Delivery Assignments to Advance Artemis":
https://www.nasa.gov/feature/first-commercial-moon-delivery-assignments-to-advance-artemis

16) National Aeronautics and Space Administration, "Commercial Lunar Payload Services Overview":
https://www.nasa.gov/content/commercial-lunar-payload-services-overview

17) Gateway は月を周回する国際的な有人拠点となる予定である。

18) SpaceNews, "NASA issues call for proposals for Gateway logistics":
https://spacenews.com/nasa-issues-call-for-proposals-for-gateway-logistics/

19) National Aeronautics and Space Administration, "NASA Asks American Companies to Deliver Supplies for Artemis Moon Missions":
https://www.nasa.gov/feature/nasa-asks-american-companies-to-deliver-supplies-for-artemis-moon-missions

20) National Aeronautics and Space Administration, "NASA Awards Artemis Contract for Gateway Logistics Services":
https://www.nasa.gov/press-release/nasa-awards-artemis-contract-for-gateway-logistics-services

21) National Aeronautics and Space Administration, "NASA Awards Contract to Launch Initial Elements for Lunar Outpost":
https://www.nasa.gov/press-release/nasa-awards-contract-to-launch-initial-elements-for-lunar-outpost

22) National Aeronautics and Space Administration, "Commercial Crew Program - Essentials":
https://www.nasa.gov/content/commercial-crew-program-the-essentials

23) National Aeronautics and Space Administration, "NASA Astronauts Safely Splash Down after First Commercial Crew Flight to Space Station":
https://www.nasa.gov/press-release/nasa-astronauts-safely-splash-down-after-first-commercial-crew-flight-to-space-station

24) National Aeronautics and Space Administration, "NASA's SpaceX Crew-

1 Astronauts Arrive at Space Station, NASA Leaders and Crew to Discuss Mission":

https://www.nasa.gov/press-release/nasa-s-spacex-crew-1-astronauts-arrive-at-space-station-nasa-leaders-and-crew-to

25) National Aeronautics and Space Administration, "NASA Taps 11 American Companies to Advance Human Lunar Landers":

https://www.nasa.gov/press-release/nasa-taps-11-american-companies-to-advance-human-lunar-landers

26) National Aeronautics and Space Administration, "NASA Names Companies to Develop Human Landers for Artemis Moon Missions":

https://www.nasa.gov/press-release/nasa-names-companies-to-develop-human-landers-for-artemis-moon-missions

27) Maxar Technologies は SSL や Digital Globe を統合し Maxar グループを展開している。Maxar Technologies, "History":

https://www.maxar.com/history

28) National Aeronautics and Space Administration, "NASA Awards Artemis Contract for Lunar Gateway Power, Propulsion":

https://www.nasa.gov/press-release/nasa-awards-artemis-contract-for-lunar-gateway-power-propulsion

29) National Aeronautics and Space Administration, "NASA Armstrong Fact Sheet: Flight Opportunities Program Overview":

https://www.nasa.gov/centers/armstrong/news/FactSheets/FS-102-DFRC.html

30) National Aeronautics and Space Administration, "Suborbital Space Again, NASA-supported Tech on Virgin Galactic's SpaceShipTwo":

https://www.nasa.gov/centers/armstrong/features/nasa-supported-tech-to-fly-on-virgin-galactic-ss2.html

31) National Aeronautics and Space Administration, "NASA Selects Six Companies to Develop Prototypes, Concepts for Deep Space Habitats":

https://www.nasa.gov/press-release/nasa-selects-six-companies-to-develop-prototypes-concepts-for-deep-space-habitats

32) National Aeronautics and Space Administration, "NASA Begins Testing Habitation Prototypes":

https://www.nasa.gov/feature/nasa-begins-testing-habitation-prototypes

33) SpaceNews, "NASA to sole source Gateway habitation module to Northrop Grumman":

https://spacenews.com/nasa-to-sole-source-gateway-habitation-module-to-northrop-grumman/

34) National Aeronautics and Space Administration, "NASA Awards Northrop Grumman Artemis Contract for Gateway Crew Cabin"
https://www.nasa.gov/press-release/nasa-awards-northrop-grumman-artemis-contract-for-gateway-crew-cabin

35) National Aeronautics and Space Administration, "NASA Selects First Commercial Destination Module for International Space Station":
https://www.nasa.gov/press-release/nasa-selects-first-commercial-destination-module-for-international-space-station

36) National Aeronautics and Space Administration, "NASA Selects Two Companies to Help Take Out the Deep Space Trash":
https://www.nasa.gov/feature/nasa-selects-two-companies-to-help-take-out-the-deep-space-trash

37) National Aeronautics and Space Administration, "Lunar Surface Innovation Initiative":
https://www.nasa.gov/directorates/spacetech/game_changing_development/LSII

38) National Aeronautics and Space Administration, "2020 NASA Tipping Point Selections":
https://www.nasa.gov/directorates/spacetech/solicitations/tipping_points/2020_selections

39) National Aeronautics and Space Administration, "NASA Awards Contracts For Innovative Lunar Demonstrations Data":
https://www.nasa.gov/home/hqnews/2010/oct/HQ_10-259_ILDD_Award.html

フランス宇宙活動法[1]

木下圭晃／谷口富貴

I　はじめに

　フランスは、1965 年 11 月にディアマン A（Diamant-A）ロケットにより技術試験衛星「アステリックス（Asterix）」（A-1）を打ち上げ、米、ソに次いで 3 番目に人工衛星打上げに成功し、宇宙開発予算は欧州最大規模を誇る宇宙先進国である。また、政府による宇宙活動が主となりがちな宇宙活動分野において、民間企業による商業宇宙活動が活発であることが特徴である。

　80 年代当初より、アリアン・スペース社、スポット・イマージュ社などが活動を拡大し、90 年代には世界的な宇宙事業民営化へと発展した。そこで、他の宇宙活動国と比して比較的早い段階で宇宙活動法の必要性が認識され、10 年に及ぶ議論の結果、2008 年に宇宙活動法が制定された。民間事業活動の規制の在り方だけでなく、フランス国立宇宙センター（CNES）の役割の見直しを含む大掛かりな法律である。これによって国営ないしは政府の強い関与で推進されてきたフランスの商業宇宙活動が改められ、管理監督と商業活動の分離が図られた。

　このように、宇宙商業活動の先駆けともいえるフランスであっても、現在、宇宙活動の目覚ましい進展を受けて、新たな対応を求められている。

---

1)　本稿は全体をとおして、Philippe Clerc "Space Law in the European Context – ・09ational Architecture, Legislation and Policy in France-"（2018, Eleven International Publishing）を参照した。

Ⅱ　フランス宇宙開発と宇宙法発展の歴史

　フランスの宇宙開発は、他国同様、国家による宇宙活動として始まった。米ソ両国による熾烈な宇宙開発競争の最中、1961 年、CNES 法が制定され、商工業的公施設（Établissement public industriel et commercial：EPIC）として CNES が設置された。このような公施設は原則として公法の規律に服するため、行政契約の締結、職員の公務員としての身分保持などの特色がある[2]。

　CNES は、1965 年、ディアマンロケットによって、フランス初の衛星アステリックスの打ち上げに成功した。世界 3 国目の快挙であった。しかしながらアリアン計画の中核機関としてロケット開発を進める中、産業として維持発展させていく上で、打上げ回数の少なさが問題となった。米ソ両国のような安全保障ニーズが高くなかったためである。そのため、欧州がとった戦略は打上げサービスの商業化であった[3]。人工衛星ビジネスを商業化し、世界の衛星打上げ需要にこたえることで、このハンデを乗り越えようとしたのである。CNES の設置目的の一つにフランス宇宙産業界の育成が加えられた背景がここにある。

　他方で、研究開発機関である CNES に、そのようなビジネス活動は適さなかったことから[4]、ビジネス活動を主として行うために CNES の子会社として設立されたのがアリアン・スペース社である。1980 年のことであった。22 か国（2019 年 3 月現在）が加盟する欧州宇宙機関（ESA）加盟国間の条約の形で "Declaration Production of the Ariane Launcher" が採択され、アリアン・スペース社の責任の下でアリアンロケットの製造を行うスキームができあがった。この子会社設立の根拠となったのが CNES 法 2 条 c 項である。「財政的な参加によって上記の計画の実施を確保する」と規定されている。子会社を通じてビジネスに参画する形態は地球観測分野でも

2)　滝沢正『フランス法〔第 5 版〕』（三省堂、2018 年）158 頁。
3)　鈴木一人『宇宙開発と国際政治』（岩波書店、2011 年）73 頁。
4)　Philipe Clerc, op.cit., p.16

行われ、1983 年、スポット・イマージュ社が設立された。

1990 年代に入ると、CNES が中心となって研究開発を行い、運用・商業活動は CNES 子会社が担うというスキームに転機が訪れる。国営通信事業の民営化の流れに沿ったユーテルサットの民営化、米のランドサットの商業化によって始まった地球観測事業のグローバルな競争、ロシア製ロケット（ソユーズロケット）のギアナ宇宙センターからの打上げなどの大きな変革が起こったためである。政府や CNES が関与しない企業による宇宙活動を前提とした法体系の整備が求められた。

1999 年から始まった宇宙省を中心とした検討は、2002 年、以下の方針を示した。宇宙活動の許認可制度の創設、第三者責任の適切な分担の他、独立の技術専門家集団としての CNES の役割強化などが含まれた[5]。フランス政府、議会だけでなく、欧州各国や欧州委員会、産業界との長い議論の結果、2008 年に民間事業者をプレイヤーとする宇宙活動法が制定された。上記したとおり、宇宙活動の許認可における CNES の役割が強化されたため、利益相反を避けることを目的に CNES は子会社のアリアン・スペース社やスポット・イマージュ社の株式を売却することとなった[6]。2016 年の末までにアリアン・スペース社株は、アリアンロケットを製造するアリアン・サフランロンチャーズ社に、スポット・イマージュ社の株は、2008 年にエアバス DS 社に売却された。

Ⅲ　フランス宇宙活動法

1　概要および体系

2008 年 5 月 23 日に成立したフランスの宇宙活動法（宇宙活動に関する法律：loi relative aux opérations spatiales）は、人工衛星等の打上げや管理に係る許可制度と、リモートセンシングデータの適正な取り扱いに関する措置

---

5)　Ministère Délégué à la Recherche et aux Nouvelles Technologies, L'évolution du droit de l'espace, https://www.ladocumentationfrancaise.fr/var/storage/rapports-publics/034000134.pdf

6)　Philipe Clerc, op.cit., pp.86-87

を定めている。宇宙活動法の施行にあたり、大統領または首相が制定する命令（デクレ：Décret）と、各省の大臣が制定する命令（アレテ：Arrêté）、さらに技術ガイドラインが制定された。宇宙活動の許可については、宇宙活動法2条から11条が規定しており、その許可手続きの詳細はデクレ2009-643（権限デクレ）が、技術的規制は2011年3月31日制定のアレテで規定している。またこのアレテにもとづき、技術規制に合致していることを示すものとして、ベストプラクティスガイドラインが整備されている。

　リモートセンシングデータの適正な取り扱いについては、宇宙活動法23条から25条が規定しており、デクレ2009-640（宇宙データデクレ）が高分解能データの取り扱い許可手続きと許可対象となるデータの詳細について規定している。

2　定義

　宇宙活動の許可対象となる活動は、宇宙空間への物体の打上げもしくは打上げの試行または宇宙空間に所在する間、および該当する場合には地球への帰還時に、宇宙物体の運用を維持する活動と規定されている（宇宙活動法1条3号）。許可を受ける必要がある者は、(a)フランスの管轄下からの打上げまたはフランスの管轄下への物体の帰還を実施するすべての事業者、(b)海外からの打上げまたは海外への帰還を実施するフランスの事業者、(c)宇宙物体の打上げを行わせようとするフランスの自然人もしくはフランスに本社を置く法人または宇宙空間にある宇宙物体を運用するフランスの事業者とされている（宇宙活動法2条）。ここでいう事業者とは、実際に宇宙機の制御や廃棄を実施できる者であって、所有者か否かは問題とはされない。そのため、許可が必要となる事業者とは、どの時点においても一者のみということとなる[7]。

　第三者責任の所在を明確にするため、本法は、"打上げ段階"、"運用段階"、"地球への帰還段階"に宇宙活動を区分している。"打上げ段階"は、打上げが不可逆になった時点から宇宙物体のロケットからの分離まで、

---

7)　Philipe Clerc, op.cit., pp.172-173

"運用段階"は、分離された物体が、以下のいずれか最初に起こった時点までとされている。

　そして

　―　最後の軌道離脱操作および停波作業が実行されたとき、

　―　事業者が宇宙物体の制御を喪失したとき、

　―　地球への帰還時もしくは大気圏内での完全に破壊されたとき

　―　宇宙物体が地上または海上に到達したとき

をもって宇宙活動法の適用が終了する。

　ただし、防衛目的の弾道ミサイル発射、宇宙機関としてのCNESの衛星打上げ、地上への帰還、軌道上での運用には宇宙活動法は適用されない。また、ギアナ宇宙センターからの衛星打上げを実施しているESAや欧州連合（EU）は、国家管轄からの特権免除を適用して、本法の適用対象外となっている[8]。なお、本法ではギアナ宇宙センターからの打上げを前提としているため、打上げ射場については、宇宙活動法によって改正されたCNES設置法、ギアナ宇宙センターの管理監督、安全確保等に関する権限を規定したデクレ2009-644（CNESデクレ）、ギアナ宇宙センターの施設利用に関する2010年12月のCNES総裁命令によって規定されている。

3　審査

　宇宙活動法に基づく許可、監督の責任は、宇宙活動の担当省である高等教育・研究省にある（権限デクレ1条）。CNESは許認可の権限を有しないが、技術規制の提案について責任を有している（宇宙活動法28条）。許可申請に必要があるのは、前述のとおりフランス領域で打上げ、帰還を実施しようとするすべての事業者と、公海上や宇宙空間を含むフランス領域外で同様のことを実施するフランス人が対象である。これは宇宙損害責任条約における「打上げ国」の定義を踏まえたものであって、フランスの管轄権が及ばない領域においてもフランス政府が関与できるようになっている。

　宇宙活動のそれぞれの段階で然るべき許可を取る必要があるが、前述の

---

8)　Philipe Clerc, op.cit., p.177

とおり、実際に宇宙機の制御を行える者のみが許可を取ることで足りることから、外国の衛星運用事業者がギアナ宇宙センターからの衛星打上げサービスを購入する場合、この外国事業者には本法は適用されず、当該外国事業者は許可を取得する必要はない[9]。

　審査は、行政的審査と技術的審査の両面から行われる。行政的審査は、申請者の倫理的、財政的、専門的資質、フランスの国防上の利益や国際的責任の観点から実施される（宇宙活動法4条、権限デクレ1条パート1）。他方で技術的審査は、本法の前提がギアナ宇宙センターからの打上げであり、ギアナ宇宙センターの管理監督、安全確保はCNES総裁に委ねられていることから、CNESが制定する技術規制（2010年12月のCNES総裁命令）に従っていることが重要である。

　権限デクレ1条パート2は、技術的審査項目として、技術規制の順守通知、事業者が宇宙活動において用いる社内基準や品質管理基準、人身および財産の安全ならびに公衆衛生および環境の保護に関する措置、宇宙物体の落下やスペースデブリの発生抑制など環境への悪影響防止に係る検討や防止措置、リスク回避策や緊急避難措置を明示している。さらに、2011年3月31日アレテ7条～9条は、危険防止に係る検討事項や危機管理計画として実施すべき項目を列挙している。検討事項としては、打上げ機から分離された断面の落下に伴う損害、軌道上での爆発に伴う損害、地球帰還に伴う人身への損害、静止軌道上での衝突などが挙げられており、危機管理計画には、リスク発生防止措置とリスク事象発生後の対応策のそれぞれで管理計画を立てる必要があることが規定されている。2011年3月31日アレテ39条以降では、宇宙物体の運用能力を有していることの証しとして有すべき能力として、次のような事象に対して適切に情報を得て、対応措置を取れることを求めている。非ノミナルの帰還時に地上へのリスク軽減、運用終了時のマヌーバの実施、マヌーバにあたっては低軌道では運用終了後25年以内での落下、静止軌道では墓場軌道への遷移である。

　これらの審査にあたっては、宇宙活動に熟練した事業者や宇宙システム

---

9)　Philipe Clerc, op.cit., p.199

を考慮した措置が用意されている。まず、許可は最長10年間有効とすることができる。そして、アリアン5ロケットECAや衛星バスのEurostarといった基本コンフィギュレーションがある宇宙システムについては、一度許可を得た後は、変更や新規部分のみを審査の対象とすることができる。これによって、審査対象のボリュームを減らし、期間を短縮することが可能となる（権限デクレ1条パート3、3条）。

　申請を受けた高等教育・研究省は、まずCNESへ技術規制への適合状況について意見を求めた上で、最終的な許可判断を行うことになっている（権限デクレ3条）。通常は、CNESでの審査に2か月、最終的な結論まで4か月と定められているのに対し、許可取得済のシステムについて変更部分だけの審査については、CNESでの審査に2週間、全体で1か月となっている。

　また権限デクレは11条で事前審査制度を導入している。新しい宇宙システムの開発や新規参入者の促進を狙ったものであり、申請予定者は、本審査において許可が得られやすくなるように、CNESに対して事前に相談をし、サブシステムごとに技術規制に適合していることの証明を受けることができる。

4　第三者賠償責任

　宇宙活動法の第三者賠償責任関連の条項の目的は、単一の事業者に対して当該損害の責任を集中させる点にあった。宇宙活動法は13条で、事業者が地上および空域での損害に対して絶対的な責任（absolutely liable）を持つこと、そしてそれ以外の領域では過失責任のみを追うことを明定した。その期間は最長打上げ後1年とし、それ以降は政府が責任を持つことを明らかにした。

　そこで、同法は、許可対象の事業者に対して保険付保もしくは十分な金銭保証を求めている（宇宙活動法6条）。その上で、許可内容に従い適切に活動が実施された限りにおいて、打上げに起因する損害は、保険上限を超える部分を政府が賠償することとした。付保すべき保険の上限額は、財政法によって別途規定されており、5000万ユーロから7000万ユーロの間と

規定されているが、6000万ユーロが基準となっている。なお、権限デクレは、18条において、一定の条件の下、大臣は金銭保証を免除できることを規定しており、静止衛星軌道上でのステーション・キーピング運用が例示されている。

宇宙機関や国家による宇宙活動では軌道上損害に対する損害賠償責任の相互放棄（クロスウェーバー）が一般的慣行として行われてきたが、関係者間での紛争防止（特に製造業者保護）の観点から、宇宙活動法において法定した。また、フランス国内法においてこのような2段階の損害賠償責任レジーム（打上げ段階での地上損害は無過失責任、軌道上損害は過失責任）は特殊であり、この点においても法律に明記する必要があった。

5　高分解能データ管理

宇宙活動法は23条から25条にかけて、宇宙由来データとして、高分解能データの扱いについて規定している。対象となるデータは、宇宙データデクレおよびそれを改訂したデクレ2013-653に詳しいが、以下を超える分解能のデータ対象となる。

— 　光学センサ（白黒）2メートル
— 　光学センサ（多波長）8メートル
— 　光学センサ（立体視）10メートル
— 　近赤外センサ10メートル
— 　レーダセンサ3メートル

対象となるデータを扱う事業者は、許可を事前に取る必要はないが、代わりに2か月前に届け出る必要がある。届出が求められているのは、衛星ペイロードの観測運用を実施できる単一の事業者である。政府は、このような事業者に対して、届け出のあった観測に対して安全保障上の理由等から制限をかけることができる。一般的にシャッターコントロールと呼ばれるものである。首相直属の国防・国家安全保障事務総局（SGDSN）がこれを担当する。

Ⅳ　今後の課題

　フランス宇宙活動法は、1990年代から始まる宇宙商業活動の国際化および民営化のながれで発展、成立してきたものである。特にギアナ宇宙センターを管理するCNESは、宇宙商業活動の民営化に伴い、責任関係を明確にする必要性に迫られ、結果として欧州における宇宙活動法のベンチマークとなる法整備を行ったといえる。他方で、2010年以降の宇宙活動の変化を踏まえると、再使用型宇宙システムや軌道上サービスの扱い、有人宇宙活動や弾道飛行の扱い、天体資源の開拓など、現在の宇宙活動法では扱いきれていない論点があるのは事実である。加えて、2019年7月に発表された宇宙防衛戦略において、同法の改正に言及があった[10]。安全保障など宇宙活動の多様な側面からの要請も今後増えると想定される。

　民間事業者による商業宇宙活動の振興、フランス宇宙産業界の発展には、それを支える法的基盤の充実が不可欠であろう。スペースデブリ発生防止策を世界で初めて宇宙活動法に取り入れたフランスである。その進取の精神でもって、どのような法制度を提案してくるか非常に気になるところである。商業宇宙活動や国際市場の発展と、技術開発のスピード、そしてそれをルール化する法整備のスピードは一律ではない。新たな宇宙活動のステップへと進みつつある現状で、フランスのみならず、宇宙先進国が産業界とさらに連携を密にし、適切な運用ルールを時機を捉えて整備していくことが課題であろう。

---

10)「宇宙防衛戦略（Stratégie Spatiale de Défense）」は、p.30において、宇宙活動法に基づく監督は民生機関によるものであって、安全保障目的の衛星運用には適していないと記している。

英国

増田史子

I　はじめに [1]

　2018年3月15日、英国宇宙産業法（Space Industry Act 2018 (c.5)、以下SIA）が成立し、英国は 'New Space' の加速へ向けて新たな一歩を踏み出した [2]。英国は、月協定を除く4つの国連宇宙条約 [3] の当事国であり、1986年に、宇宙活動に係る国際的な義務の遵守を確保するため宇宙法（Outer Space Act 1986 (c.38)、以下OSA）を制定している。これまでの英国民・英

---

1)　本研究は野村財団の助成を受けたものであり、2017年2月28日から3月3日にかけて英国宇宙局（UKSA）、Satellite Applications Catapult などを訪問しインタビューを行った。本稿はこの調査結果とウェブサイト等で公表されている資料に基づくものである。書籍化に当たり、2019年9月に国際商事法務47巻9号にて発表した原稿（当該原稿のウェブサイトの最終閲覧日は2019年8月20日である）に、その後の展開を踏まえて大幅に加筆修正を行った。一部、日本語訳を変更している点もある。本稿で引用するウェブサイトの最終閲覧日は、別段の記載がない限りは2021年5月末である。

2)　英国の宇宙政策全般に関しては英国政府ウェブサイトのUKSAのページ〈https://www.gov.uk/government/organisations/uk-space-agency#content〉参照。SIAの条文は英国国立公文書館（National Archives）の運営するウェブサイト 'legislation.gov.uk' より入手でき、補足説明（Explanatory Notes）も掲示されている。〈https://www.legislation.gov.uk/ukpga/2018/sy5/contents〉参照。OSAの条文も同所から入手可能。

3)　1967年宇宙条約、1968年救助返還協定、1972年宇宙損害責任条約、1975年宇宙物体登録条約。

国法人による宇宙活動は OSA により規制されてきたのに対し[4]、SIA と
その関係規則が全面的に施行されると、OSA の規制対象は英国外での英
国民・英国法人による宇宙活動に限定され、英国から打ち上げ実施される
「宇宙飛行活動（spaceflight activities）」には SIA が適用されることになる。
英国は、1970 年代前半にブラック・アロー計画を中止して以来、自国領域
内からの打上げやそのための宇宙開発は行ってこなかったが[5]、SIA 成立
を受けて、民間企業による英国内での宇宙港建設とその商業利用が現実味
を帯びてきた[6]。本節では、SIA 成立の背景として英国の宇宙ビジネスを
めぐる状況を簡単に紹介し（Ⅱ）、英国宇宙活動法の概要を示す（Ⅲ）[7]。な
お、SIA は、許可要件の詳細を同法に基づき制定する規則に委ねている。

---

4)　小塚荘一郎＝佐藤雅彦編著『宇宙法入門〔第 2 版〕』（有斐閣、2018 年）193 ～ 194
　　頁に簡単な紹介がある。

5)　英国は、1971 年に世界で 6 番目となる人工衛星用ロケットの打上げ（オーストラリ
　　アのウーメラ試験場からの打上げ）に成功していた。当時の状況とその後の政策変更
　　につき *Space UK*, Issue #50, 42-45（2018）参照（〈https://www.gov.uk/government/
　　collections/spaceuk-the-space-sector-magazine〉より入手可能）。

6)　英国で整備が予定されている宇宙港については、2021 年 3 月 23 日付で ‘A Guide to
　　the UK's Commercial Spaceports’ が公表されている。〈https://www.gov.uk/govern
　　ment/publications/brochure-a-guide-to-the-uks-commercial-spaceports〉より入手可
　　能。垂直打上方式の宇宙港としては、スコットランド北部サザランドの Space Hub
　　Sutherland（英国のベンチャー企業 Orbex の事業、ハイランド開発公社ウェブサイト
　　〈https://www.hie.co.uk/our-region/regional-projects/space-hub-sutherland/〉参
　　照）、シェトランド諸島北部のアンスト島の Shetland Space Centre（Lockheed Mar-
　　tin の事業、〈https://shetlandspacecentre.com/〉）、水平離発着方式の宇宙港としては
　　イングランド南西端の Spaceport Cornwall（ニューキー・コーンウォール空港を利用
　　する Virgin Orbit 社の事業、〈https://spaceportcornwall.com/〉）のほか複数の（旧）
　　空軍基地等の利用が計画されている。多くは 2022 年頃の運用開始を目指している。英
　　国政府の助成に関する情報は、英国政府ウェブサイトの商業宇宙飛行についてのペー
　　ジ〈https://www.gov.uk/government/collections/commercial-spaceflight〉なども参照。

7)　現在の英国宇宙産業の状況、近時の法政策をめぐる動向についての簡潔な説明とし
　　て、Claire Housley and Elizabeth Rough, ‘The UK Space Industry’ *House of Com-
　　mons Library Briefing Paper Number CBP 2021-9202*（22 April 2021）参照。House
　　of Commons Library の ウ ェ ブ サ イ ト〈https://commonslibrary.parliament.uk/
　　research-briefings/cbp-9202/〉より入手可能。

規則の草案は、2020 年 7 月〜11 月のパブリックコメントの手続を経て、2021 年 5 月 24 日に議会に提出され、今夏には成立する見通しとなっている（Ⅲ 1 参照）[8]。最新の動向については、英国政府ウェブサイトの英国宇宙局（UK Space Agency. 以下「UKSA」）のページ[9] 等で確認してほしい。また、Ⅱでは英国の EU 離脱（Brexit）後の EU との関係についても軽く触れるが、この点に関しても未だ流動的な部分があるため、最新動向についてはⅡ 1 の注で引用するウェブサイト等を参照願いたい。

Ⅱ 政策的背景

1 欧州との関係

英国は欧州宇宙機関（ESA）の加盟国であり、英国の宇宙開発は ESA のプロジェクトを通じて行われてきたものが多い[10]。ESA は EU の機関ではないことから、22 の加盟国の中にはスイス、北欧諸国などの非 EU 構成国も含まれる。英国内の ESA 施設としては、2009 年にオックスフォードシャーのハーウェル・キャンパス[11] に設置された欧州宇宙利用通信センター（ECSAT）がある[12]。

英国は 2020 年 1 月末に EU を離脱し、移行期間も同年 12 月 31 日午後 11 時をもって終了した。英国・EU 間の通商関係等については、2020 年 12

---

8) 関係当局による同日付の発表 'British Spaceflight to Become Reality as Government Provides Launchpad for Spaceports' 〈https://www.gov.uk/government/news/british-spaceflight-to-become-reality-as-government-provides-launchpad-for-spaceports〉参照。

9) 前掲注 2) 参照。

10) ESA の概要は 〈http://www.esa.int/ESA〉、予算については 〈https://www.esa.int/About_Us/Welcome_to_ESA/Funding〉参照。ESA は加盟国からの拠出金によって運営されているが、地理的再配分（geographical return）という考え方を採用しており、各加盟国はほぼ拠出割合に応じて ESA プロジェクトに参画する。

11) ハーウェル・キャンパスについては 〈https://www.harwellcampus.com/〉参照。

12) ECSAT については 〈https://www.esa.int/About_Us/Welcome_to_ESA/ECSAT〉参照。

月 24 日に合意に達し同月 30 日に署名された通商・協力協定（Trade and Cooperation Agreement between the European Union and the European Atomic Energy Community, of the One Part, and the United Kingdom of Great Britain and Northern Ireland, of the Other Part. 以下、「英国・EU 間 TCA」とする）が、暫定的な適用期間（2021 年 1 月 1 日から同年 4 月 20 日）を経て、2021 年 5 月 1 日より正式に発効している [13]。英国の EU 離脱は、ESA 加盟国としての英国の地位には影響しないが、EU が実施するプログラムへの英国の参加資格には変化が生じる [14]。EU SST（EU Space Surveillance and Tracking Support Framework. 欧州宇宙監視追跡フレームワーク） [15] のサービスへのアクセスは当面確保され [16]、全地球の環境監視と安全保障を

---

13)　英国・EU 間 TCA およびその関係文書については、英国政府のウェブサイト 'UK/EU and EAEC: Trade and Cooperation Agreement［TS No.8/2021］'〈https://www.gov.uk/government/publications/ukeu-and-eaec-trade-and-cooperation-agreement-ts-no82021〉（2020 年 12 月末に〈https://www.gov.uk/government/publications/agreements-reached-between-the-united-kingdom-of-great-britain-and-northern-ireland-and-the-european-union〉にて暫定版とその概要が公表され、その後、2021 年 4 月 30 日付で審査を経た正式なものが公表された）、EU の対英国関係についてのウェブサイト〈https://ec.europa.eu/info/relations-united-kingdom_en〉、EU 官報［2021］OJ L 149/10 参照（なお、2020 年 12 月末には暫定版（［2020］OJ L444/14）が公表されていた）。英国議会は、2020 年 12 月 30 日に同 TCA を承認し、これを実施するための European Union（Future Relationship）Act 2020（c 29）を成立させている。概要および立法過程については英国議会ウェブサイト〈https://bills.parliament.uk/bills/2817〉参照。

14)　EU 離脱後の EU が実施するプログラムへの参加については、英国・EU 間 TCA の第 5 部が規定する。また、宇宙関係のプログラムについては、BEIS より 2020 年 12 月 31 日付でガイダンス（'UK involvement in the EU Space Programme'）が発表されている。〈https://www.gov.uk/guidance/uk-involvement-in-the-eu-space-programme〉参照。

15)　概要は〈https://www.eusst.eu/〉参照。2014 年 4 月 16 日欧州議会・理事会決定 541 ／ 2014 号（［2014］OJ L 158/227）に基づき設立。

16)　英国・EU 間 TCA 第 5 部第 3 章第 731 条(4)参照。詳細については同 TCA に対する付属議定書が作成される見込みで、議定書成立または 2021 年 12 月 31 日までは、英国、英国拠点の公的なまたは民間の宇宙機所有者は欧州議会・理事会決定 541 ／ 2014 号第 5 条 1 項の列挙するサービスを同 2 項に従い利用できるとしている。

目的とする EU の地球観測プログラム、コペルニクスへの参加は継続される見込みである[17]。欧州独自の測位衛星システムの構築・運用を行うガリレオ・プログラムからは、英国は離脱する[18]。

2　英国の宇宙産業[19]

現在、英国の宇宙開発を担当している政府機関は、UKSA である[20]。英国には、早くからエアバスを中心とする人工衛星等の製造・開発拠点やその関連企業が多数存在しており[21]、現在でも、宇宙機器製造業は英国宇宙産業の重要な一角を占める[22]。しかし、ここ 10 年、英国政府が特に重視してきたのは、衛星データ応用事業の促進である[23]。ECSAT の誘致もこの政策に即したものである。ハーウェル・キャンパスには、2013 年に In-

---

17)　英国・EU 間 TCA 第 5 部に基づき、詳細な条件を定める議定書が作成される。前掲注 14)のガイダンスによると、2021 年から 2027 年まで第三国として参加する予定である。

18)　前掲注 14)のガイダンス参照。2020 年 7 月、英国政府はインドの通信企業 Bharti グループとともに、米国連邦倒産法第 11 章のもとでの再建手続に入っていた One-Web に出資し救済した。One Web は低軌道衛星コンステレーションによる通信サービス提供の実現を目指している企業で、英国政府の出資の背景として、EU のガリレオ・プログラムからの離脱と、自前での GNSS 構築は財政的に困難と判断されたことが指摘されている。Peggy Hollinger, 'UK Gamble on OneWeb Signals More Interventionist Space Policy' *Financial Times*（London, 3 July 2020）〈https://www.ft.com/content/597f0bb4-d3d2-4d70-a972-8021dbf6f241〉など参照。

19)　UKSA は、定期的に英国宇宙産業の現状に関し報告書を公表している。最新版は、2021 年 5 月 19 日公表の 'The Size and Health of the UK Space Industry 2020' である。〈https://www.gov.uk/government/publications/uk-space-industry-size-and-health-report-2020〉より入手可能。

20)　2010 年に英国国立宇宙センター（BNSC）を改組して設立。独自の予算が確保され権限が強化された。

21)　中小型衛星の開発・製造、管理をリードする Surrey Satellite Technology Ltd は、1985 年にサリー大学の研究プロジェクトを基に設立された企業であるが、現在はエアバス傘下に入っている。近年は、超小型衛星の製造・開発を行うベンチャー企業も現れている。

22)　UK Space〈https://www.ukspace.org/〉は、1980 年代にこのようなメーカーを中心として設立された業界団体である。

novate UK[24] によりイノベーション・センターとして衛星応用カタパルト（Satellite Applications Catapult）が置かれ [25]、宇宙ベンチャーの集積地として成長しつつある [26]。また、ヴァージングループ傘下の Virgin Galactic（本拠は米国ニューメキシコ州）、Reaction Engine といった宇宙旅行関連企業の注目度も高い。英国は、宇宙ビジネスを戦略分野として位置づけ、世界宇宙市場におけるそのシェアを 2030 年までに 10 パーセントに高めるという野心的な目標を掲げている [27]。宇宙ビジネスの活況を受け、小型衛星の打上げや有人宇宙飛行を想定した宇宙港の整備も進められつつある [28]。

このような動向を背景として、英国政府は、米国企業が英国から打上げを行うことができるよう、2020 年 6 月に米国との間で技術保護協定（US-

---

23）産官学共同チームである Space ISG が作成し 2010 年に公表した 'A UK Space Innovation Growth Strategy 2010 to 2030'、これをアップデートした 2014 年の 'Space Innovation and Growth Strategy 2014-2030: Space Growth Action Plan' など参照。これらの報告書は UK Space ウェブサイト（前掲注 22）の 'Publication' より入手可能。関連する政府機関の資料については 'UK Government Web Archives'〈http://www.nationalarchives.gov.uk/webarchive/〉から検索して入手できる。

24）概要は〈https://www.gov.uk/government/organisations/innovate-uk〉参照。2004 年に貿易産業省（DTI）に技術戦略委員会（Technology Strategy Board）として設置。現在は BEIS の科学予算により研究支援を行う 'UK Research and Innovation'〈https://www.ukri.org/〉（2018 年 4 月設立）の一部門となっている。

25）衛星応用カタパルトについては〈https://sa.catapult.org.uk/〉、カタパルト・プログラムの概要は〈https://catapult.org.uk/〉参照。各カタパルト・センターは Innovate UK からは独立した保証有限責任会社（company limited by guarantee）であり、その活動資金は Innovate UK からの拠出と民間企業との R&D 契約などよるものである。〈https://catapult.org.uk/about-us/funding/〉（2019 年 8 月 20 日閲覧）参照。

26）カタパルトはネットワーキングやスタートアップの支援、研究者と企業、企業同士のマッチング等、研究成果の実用化支援を行っている。金融業界とのネットワークとして、他に、2013 年に Joanne Wheeler 弁護士らが設立した Satellite Finance Network〈http://satellitefinancenetwork.org/〉がある。

27）英国政府として初めて策定した 'National Space Policy'（2015 年 12 月 13 日公表）〈https://www.gov.uk/government/publications/national-space-policy〉において、産業界の設定したこの目標（前掲注 23）の資料参照）を共有するとしている。

28）前掲注 6）参照。

UK Technology Safeguard Agreement）を締結している[29]。また、オースト
ラリアとの間でも 2021 年 2 月に Space Bridge Framework Arrangement
に署名し官民の協力枠組みの構築に合意するなど[30]、国際協調を進めてい
る[31]。

Ⅲ　英国の宇宙活動法

1　概要

　New Space の活況は、英国内からの小型衛星等の打上げを可能とする法
整備を促した。2017 年 2 月 21 日、運輸省（Department for Transport）お
よびビジネス・エネルギー・産業戦略省（Department for Business, Energy
& Industrial Strategy、以下「BEIS」）のもとで起草された Draft Spaceflight
Bill が公表された[32]。この草案は、庶民院科学技術委員会において検討さ
れ報告書が作成されたが、2017 年 6 月 8 日の解散総選挙により審議は終了
した[33]。同年 6 月 27 日、第 2 次メイ内閣のもとで Space Industry Bill が

---

29)　詳細は、〈https://www.gov.uk/government/publications/ukusa-agreement-in-the-
form-of-an-exchange-of-notes-between-the-united-kingdom-and-the-united-states-of-
america-on-technology-safeguards-associated〉参照。2020 年 10 月に議会に提出され、
条約の内容は SIA の施行規則に組み込む形で実施される予定である。後掲注 57) 参
照。

30)　英国のプレスリリースとして〈https://www.gov.uk/government/news/space-brid
ge-across-the-world-will-help-uk-and-australia-get-ahead-in-global-space-race〉参照。
枠組み合意の本文はオーストラリア産業・科学・エネルギー・資源省のウェブサイ
ト〈https://www.industry.gov.au/news/space-bridge-to-unite-australia-and-uk-space-
industries-0〉から入手できる。

31)　国際的動向全般については、Housley and Rough（n 7）30–31 参照。

32)　〈https://www.gov.uk/government/publications/draft-spaceflight-bill〉参照。2016
年の女王施政方針演説（〈https://www.gov.uk/government/speeches/queens-spee
ch-2016〉参照）には自動運転等の現代的な輸送形態に対応するための法案（具体的に
は 'Modern Transport Bill'）への言及があり、宇宙港建設はこれに含まれていた。

33)　同委員会における審議内容は〈https://old.parliament.uk/business/committees/
committees-a-z/commons-select/science-and-technology-committee/inquiries/parlia
ment-2015/inquiry10/〉参照。庶民院科学技術委員会報告書（Science and Technol-

貴族院に提出される。同年 11 月 29 日、貴族院における修正を経て同法案
は庶民院に回付され、2018 年 2 月 27 日、庶民院における修正（環境影響評
価の提出を許可の要件とする条文〔11 条〕がこの段階で追加された）が貴族院
で承認された後、同年 3 月 15 日に Space Industry Act 2018 が成立した[34]。

　SIA は、72 の条文と 12 の付則（その多くは許可条件や同法に基づき制定す
る規則の内容の例示となっている）からなる[35]。同法の特徴の一つは、法律
自体は宇宙飛行活動に関する許可手続などの大枠を定めるにとどまり、規
制の詳細は関係当局の制定する施行規則に委ねている点である[36]。施行規
則制定の根拠となる規定など、同法の一部の規定は 2018 年 11 月 26 日に施

---

ogy Committee, *The Draft Spaceflight Bill*（HC 2016–17, 1070））に対する政府の回答
（2017 年 6 月 22 日公表）は〈https://www.gov.uk/government/publications/draft-
spaceflight-bill-government-response-to-science-and-technology-committee-report〉
より入手できる。

34）　審議経過は〈https://bills.parliament.uk/bills/1996〉参照。関係する議会資料も同
所とそのリンクから入手可能。2017 年 6 月 27 日に貴族院先議で審議が開始され、2018
年 3 月 15 日に国王裁可となった。

35）　解説として、2019 年 2 月 8 日に UKSA, 'Understanding the Space Industry Act' が
公表されている。〈https://www.gov.uk/guidance/applying-for-a-future-licence-unde-
r-the-space-industry-act〉より入手可能。また、法律の補足説明として前掲注 2）参
照。

36）　規則制定の権限等につき SIA 68 条参照。この枠組みについては Draft Spaceflight
Bill 審議の段階から問題視されており、2017 年 7 月 11 日、運輸省、英国宇宙局は政
策的な意図と想定される規制の内容をより具体的に示す 'Policy Scoping Notes'（〈htt
ps://www.gov.uk/government/publications/space-industry-bill-policy-scoping-
notes〉より入手可能）を公表している。当初の政府草案にあった、法案成立前に制
定された法律を政省令により改廃する権限を付与するいわゆる「ヘンリー 8 世条項」
（政府草案 66 条 2 項）は、審議過程で削除された。問題状況の概要は、George Hutton,
'The Space Industry Bill 2017-2019' *House of Commons Library Briefing Paper
Number CBP8197*（2 Feb 2018）（〈https://commonslibrary.parliament.uk/research-
briefings/cbp-8197/〉より入手可能）参照。この批判は事業者にとって明確性に欠け
るという批判にもつながりうる。ただ、イノベーション領域では事業の性質上、規制
当局にも柔軟な対応が求められること、現行法（OSA）の許可要件も必ずしも詳細で
はなく、柔軟な事前相談の枠組み（後述の Traffic Light System（TLS））の確立など、
運用面での工夫がみられることには留意すべきであろう。

行され[37]、英国政府は、2020 年 7 月 29 日から 10 月 21 日にかけて、SIA を施行するための規則（Space Industry Regulations）の草案全般について、さらに 2020 年 10 月 13 日から 11 月 10 日にかけて特に許可事業者の責任と賠償責任保険の要件、審査手数料に関して、パブリックコメントの募集（consultation）を行い[38]、2021 年 3 月 5 日にその結果を公表した[39]。これを受けて、施行規則の制定作業が進められ、2021 年 5 月 24 日に、'Space Industry Regulations 2021' の案（以下、単に「規則案」という）が議会両院に提出されている[40]。SIA は、規制者（regulator）は公衆の安全の確保を目的として職務を行わなければならないとしており（SIA2 条(1)参照）、環境保護の基本方針に関しては、SIA2 条(2)(e)）に基づき規制当局に対するガイダンスが作成される予定である[41]。さらに、許可申請の際に申請者が規制

37）　The Space Industry Act 2018（Commencement No.1）Regulations 2018 による。

38）　SIA68 条(7)に基づく手続である。

39）　パブリックコメントの結果と意見募集の概要について 'Consultation Outcome: Spaceport and Spaceflight Activities: Regulations and Guidance' 〈https://www.gov.uk/government/consultations/spaceport-and-spaceflight-activities-regulations-and-guidance〉参照。以下の記述の多くは同所掲載の 'UNLOCKING COMMERCIAL SPACEFLIGHT FOR THE UK, Space Industry Regulations Consultations: Summary of Views Received and the Government's Response'（5 March 2021）による（以下 'Summary' とする）。意見募集の概要については、特に同所掲載の 'UNLOCKING COMMERCIAL SPACEFLIGHT FOR THE UK, Consultation on Draft Regulations to Implement the Space Industry Act 2018'（2020）参照(以下 'Consultation on Draft Regulations' とする)。許可事業者の責任と第三者賠償責任保険等については 'Consultation Outcome: Commercial Spaceflight: Insurance and Liabilities Requirements' 〈https://www.gov.uk/government/consultations/commercial-spaceflight-insurance-and-liabilities-requirements〉、特に同所掲載の 'UNLOCKING COMMERCIAL SPACEFLIGHT FOR THE UK, Consultation on Draft Insurance and Liabilities Requirements to Implement the Space Industry Act 2018'（2020）参照(以下 'Insurance and Liabilities' とする）。

40）　草案は英国議会ウェブサイト〈https://statutoryinstruments.parliament.uk/timeline/03h5LPsS/SI-2021/〉より入手可能。規則案は、17 部と 8 つの附則からなり、後述 3 で言及するもののほか、「第 1 部　一般規定」（1 条、2 条）、「第 17 部　雑則」（282 条 – 287 条）が置かれている。

41）　このガイダンス（Department for Transport, 'Draft Guidance to the Regulator on

当局に提供すべき情報や手続の詳細を定める規則、申請者向けのガイダンスも作成される予定である[42]。

　英国の宇宙活動は、現在は OSA のもとで実施されているが、SIA が全面的に施行されると、英国内の宇宙活動は SIA によって、英国外での宇宙活動については OSA によって規制される（後述2、3参照）。OSA のもとでの許可に関しては、Traffic Light System（TLS）と呼ばれる事前相談の仕組みがあり、申請を検討している事業者が一定の簡易な質問に回答して提出すると、規制当局が申請しようとしている宇宙活動のリスクの程度に応じて緑、アンバー、赤の3段階で評価をして許可される可能性を示すということが行われている[43]。同様の仕組みは、SIA に基づく軌道上活動に関する許可についても、新たに導入される予定である[44]。現在の OSA に

Environmental Objectives relating to the Exercise of its Functions under the Space Industry Act 2018' (Jan 2021)) についても、2021年2月10日から同年3月24日にかけて、パブリックコメントの手続が実施されている。回答は同年5月末時点では未公表。'Commercial Spaceflight: Environmental Objectives for the Spaceflight Regulator'〈https://www.gov.uk/government/consultations/commercial-spaceflight-environmental-objectives-for-the-spaceflight-regulator〉参照。

42) いずれについても、SIA 施行規則に関するパブリックコメントの際に原案が公表されている。申請手続については、前掲注39）ウェブサイトの 'The Regulator's Licensing Rules' 参照。SIA 8条(5)～(7)に基づく規則である。ガイダンスとしては、同所で、申請者全般に対するガイダンス、許可の種類ごと（打上げ・宇宙機の帰還に係る許可、宇宙港に係る許可、射程管理に係る許可、宇宙物体の運用等に係る許可）のガイダンス、環境影響評価に関するガイダンス、保安体制に関するガイダンス、事故調査に関するガイダンス、SIA・OSA に基づく規制当局の決定に対する異議申立手続についてのガイダンス、SIA に基づく責任に関するガイダンス、許可事業者全般に対する SIA 上の義務の遵守と規制当局による監督・法執行に関するガイダンスの案が公表されている。規則制定にあわせて、パブリックコメントの結果を反映したものが公表されるものと思われる。

43) UKSA, 'Guidance: Licence to Operate a Space Object: How to Apply' 〈https://www.gov.uk/guidance/apply-for-a-license-under-the-outer-space-act-1986〉。緑は受容可能なリスクで許可される見込みが高いこと、赤はリスクが高く許可される見込みは乏しいことを示す。法律や規則を制定するという形での成文法化は行われていない。

44) Summary (n 39) paras 1.5, 4.18–4.20, 5.16–5.27. SIA に基づく軌道上活動の許可に関する TLS についても、成文法化は予定されていない。

基づく規制の所管は UKSA であるが、SIA の施行にあわせて、OSA に基
づく規制、SIA に基づく規制のいずれについても、所管官庁は基本的に民
間航空局（Civil Aviation Authority. 以下「CAA」）となる [45]。

2　1986 年宇宙法（Outer Space Act 1986）と同法の改正

　OSA は、現在のところ、英国民・英国法人（2 条参照）による宇宙活動
（1 条参照）を対象とする許可手続を定めている [46]。OSA10 条は、同法の適
用される宇宙活動により生じた損害に関し（宇宙損害責任条約などに基づき）
英国政府が第三者から責任を問われた場合について、事業者に英国政府に
対する補償義務を課しており、制定当時は事業者が補償義務を負う額に上
限がなかったことから、民間企業、特にスタートアップにとっては過大な
負担になっているという批判があった。このため、2015 年規制緩和法（De-
regulation Act 2015（c.20））12 条によって、許可条件の一部として事業者の
責任額（政府に対する補償義務を負う額）につき上限を定めなければならな
いとする改正が行われた（OSA5 条 3 項・10 条 1A 項）[47]。OSA に基づく宇
宙活動の許可の申請者には、通常、英国政府を被保険者に加えた第三者賠
償責任保険（以下、「TPL」とする）の締結が求められる [48]。

45）2019 年 2 月の段階では、宇宙活動に関しては従前の OSA に基づく規制と同様に国
　務大臣（実務上は UKSA）、「サブオービタル活動」に関しては CAA の所管とすると
　いう考えが示されていたが（UKSA（n 35）2-3）、2020 年 7 月のパブリックコメント
　の段階では、規制の不偏性確保のために、安全規制の担当と宇宙セクター促進の担当
　とを切り離し、前者は CAA の所管とする方針が示された（Consultation on Draft
　Regulations（n 39）22）。SIA による規制については、SIA16 条に基づき制定する規則
　（規則案では 3 条）により CAA に規制権限を付与し、OSA のもとで国務大臣が有し
　ている規制権限についても CAA に委譲する措置がとられる見込みである。パブリッ
　クコメントでも賛成意見が多数であった（Summary（n 39）paras 4.38-4.41）。なお、
　規則案 4 条により、SIA に基づくガイダンスの公表は国務大臣も行うことができる。
46）許可手続の詳細は前掲注 43）のウェブサイト参照。
47）規制緩和法による改正は 2015 年 10 月 1 日に施行された。標準的なミッションにお
　ける上限額は通常 6000 万ユーロである。通常、英国政府を被保険者に加えた第三者
　賠償責任保険（TPL）の調達も求められる。
48）打上げ（これまでは英国内からの打上げは行われてこなかったため、実質的には打

SIA が施行された後も、英国外での英国民・英国法人の宇宙活動（英国外での打上げの調達、英国人・法人による英国外の施設からの軌道上の衛星の運用）には OSA が適用される（SIA 1 条⑶参照）。OSA については、このほか、SIA との整合性を確保する趣旨の若干の改正が予定されている（SIA 付則 12 の 8 条参照。例えば、許可の免除につき SIA 4 条・OSA 3 条、審査手数料につき SIA 62 条・OSA 4A 条参照）。

3　2018 年宇宙産業法（Space Industry Act 2018）

以下では、SIA と 2021 年 5 月 24 日に公表された規則案に基づき概要を紹介する。なお、有人宇宙飛行に関する規制の詳細については、本書第 4 章第 1 節を参照されたい。

⑴　規制対象と概要

SIA は、成層圏を超える空間（約 50km）への打上げ等、成層圏内（約 10-50km）で人を乗せて運用するバルーンの打上げ等を「サブオービタル活動」[49] として「宇宙活動」[50] と区別して定義し（1 条⑷）、両者を「宇宙飛行活動（spaceflight activities）」（SIA 1 条⑹）と総称する。宇宙飛行活動に関係しない、成層圏より高い高度では運用できないロケットは、従来通り、CAA により Air Navigation Order 2016 に基づき規制が行われる[51]。

上げの調達である）に関して求められる保険金額は通常 6000 万ユーロである。従来は、軌道上活動についても 1 衛星の打上げごとに同額の付保が求められてきたが、軌道上活動の多様化に鑑み、2018 年 10 月 1 日からは、より柔軟にミッションごとにリスクを評価して付保の要否、保険金額を定めるアプローチが採用されている。詳細は、前掲注43）のウェブサイトに掲載されている 'Fact Sheet: New Requirements for In-orbit Third Party Liability Insurance' 参照。

49）　具体的には、⒜5 項の適用される機体または⒝そのような機体を運搬する航空機の打上げ、打上げの調達、運用または地球への帰還の調達し、宇宙活動でないもの。5 項に該当する機体は、⒜成層圏を超えて運用できるロケットその他の機体、⒝乗員または旅客を載せて成層圏に到達できるバルーンである。

50）　具体的には、⒜宇宙物体またはこれを運搬する航空機の打上げ、打上げの調達、または地球への帰還、⒝宇宙物体の運用、⒞その他宇宙空間における活動である。

51）　UKSA（n 35）3.

　SIA の規制対象は、英国内で実施される宇宙飛行活動（英国内からの宇宙物体の打上げや衛星の運用、英国への宇宙物体の帰還）とこれに関連する活動（具体的には宇宙港の管理と、警戒区域の設定・管理等を含むその管制業務）であり（SIA 1 条(1)）[52]、宇宙機・サブオービタル機、人工衛星等の打上げ実施者、運用者に対する許可（operator licence. SIA 3 条(2)。宇宙活動かサブオービタル活動かによる区別はない。以下、便宜的に「事業者許可」とする）、宇宙港の運用に関する許可（spaceport licence. SIA 3 条(2)。以下、「宇宙港許可」とする）、射程管理業務の提供者に対する許可（range control licence. SIA 7 条(2)。以下、「射程管理許可」とする）について、許可の基本的な要件等を定める（SIA 8 条以下）。詳細な許可要件や申請手続の詳細は、施行規則が定めている。

　事業者許可は、打上実施者に対する許可（launch operator licence）、宇宙機の英国領土・領海への帰還を行う者に対する許可（return operator licence）、宇宙物体の打上げの調達、運用その他宇宙空間での活動を行う者に対する許可（orbital operator licence）に区分される。このうち、'launch operator licence'、'return operator licence' については規則案に解釈規定（定義規定）が設けられており、このいずれかの許可を有する者は「宇宙飛行事業者（spaceflight operator）」として宇宙飛行事業に関して特に設けられている規制に服することとなる（規則案2条参照）。規則案第3部は、許可の申請者が置くべき責任者等、申請者と責任者等の欠格要件[53]、許可の手続と審査[54]などに関する一般的な規定を置く。規則案第4部は宇宙飛

---

52)　なお、パブリックコメントにおいて、船舶からの打上げへの適用に関して複数の意見があり、SIA のもとでは船舶は宇宙港としては扱われておらず、打上げ実施者の許可（launch operator licence）の対象となりうること等の説明がなされ（Summary（n 39）paras 1.10, 4.9–4.13）、規則案には「船舶（ships）」に関する解釈規定等が置かれている（規則案2条参照）。

53)　規則案第3部（5条以下）のうち、7条は宇宙港許可、8条はすべての許可、9条は宇宙飛行事業（つまり打上げと帰還）の許可に関する規定で、10条は9条が適用されない許可事業者について、11条は射程管理許可について規定する。担当者の変更が生じた場合の規制当局に対する報告義務（13条）とその違反に対する罰則規定（14条）もある。15条は航空法上の規制に服する一定の場合について、適用除外を定める。

行事業に係る許可を申請する際に行うべきリスク評価等、第5部は宇宙港許可の申請に際して行うべき安全性評価等、第6部は射程管理業務の許可に関し、許可を受けた者が備えるべき管理体制や業務実施に関する規制等について、詳細に規定する。規則案第7部は、宇宙飛行事業の許可、宇宙港許可、射程管理許可を受けた者について、一定の職務を担う者に対する訓練、健康状態の管理などを行うことを義務付ける[55]。このほか、SIA およびこれに基づく規則は、宇宙飛行事業の安全、宇宙港の安全[56]、関係施設の保安やサイバーセキュリティ、米国の技術の保護[57]、事故が起きた場合の報告、調査[58] などに関して、許可を受けた者に対し様々な義務を課している。

　SIA および同法に基づき制定された規則上の義務の遵守に関しては、一定の義務の違反に対して罰則規定と行政処分に関する規定が設けられている（刑法の適用につき SIA 51条、52条、罰則等につき53条〜59条）[59]。SIA に基づく規制当局の決定に対しては、異議申立ての手続が定められている（SIA 60条、付則10）[60]。

54）　規則案第3部第3章（16条〜24条）。

55）　SIA18条に基づく規則である。なお、宇宙機の乗員や打上げ機を運搬する航空機の乗員の宇宙放射線被ばくに関しては、特に規則案第9部（134条〜150条）に規定が設けられている。

56）　安全規制に関し SIA 19条、規則案第8部（78条〜133条）、第10部（151条〜167条）。

57）　SIA 22〜25条、規則案第11部（168条〜202条）参照。米国技術の保護に関する規定（規則案192条〜202条）は、（前掲注29）の条約を実施するためのものである。

58）　SIA 20条、規則案第16部（270条〜281条）参照。（法的責任の評価のためではなく）事故防止の観点からの報告制度を定めるものである。細則として、'The Spaceflight Activities (Investigation of Spaceflight Accidents) Regulations 2021'（2021年5月24日議会提出）が定められる予定である。

59）　あわせて、規則案第14部：監督と執行（222条〜264条）、第15部・民事制裁（停止通知）（civil sanctions〔stop notices〕）（265条〜269条）参照。第14部は刑事罰や捜査に関する規定を置く。第15部は（賠償責任等の民事責任に関するものではなく）刑事罰を補完する趣旨の行政処分に関する規定で、犯罪となる行為を行っていると規制当局が認めた者に対して、一定の措置をとるまでは活動を禁じる旨の通知を行う権限を、規制当局に与えている。

(2)　事業者の責任と保険

　事業者の責任と第三者賠償責任保険に関しては SIA 34 条〜 38 条が規定しており、さらに規則案「第 13 部 責任と補償」(218 条〜 221 条) により具体的な定めが置かれている。SIA に基づき課される要件、条件を遵守して行われた宇宙飛行活動に関しては、生活妨害 (nuisance)、不法侵害 (trespass) の不法行為責任は生じない (SIA 34 条(1))。宇宙飛行活動のために用いた機体等により英国の領土・領海内で地表の第三者に生じた損害、領土・領海の上空を飛行中の航空機に生じた損害については、SIA 34 条(3)に規定する場合を除いて[61]、その活動を行った者に厳格責任が課される (SIA 34 条(2))[62]。宇宙飛行活動により生じた損害につき英国政府が責任を問われた場合に、宇宙飛行活動を行う者に補償義務が課される点は、従前の OSA のもとでの活動と同様である (SIA 36 条)[63]。SIA は、事業者許可の条件において、許可を受けた者の SIA 36 条の補償責任額に上限を定めることとし (SIA 12 条(2))、許可を受けた者の責任の制限に関して規則を制定することができる旨を規定している (SIA 34 条(5)。限度額を超える部分

---

60)　さらに細則として 'The Space Industry (Appeals) Regulations 2021' が制定される予定で、その案は 2021 年 5 月 24 日に議会に提出されている。

61)　SIA 34 条(3)(a)および規則案 218 条により、許可事業者の従業員や関係者、規制当局の関係者、SIA 17 条に従いインフォームド・コンセントを与えた乗員・宇宙飛行参加者など、規則案 218 条に列挙された者に対しては、SIA 34 条(2)に基づく厳格責任は課されない。通常クロス・ウェーバー条項の対象となる者は、概ね除外されている。また、被害者の過失により生じた損害についても、SIA 34 条(2)は適用されない (SIA 34 条(3)(b))。

　なお、SIA 34 条(3)(a)により同条(2)に基づく厳格責任を追及できない者も、コモンロー上の請求を行うことは可能であり、また、この規定にはこれらの者を免責する効果はない。Summary (n 39) para 4.90 参照。

62)　SIA 34 条(2)により責任を負う主体は、SIA に基づく許可を受けた事業者に限らず、4 条により許可の取得が免除される者、違法に宇宙飛行活動を行った者も含まれる。前掲注 2) の SIA の補足説明 para 167 参照。なお、この規定は宇宙港の運用を行う者、射程管理業務を行う者に対して厳格責任を課す趣旨のものではない。Summary (n 39) para 7.51 参照。

63)　外国で生じた地上第三者、飛行中の航空機に対する損害に関し打上げ国が責任を負うことにつき、宇宙損害責任条約 2 条参照。

の政府補償につき 35 条）[64]。SIA の文言上は必ずしも明確ではないが、政府の方針により、SIA34 条と 36 条の責任に関する限度額の定めは、SIA に基づき付与されるすべての許可において設けられるという[65]。なお、TPL の締結に関し、許可を受けた者に対し一定の付保の要件を課す規則を制定することができる旨も定められているが（SIA38 条(1)）、この点については、規則を制定するという形はとらず、SIA 12 条(2)のもとで許可条件においてTPL に関する条件を定める方針が示されている[66]。責任限度を許可条件に規定すべき旨、限度額の決定基準は、施行規則に定められる（規則案 220条）。SIA12 条(2)により定められた責任制限は、SIA または同法に基づき制定された規則上の義務の履行における重過失または意図的な不当行為（wilful misconduct）に関して事業者が責任を負うこととなった場合、許可条件または SIA もしくは同法に基づき制定された規則の定める要件に違反した結果として責任が生じた場合には、適用されない（SIA36 条(3)(a)、規則案219 条）。この場合には、SIA35 条に基づく政府補償も行われない（SIA 35条(5)(b)、規則案 220 条）。

　TPL の保険金額については、2020 年 10 月のパブリックコメントの段階では、打上げの調達、軌道上での宇宙物体の運用に関しては従来通りとし、衛星運用者の SIA34 条に基づく責任についても同額とする方針が示された[67]。また、英国からの打上げ（サブオービタル活動となる打上げ、航空機

---

64)　これは、打上げ実施者の責任につき限度額と政府補償を定める他国の法制を踏まえたものである（日本の宇宙活動法 40 条以下など参照）。

65)　SIA 12 条(2)は「事業者許可において……責任額の限度を定めることができる（may）」と規定しているのに対して、規則案 220 条(1)は、SIA 34 条(2)の責任、SIA 34条(2)の対象外の第三者損害賠償責任について、「責任額の限度を定めなければならない（must）」と規定する。OSA 5 条(3)は後者と同様に義務的な表現となっている。この点の不整合はパブリックコメントにおいて指摘され、政府としてはすべての許可において限度額の定めを置く意向であることが明らかにされた。Summary（n 39）paras 4.107–4.109, 7.47 参照。

66)　Insurance and Liabilities（n 39）31. パブリックコメントでも支持されている。Summary（n 39）para 7.28 参照。SIA 38 条(2)以下に基づく政府による保険・再保険に関する規則の制定も、十分な保険市場が存在することから予定されていない。UKSA（n 35）22、Insurance and Liabilities（n 39）32 参照。

からの打上げを含む）に関しては、米国で採用されている Maximum Prob-
able Loss アプローチと同様に、リスクに応じてミッションごとに保険金額
を算定するアプローチ（Modelled Insurance Requirement〔MIR〕）を採用し、
許可条件の一部として保険金額を定める方針が示されている[68]。基本的な
方向性は維持される見込みではあるものの[69]、パブリックコメントの過程
でさらに検討すべき事項が指摘されたため、責任と保険に関しては2021年
中により包括的な検討を行うことが予定されている[70]。

⑶　その他の特徴的な規定

　SIA は、宇宙港の業務の安全確保等のために必要な場合は、一定の土地
に国務大臣または宇宙港許可もしくは射程管理許可を有する者のために権
利を設定する命令を発する権限（SIA 39 条）、土地または水域の利用を一時
的に制限または禁止する命令を発する権限（41 条）を国務大臣に認める（詳
細は SIA 39 〜 50 条参照）。

　有人宇宙飛行に関する規定を有する点も SIA の特徴といえ、有人宇宙飛
行を行う際には、乗員や宇宙飛行参加者からインフォームド・コンセント
を取り付ける必要があること等を定めている（SIA 17 条）[71]。

Ⅳ　おわりに

　SIA の成立により、英国はもっとも現代的な宇宙活動法を有する国に
なったといわれた。ただ、その段階では、具体的な規制の詳細が明らかで
はなく不透明感もあった。ここ数年で、かなりのスピード感をもって SIA
の施行に必要な規則の内容が固められたことで、いよいよ英国拠点の宇宙

---

67)　Insurance and Liabilities（n 39）21、上述 2、特に前掲注 47) 参照。

68)　Insurance and Liabilities（n 39）20-21.MIR アプローチの詳細は同 21 頁以下で詳し
　　く説明されている。

69)　特に MIR に関し、Summary（n 39）paras 4.102, 7.8.

70)　 Summary（n 39）paras 4.103-4.106.

71)　詳細は、規則案第 12 部（203 条〜 217 条）参照。

ビジネスの法的基盤が整ったといえる。SIA の立法、SIA に基づく規則の制定の過程には、安全や環境保護の要請と並んで、宇宙ビジネスを行う者にとっての利用しやすさや柔軟性の維持への配慮がみられた。宇宙ビジネスのハブとしての一層の成長が期待される。

欧州における宇宙分野の公共調達

谷　瑞希

I　はじめに

　本稿では、欧州における宇宙分野の公共調達について紹介したい。宇宙産業の文脈で公共調達を取り上げる意義は、大きく2点あろう。1点目は、日本の宇宙機器産業規模3000億円のうち約9割は国内官需であり、公共調達の割合が大きいことである。2点目は、「宇宙産業ビジョン2030」でも認識されているとおり[1]、公共調達は発達段階の産業を成長させる要素になることである。たとえば、宇宙機関が主体となる研究開発プロジェクトでは、その調達を通じて産業界に技術基盤が形成されていく。また、米・Space X の成功要因の一つには、NASA の調達（Commercial Orbital Transportation Service〔COTS〕、Commercial Resupply Services〔CRS〕）[2] があるといわれている。そこでは開発の主体は NASA ではなく民間とされ、民間の創意工夫が引き出された。さらに開発後の初期需要が支えられ、民間が投資・挑戦しやすい環境が整えられていったのである。他方、欧州では、1975 年の欧州宇宙機関（ESA）設立時から、産業育成と調達の関連が認識されてきた。本稿では、そのような欧州に焦点を当て、EU と ESA の原則と、その例として EU の測位衛星システム Galileo と ESA の Ariane 6 ロ

---

1)　内閣府「宇宙産業ビジョン 2030」4、23 ～ 24 頁（2017 年 5 月 12 日）。
2)　NASA, Commercial Orbital Transportation Services（NASA/SP-2014-617）（02-2014）参照。

ケットの調達を紹介したい。

Ⅱ　宇宙分野における公共調達

　欧州について紹介する前に、公共調達の特徴について触れておきたい。宇宙分野ではない、一般的な公共調達では、大きな市場で複数社が競争する中で、市販品・サービスを調達することが想定されている。そのため、多くの官庁での調達では、競争入札など公平な競争が原則とされている[3]。その競争入札では、発注者が仕様（スペック）を定め、それを最安で実現する民間事業者が選定される。また、いったん競争入札が始まると、民間事業者間の公平性を保つ必要があることから、原則、発注者と民間事業者は対話することが許されない。

　他方、宇宙分野をはじめとした高度な技術を要する事業では、国や宇宙機関だけでどのようなスペックを実現できるか把握することは難しい。そのため、発注者と民間事業者の知見や要求を擦り合わせることが可能な技術提案方式や競争的対話方式などが採用されている[4]。また、長期間、研究開発を行う事業では、不確実性も高い。そこで、宇宙機関が主体となる研究開発プロジェクトの調達では、概念設計〜基礎設計〜詳細設計〜製造〜運用といった開発のフェーズ[5]に応じて契約条件や成果物の引渡し、支払いを設定する。これらを細かく設定することで、民間事業者は契約に含まれるリスクを予測しやすくなり、また、発注者にとってもリスク費を抑制できることにつながる。その他、市場の狭さや条約・国内法に由来して、契約金額の算定方法や契約条件の設定などに特徴がある。

---

3)　会計法29条の3。

4)　内閣官房「研究開発事業に係る調達の在り方について（中間整理）」（2011年12月2日）1〜4頁．R. Hansen, et.al., Towards and EU industrial policy for the space sector Lessons from Galileo, Space Policy, Vol. 28 at 96-97 (2012)

5)　JAXA「システムズエンジニアリングの基本的な考え方」（2007年4月B改訂）7頁。

Ⅲ　欧州における宇宙分野の公共調達

1　EUとESA

　まず、代表的な発注者であるEUとESAについて述べたい。欧州の宇宙活動のうち、おおよそESAが研究開発を担い、EUが実用を担っている[6]。たとえば、後述する欧州版GPS・Galileoでは、ESAが高度な研究開発を要する試験機2機の開発を担当し、技術が実証された後、30機からなる実用衛星はEUが担当した。日本でいえば、現在、気象庁が気象衛星ひまわりを、内閣府が日本版GPS・準天頂衛星を調達しているが、その試験衛星は宇宙航空研究開発機構（JAXA）が開発した。大雑把にいえば、EUとESAの関係は、日本政府とJAXAの関係に似ている。

　しかし、EUとESAの関係は、日本政府とJAXAの関係よりも複雑である。EUとESAは、双方とも独立した国際機関で、各々が持つ原則に違いがあるからだ。

　第1に、EUとESAでは加盟国が異なる。たとえば、ノルウェーやスイスはEU28か国には含まれていないが、ESA22か国には含まれている。また、イギリスは、Brexitに伴い、GalileoなどのEUのプロジェクトからの脱退するが[7]、ESAには留まる[8]。

　第2に、EUとESAの活動への参加国も異なる。EUの活動には、常に全28加盟国が参加するが、ESAの活動には、全加盟国による義務的活動と、関心ある加盟国のみによる選択的活動がある[9]。義務的活動は固定費

---

6)　B. Schmidt-Tedd, The Relationship between the EU and ESA within the Framework of European Space Policy and its Consequences for Space Industry Contracts, Contracting for Space, at 47 (2011)

7)　BBC, Galileo: UK plan to launch rival to EU sat-nav system (25-04-2018)

8)　Gov. UK, UK involvement in the EU Space Programme from 2021, Brexit transition: new rules for 2021, Published 09-08-2019, Last updated 29-12-2020 available at https://www.gov.uk/guidance/satellites-and-space-programmes-from-1-january-2021

9)　Art. 5 of the ESA Convention

が中心で、選択的活動は衛星、ロケット、宇宙ステーションなどを含み、ESA予算の約8割を占める。たとえば、欧州の基幹ロケットArianeは、欧州全体というよりは、参加国の利益が主眼となっている。

　第3に、EUと異なり、ESAは宇宙損害責任条約、宇宙物体登録条約、救助返還協定の権利義務を受け入れている。EUの各加盟国は、各々批准を判断しているが、EU全体として権利義務を受け入れることは、EUの権限上容易ではない。EUの宇宙活動に関する権限は、比較的新しく2009年、TFEU（Treaty on the Functioning on the European Union）に規定されたが、TFEU189条2項は、EUに、宇宙分野において加盟国間のルールを統一する権限を認めていないのである[10]。また、EUの権限は、一般に、①排他的権限（加盟国はEUに権限を移転）[11]、②共有権限（EUが権限行使しない場合、加盟国が行使）[12]、③補充権限[13]に大別されるが、宇宙活動は②共有権限のうちの併行権限とされており、加盟国はEUの決定を待たずに活動できるのである[14]。

　第4に、予算の期間が異なる。EUの予算は7年毎だが、ESAの予算は3年毎に編成される。なお、ESAの義務的活動の予算は、各加盟国の過去3年分のGDPをもとに拠出され[15]、選択的活動の予算は、その活動の参加国が負担している[16]。

　第5に、EUとESAでは調達の原則が異なる。EUの場合、その活動の7割は農業への補助であり、大型の研究開発プロジェクト等は主眼となっていない。そのため、EUの基本的な調達ルール[17]は、オフィスの備品等

---

10) 理由は定かでないが、制定時は宇宙活動を行う主体が少なかったからと推測されている。T. Masson-Zwaan, Recent Developments in EU Space Policy and Law, Korean Journal of Air and Space Law, vol. 25-2 at 240（2010）

11) TFEU 3条。

12) TFEU 4条。

13) TFEU 6条。

14) 前掲 T. Masson-Zwaan, at 239

15) Arts. 1（3）, 8 and Annex II of the ESA Convention

16) Art. 8 and Annex III of the ESA Convention

17) Financial Regulation（Reg. No.966/2012）and Rules of Application（Reg. No. 1268/2012）

の調達に適した競争入札が原則となっている。一方、ESA は、宇宙研究、技術およびその利用促進を目的として設立されており[18]、調達の原則もそれに即している。特に、ESA の基本的な調達ルール[19] は、ESA 条約 7 条「産業政策」の目的を含むとされ、費用対効果、国際競争力、地理的配分（geographical distribution, fair return）、競争入札が原則となっている。特に、競争入札の原則は、他の原則と抵触するときは適用されず[20]、NASA や JAXA よりも産業政策の色が濃い[21]。また、地理的配分の原則も ESA 特有であり、各国の予算の拠出割合が契約相手方選定に影響している。つまり、①加盟国の企業は、その国の予算の拠出割合に応じて契約が締結され、②予算の拠出と契約額の割合は、理想 1：1、少なくとも 10：8 以上となる[22]。これは、各国が ESA の選択的活動に参加するインセンティブになる一方、予算を拠出すれば、技術力が乏しくても受注機会が高まるため、ESA の国際競争力に影響すると指摘されている[23]。また、EU は WTO の政府調達対象として入札を行う際は WTO 加盟国を対象に参加者を募る必要があるが、ESA はその対象でない。

　したがって、EU と ESA が協働すると、互いの原則が衝突する。しかし、2004 年、EU と ESA は枠組み協定を締結し、互いに協力するとされ[24]、2010 年、ESA は調達改革を実施し、EU 規則を踏まえるなどした[25]。EU

---

18)　Art. 2 of the Convention for the Establishment of a European Space Agency, Paris, 30 May 1975（ESA Convention）

19)　ESA Convention, ESA Procurement Regulations（ESA/REG/001）and General Clauses and Conditions for ESA Contracts（ESA/REG/002）

20)　Art.7（1）（d）of the ESA Convention

21)　K. Shimizu, The Procurement System of the Japanese Space Agency: A Comparative Assessment, Journal of Public Contract Law, Vol.44 at 44（2014）

22)　Art.6 of Annex V, ESA Convention

23)　I. Petorou, The European Space Agency's Procurement System: A Critical Assessment, Journal of Public Contract Law, Vol 37 at 148; S.Hobe, et.al, Space Procurement: A European Toolbox, Proceedings of the International Institute of Space Law 2010 at 372（2011）

24)　Framework Agreement between the European Community and the European Space Agency, signed at Brussels on 25th November 2003

と ESA の協働に向けた基盤づくりは進んでいる。

2　EU と ESA の調達例

　ここでは、代表的な EU の調達例として測位衛星システム Galileo を、ESA の調達例として Ariane 6 ロケットの調達を各々取り上げる。

⑴　EU の調達例——測位衛星システム Galileo

　欧州版 GPS・測位衛星システム Galileo は、米・GPS への依存を警戒して立ち上げられた。2012 年に試験衛星 2 機の運用が終了して現在は実用段階にあり、2020 年には 30 機体制になる予定である。Galileo は、EU 初の宇宙プロジェクト、かつ、EU と ESA が協働した初のプロジェクトであった。Galileo の調達は官民連携（PPP）の中止[26] も含めると、約 10 年を要した。ここでは、EU と ESA がどのように調達の原則を擦り合わせたかなどに触れたい。

　まず、Galileo は研究開発フェーズ（試験衛星 2 機）と運用フェーズ（実用の 30 機体制）に大別される。研究開発フェーズは ESA が担ったが、運用フェーズは EU が担い、ESA が EU の下で実施機関となった。そのため、両フェーズとも ESA が調達を実施したが、研究開発フェーズでは ESA の調達ルールが、運用フェーズでは EU の調達ルールが適用された。以降、EU の調達ルールが適用された運用フェーズに絞ってみていきたい。

　運用フェーズに適用される EU の Galileo Regulation（EC No.683/2008）7 条には、Galileo の調達の原則が定められている。条文の題名は「産業政策」であり、契約総額の 40％以上は主契約者のグループ企業外に下請けさせることや、企業の独占を避けるべくデュアルソースを追求することなどが規定されている。こうした原則は、今後、EU の宇宙産業政策を議論するに

25）ESA/C（2010）44, 11 in the Annex at 13; B. Schmidt-Tedd, The Geographical Return Principle and its Future within the European Space Policy, Contracting for Space at 95（2011）

26）European Parliament, Briefing: How the EU budget is spent: Galileo and EGNOS at 4（01-2018）

あたって、良い例になるだろうとされている[27]。

　運用フェーズの契約は、衛星、打上げ、地上設備等6つに分けられ、その契約相手方の選定には、競争的対話方式が適用された。まず、EUは参加企業を募り、提案を要請する。その後、EUと企業が対話し、その調整を反映して再提案要請または最終提案要請があり、契約相手方が選定される。GalileoではこのД方式で2年という長い時間をかけて調達が行われた。さらに、この方式では、発注者が如何に企業の提案に含まれる秘密を守り、企業間の公平を保ちつつ最終提案要請をつくることが実務上の課題となるが、競争的対話方式はNASAでも行われており，JAXAでも近年取り組まれるようになった。

　このように、運用フェーズでは、EUのルールが適用されたため、ESAの地理的配分の原則は適用されていない。また、EUにはESAのような選択的活動の仕組みもないためEU全28か国がその活動に参加し、さらに、EUはWTO政府調達対象であることからEU外を含む、より多くの国の企業がGalileoの契約獲得を目指すこととなった。そのため、EUの実施機関となったESAにとっては、全く異なるルールとステークホルダーにおいての調達となった。Galileoの調達を通じて、EUとESAの調達ルールの違いが浮き上がり、EU、ESAを含めた欧州全体としての宇宙における調達ルールの必要性、さらには宇宙産業政策の必要性が議論されるようになったのである[28]。

(2)　ESAの調達例── Ariane 6ロケット

　現行のAriane 5ロケットは、世界の商業打上げ市場で大きなシェアを誇る欧州のロケットであり、現在、その後継としてAriane 6が開発されている。Ariane 6は、欧州の宇宙への自律的なアクセスの確保のほか、Space Xなどを意識した打上げコストの削減や、年間1億ユーロといわれる公的サポートの削減等を目的としている。特に、Ariane 6の開発の調達では、

27）　前掲 B. Schmidt-Tedd, at 96
28）　前掲 R. Hansen, et.al., at 94

民間事業者の責任拡大を鍵として、その枠組みが設定された。この枠組みが、日本の H3 ロケットとよく似ている。H3 は、現行の H-IIA の後継で、2013 年、打上げコストの半減により国際競争力を高めること等を目的として開発が決定し、2020 年に初号機を打上げ予定である。この項では、調達上、どのように民間事業者の役割が拡大されたか、双方比較しながら紹介したい[29]。

　先に日本の例から述べると、現行の H-IIA は、日本の自律的な宇宙へのアクセスを目的として、JAXA が 8 つの主契約者と契約を締結し、JAXA がロケット機体の設計責任を有した。また、各契約では、リスクを減らすべく、開発のフェーズに応じて細かく成果物が設定され、引渡し、支払いが行われた。そして、打上げの技術が確立した後、打上げ事業を担う民間企業が選定され、三菱重工業株式会社（MHI）に打上げ事業が移管された。

　これに対し、国際競争力の確保を目的とする H3 では、当初から打上げ事業を行う者を開発に参加させるべく、開発着手前に、MHI が打上げ事業者として選定された。また、開発項目は、ロケット機体、射場（JAXA 種子島宇宙センターなど）、システム全体（ロケット機体と射場の統合）と大別され、JAXA がシステム全体と射場を、MHI がロケット機体の開発を担っている。これに伴い、ロケット機体の設計責任は JAXA ではなく MHI とされ、MHI から JAXA への成果物の引渡しは、原則、JAXA による初号機の打上げ（システム全体の検証）に必要な、完成された H3 ロケット初号機のみとなった。

　この H3 の枠組みと Ariane 6 がよく似ている。Ariane 6 では、従来よりも民間事業者の責任を拡大すべく、Airbus Safran Launchers（ASL）がロケット機体を、CNES（フランス国立宇宙研究センター）がフランス領ギアナの射場を、ESA がロケット機体と射場を含めたシステム全体を担うとされた。また、ロケット機体の設計責任は、従来 ESA が有していたが、Ariane 6 では ASL が有することになった。これに伴い、ASL から ESA への成果

---

29)　Arian [M7]6 の枠組みは，ESA, ARIANE 6 The new Governance in Ariane world
　　（01-2015），H3 の枠組みは，JAXA「新型基幹ロケットの開発状況について」（2014 年
　　6 月 16 日）参照。

物の引渡しの数と支払い時期は限られ、ロケット開発起因の不適合に対する法的責任は ASL が有するとされた。しかし、H3 とは異なり、ASL はその開発結果に応じてインセンティブやペナルティが与えられる。日本では防衛省がこの仕組みに取り組んでいるが、運用が煩雑などの課題もあり、動向を注視する必要があろう。

Ⅳ　まとめ

　EU と ESA の関係は、日本政府と JAXA の関係よりも複雑で、特有のルールも多い。しかし、欧州は日本の宇宙産業と特徴が近いためか、調達で類似する点、注目すべき点もあろう。たとえば、Galileo の調達の原則にデュアルソースの追求が明記されていることは興味深い。既存事業者は知りすぎている分、挑戦しづらいというジレンマもあるが、新規参入者は斬新な発想をしうる。デュアルソースの追求は資金の分散を伴うため簡単ではないが、リスクヘッジや産業構造の是正だけでなく、イノベーションという観点でも重要な意味を持つだろう。

　また、Galileo は、調達・システム構築後の、システムの利用促進策への注目度が高く、宇宙産業と法という観点では、そちらも参照されたい[30]。たとえば、Galileo では衛星起因で利用者に損害が生じた場合の賠償責任が課題となり、私法統一国際協会（UNIDROIT）などが議論した[31]。こうした衛星システムの利用条件には、そのシステムの調達時の各企業との契約が影響する。そのため、調達に当たっては、開発リスクほか、数年後の運用、利用の在り方、目指す産業構造まで見通す必要があり、調達法務には、幅広い視野ときめ細やかな配慮、関係者との議論を重ねて企画する力が問われる。これら調達は、タフだが醍醐味のある仕事だっただろうと想像する。

30）内閣府「欧州の宇宙産業振興と宇宙利用拡大への取組み状況」（2013 年 5 月 29 日）等の調査結果がある。

31）UNIDROIT, An instrument on third party liability for Global Navigation Satellite System（GNSS）services: a preliminary study（prepared by the UNIDROIT Secretariat）

コラム3
欧州における安全保障分野の調達制度

谷　瑞希／小塚荘一郎

◇はじめに

　安全保障分野における調達は、本来、国家の主権に直結するもので、国際協力のハードルは高いものである。また、各国の地理や政策等背景が異なることから、防衛装備に求める機能・性能も異なってくるため、防衛装備の共同開発も容易とはいえない。そのため、EU は、長らく装備調達を市場統合の対象から外してきた[1]。しかし、旧ユーゴ紛争等における米欧の共同軍事作戦で、EU は米欧間の深刻な軍事力格差を認識し、また、イラク戦争における米国の単独行為による不安が増大したことで、EU の安全保障には、米国に依存しない欧州の自律性確保に向けた変革が求められることになった。一国の財政と技術力には限界があり、各国の政策を背景にした個別の装備では EU として重複と無駄が多くなることから、国家を超えた共同での戦略、調達が必要と認識されたのである[2]。

　また、1990 年代後半から 2000 年にかけて、EU 内で大規模な防衛産業の再編が進捗したことも EU の公共調達へ影響した。防衛企業が、BAE Systems、EADS、Thales の 3 社に統廃合されたのである。これにより、米国に対抗し得る防衛企業が誕生し、企業の国際競争力は向上したが、寡占化が進んだことで、一つの企業が複数の政府と交渉するなど各国政府の交渉力が相対的に低下することになった。これにより、発注者側である各国政府にも、調達の在り方に関して再編が求められるようになったのである。他方、EU 内の中小国は、超大な企業の出現で国内産業が危機的な状況となり、後述する地理的配分の原則を強く主張し、自国産業を保護しようとする傾向が強まってきた。

　EU では、このような課題に直面しつつ、最も困難と思われた安全保障分野においても市場統合と共同調達を進めているところである。本稿では、これら制度を俯瞰し、どのような日本への示唆があるか探りたい。

◇欧州の安全保障分野における公共調達の概要

　欧州では、公共調達に関して、欧州連合（EU）がディレクティヴ 2014/24/EU（以下、「公共調達ディレクティヴ」という。2014 年以前は、ディレクティヴ 2004/18/EC）を制定しており、これにもとづいて各国の調達制度が整備されている。しかし、安全保障分野には、機密情報の取扱いなど、一般の公共調達規

則になじまない点があり、そのため、EU 各国は、「自国の安全保障上の利益に反する情報の提供」および「自国の安全上の重大な利益を保護する措置」に関して認められた EU 法制からの逸脱（EU 機能条約 346 条）をしばしば援用した。

これに対して、欧州裁判所は、「安全保障上の利益」や「安全上の利益」という例外規定は、厳格に限定されなければならないという判決を出し、例外規定の安易な援用を否定した[3]。そうした状況を受けて、EU は、2009 年に、防衛及び安全保障分野の公共調達に関するディレクティヴ 2009/81/EC（以下、「防衛等ディレクティヴ」という）を制定した。それ以降、EU 各国では、安全保障分野における調達に関して、このディレクティヴにもとづく制度が整備されることとなった。

なお、ディレクティヴとは、EU 各国の国内法をハーモナイズするための EU 法の形式である。EU では、レギュレーション（規則）という形式とディレクティヴ（指令）という形式が使い分けられており、レギュレーションは、採択されると、直接的に各国で法令としての効力を持ち、各国の法律に優先する。これに対して、ディレクティヴは達成すべき結果を示し、その達成手段は各国に委ねるものであるため、直接的な効力がなく、各国政府に対して、それに沿った国内法の制定を義務づけるものである。各国が義務を正しく履行し、すみやかに立法措置を取れば、結果的には、EU 域内の法制度がハーモナイズされることになる。

また、EU では、旧ユーゴ紛争、イラク戦争等以降、EU 内での共同での防衛装備が模索されていた。WEU（西欧同盟。2011 年リスボン条約に引き継がれ終了）のもと数度の組織改編を経て、1996 年欧州共通の研究開発プログラムを推進する WEAO（西欧軍備機構）が発足した。当時のマーストリヒト条約では、欧州軍備庁（European Armaments Agency）の創設が予定されており[4]、WEAO は、その基盤となることを期待されたのである。ところが、それとほぼ同時に、WEAO の体制とは異なる枠組を志向する英独仏伊が OCCAR（Organisation Conjointe de Coopération en matière d'Armement、防衛装備共同調達機構）という国際組織を創設した。EU では、英独仏伊に加え、スウェーデン、スペインの 6 カ国が EU 防衛関連売上の 9 割以上を占めているが、主要 4 カ国は、WEAO の地理的配分の原則（juste retour）という、全ての加盟国に拠出金分の契約を受注させる原則が、中小国の競争力の弱い企業に研究開発資金を配分することにつながっていることに強い不満を抱いたのである[5]。その結果、OCCAR は、協力原則として、①装備協力の合理化によるコストの削減、②欧州防衛産業の基盤の強化、③地理的配分の原則の柔軟化、④他の欧州諸国への門戸開放、⑤各国の長期的な装備に対する要求の調整を掲げている[6]。

欧州軍備庁の構想は、2004 年に至り、EDA（欧州防衛庁、European Defence

Agency）として実現した。EU27 カ国のうちデンマークを除く 26 カ国が参加し、EAO の活動を承継した。EDA 創設の時点では、防衛装備の共同調達を目的とした OCCAR も EDA に吸収されるという観測が存在したが[7]、実際には、EDA の活動は各国の技術や研究の協力領域を見出すことに留まり、大型プロジェクトの共同開発を実施する段階には至っていない。その結果、欧州における安全保障目的の調達は、防衛等ディレクティヴに規律される各国政府の調達と、OCCAR による共同調達とが併存する形になっている。

　現在、OCCAR には、主要 4 カ国に加え、ベルギーとスペインも加盟している。また、プロジェクトごとに非加盟国も参加することができる仕組みとなっており、これまでに、フィンランド、リトアニア、ルクセンブルク、オランダ、ポーランド、スウェーデンおよびトルコが参加した実績を持つ。宇宙分野では、多国間偵察衛星システム（MUSIS）が OCCAR による共同調達の対象であった。EU と OCCAR を比較すると、EU では、各国の主権の一部が EU に対して委譲されることになるが、OCCAR は、各国の主権には手を触れないまま、案件ベースで調達を共同実施するという点に大きな相違がある。しかし、受注する産業の側から見ると、一国ではなく、複数国（ヨーロッパ地域）という大きな市場が得られるという意味で、類似した経済効果を持つと言うことができる。

　以上のほかにも、欧州の安全保障分野における協力の枠組みには、英仏独伊、スペイン、スウェーデンによる 1998 年調印の LOI（Letter of Intent。のち 2000 年に Framework Agreement として締結）や、2001 年に仏独主導の偵察衛星開発の協調合意として調印された BOC（Besoin Opérationnel Commun)、2010 年の英仏防衛条約などさまざまなものがあるが、実務上の重要性という観点から、本稿では防衛等ディレクティヴと OCCAR のみを取り上げる。

◇調達制度

EU の防衛等ディレクティヴ[8]

　EU の防衛等ディレクティヴは、国防省や軍などの防衛（軍事）（defence）部門による調達と、他の官庁による安全保障（security）関連の調達とを区別せず、横断的な制度となっている。ただし、一定の金額以下の契約は適用対象とはならない。この基準は、物品供給契約および役務提供契約については 412,000 ユーロ以上、請負契約については 5,150,000 ユーロ以上である（防衛等ディレクティヴ 8 条）[9]。また、国際条約にもとづく調達（大半は防衛分野といわれる）は適用除外とされるほか（同 12 条）、自国の安全保障上の利益に反する情報の提供を伴う契約、インテリジェンス契約、複数国間の共同研究開発の枠組内で発注される契約などが適用対象から除かれている（同 13 条）。OCCAR や EDA を通じた

共同研究開発などは、ここにいう「複数国間の共同研究開発」に該当する（同前文 28 項）。

　防衛等ディレクティヴが適用される場合の手続は、公共調達ディレクティヴと異なり、関連する情報の秘匿性、機密性から、公開の手続が義務づけられない点に特徴がある。発注者は、その判断によって、制限的手続（restricted procedure。企業が参加表明し、発注者が認めた場合に競争参加できる制度。日本の事前審査付き競争入札に近いと思われる）や公告を伴う交渉手続（negotiated procedure with publication of a contract notice）を選択することができる。防衛等ディレクティヴは、その対象となる調達が複雑で安全保障の観点を含むことから、公告を伴う交渉手続の使用に限定をかけていないため（同前文 47 項参照）、制限的手続きにはあまり重要性がない [10]。発注する装備等の仕様が交渉の余地なく決まっている場合には制限的手続が用いられる。

　そのほか、きわめて複雑な契約では競争的対話（competitive dialogue）手続（防衛等ディレクティヴ 27 条）が用いられる。緊急事態の場合の調達や、軍の移動のための海上・航空輸送サービスの調達など、例外的な場合には、公告を伴わない交渉手続（negotiated procedure without publication of a contract notice）を用いることが許されている（同 28 条）。

　発注品の技術的仕様に関して、防衛・安全保障分野では、機密情報の取扱いが大きな問題となる。そのため、防衛等ディレクティヴでは、発注に際して機密情報の保全のために必要とされる措置を指定し、入札者およびその下請事業者に対して、機密情報の保持を確約させることができる旨を明示的に規定した（同 22 条）。また、同じく防衛・安全保障分野の特殊性として、供給の安定性が求められることから、防衛等ディレクティヴは、追加発注への対応など安定供給のために必要な措置についても、発注時に確約を求めることができるとされている（同 23 条）。

　受注者の選定は、公共調達ディレクティヴの場合と同様に、最低価格による応札者または経済的便益が最大の応札者のいずれかを基準としなければならない（同 47 条）。防衛・安全保障分野における重要な調達では、その性質上、最低価格よりは経済的便益の最大の方が基準として多く用いられるであろう。入札は、EU 全域の資格を満たす事業者を対象とすることになるが、発注者は、自国の安全保障上の要請を、資格に含めることができる。EU では、各国の安全保障上の要請について条件を均一化する制度は導入されていないので、「自国の安全保障に対するリスクを排除する上で十分な信頼性」（同 39 条 2 項(e)）などの適用により、事実上、発注国ごとの相違が残ることは避けられない。

　落札した元請事業者は、下請事業者を自由に選定することができる（同 21 条 1 項）。ただし、各国の国内法の規定にもとづいて、発注者が、受注金額の一定

割合を必ず下請に出すことを入札の条件に含めることは認められる。この割合は、30%を超えてはならない（同条4項）。

　また、公共調達等ディレクティヴと異なり、防衛等ディレクティヴは、落札できなかった者等による不服申立手続きをこのディレクティヴ中で定め（同55〜64条）、調達の透明性と無差別の促進と、防衛調達特有の機微情報の存在に配慮している。特に、一次審査の際は、契約を締結できない停止期間（Standstill period）が少なくとも10日間以上設けられている点が特徴的である（同56条3項、57条2項。ただし、安全保障上の利益が真に危険にさらされる場合は適用されないなど例外はある（同60条3項））。また、この審査組織の長は司法の有資格者である必要があり、かつ、組織の構成員は、発注関係から除名され、独立性が高いものとなっている。さらに、この組織の決定には法的拘束力があり、執行力が強い司法審査の可能性も明示的に用意されている点も特徴的である（同56条9項、10項）。

　なお、防衛等ディレクティヴには、Buy EuropeanなどEU国内からの調達を義務づけるような条項はない。これに関し、米国は、米国内企業向けに、防衛等ディレクティヴはEU外の企業には原則影響がなく、EU指令よりは、二国間または多国間条約（NATO、政府調達協定GPA）に留意すればよいと示している[11]。

OCCARの調達制度

　OCCARによる共同調達は、防衛分野に限定される。初期には法人格がなく、調達の主体となることに障害があったとも言われるが[12]、OCCAR条約の批准が完了した2000年以後は、条約にもとづく調達の仕組みが導入されている。OCCAR条約には、設置に必要な事項のほかOCCARの権能や調達原則等が示されている。まず、OCCARでは、英独仏伊の装備大国が敬遠していたため、地理的配分の原則（juste retour）が放棄され、競争の原則が採用されている（OCCAR条約5条）。なお、OCCARは、契約締結も物を所有する能力も有するが（OCCAR条約39条）、実際には、OCCAR外で決定された案件について、OCCARは要求事項をまとめて契約相手方を選定しており、製品の買い上げ自体は各国政府が行うようである。これにより、一国による単独発注よりも大規模となり、規模の経済が働くこと、また、寡占化が進んで交渉力が強化した企業に対し、政府サイドの交渉力強化にもつながることになった。また、ドイツのように議会の発言権が強い場合でも、国際約束があることで発注規模を確保しやすいというメリットがあったとされている[13]。

　具体的な手続は、契約締結手続（OCCAR Management Procedure（OMP）5 - Contract Placement Procedure）に定められている。まず、入札者の資格および

落札者の選定基準は、事前に定めておかなければならない（OCCAR 条約 27 条）。選定基準は案件ごとに決定することになるが、その基準自体にはあまり明示的なルールがないという点で、発注者の裁量が大きいといえる。入札は、原則として競争入札によらなければならないが（OCCAR 条約 24 条、OMP 5 第 4.1.1 条）、制限手続、競争的交渉、競争的対話、革新的パートナーシップ、公告を伴わない交渉などの手続も用意されている（OMP 5 第 4 章）。入札による場合は、公開されなければならない（OCCAR 条約 26 条）。

　OCCAR による調達では、元請（プライム）事業者を選定し、下請事業者は元請（プライム）事業者による選定にゆだねることが原則である点が特徴的である（OMP 5 第 5.1.3.1 条・6.1.2 条）。下請事業者の選定においても、競争入札を行うことが推奨されている（OMP 第 6.1.1 条）。他方、供給の安定性確保など、限定的な理由がある場合には、下請事業者の選定に OCCAR が関与することも認められている（OMP 5 第 6.1.4 条）。なお、調達手続に対して不服がある事業者は、OCCAR 内の監督委員会に対して不服申立てをすることができる（OCCAR 条約 50 条、OMP 5 第 9 章、付属書 5-B）。

◇調達と産業戦略との関係

　EU の防衛等ディレクティヴは、EU 各国の安全保障政策、産業政策等を尊重し、各国に達成手段を委ねている分、装備大国だけでなく中小国の考え方も反映されやすい。他方、OCCAR による調達手続きは、その設立経緯から装備大国の考え方が反映されている。一般的に言えば、装備大国は、経済効率性を重視し、米国企業に対抗する国際競争力の強化を考えるのに対して、装備小国は、輸入制限には反対し、欧州企業と米国企業の競争が活発化して価格が下がることは歓迎するものの、装備大国の市場独占を恐れ、自国産業の保護を求める傾向が強い。

　以上を踏まえ、OCCAR による調達手続と EU の防衛等ディレクティヴを比較すると、OCCAR の方が、地理的配分の原則を緩和して競争を徹底し、かつ、プライム企業の選定を原則としているため、大企業が競争参加しやすい仕組みとなっており、経済効率性が重視され、国際競争力の強化に資する仕組みであるといえる。一方、この制度では、中小国における不満や不公平感はあるだろう。

　また、OCCAR の場合には、入札資格や落札基準の決定において、事業者の国籍、仕様の定め方、競争実施期間などにおいて発注者にかなりの裁量がある。これに対し、防衛等ディレクティヴの方が、少なくとも理論上は、公告を伴わない交渉手続を取れるのは相当限定的であること、発注者の決定に関して司法審査を含む審査手続きの対象となる可能性があることなどから、事業者の無差

別待遇と透明性をより徹底していると評価されている。

　中小企業政策という観点では、防衛等ディレクティヴにもとづく調達の方が、中小企業が市場に参入しやすいよう配慮されている。防衛等ディレクティヴの下では、落札金額の一定割合を下請事業者に発注するように義務づける制度がある。また、下請事業者の選定についても、OCCARによる発注の枠組では、下請事業者の選定に発注者が関与できる場合が留保されていることもあり、特定の国の事業者が優先されるという可能性が残っているが、EUの防衛等ディレクティヴでは国籍に関する無差別待遇が適用されている。そもそも、EUの防衛等ディレクティヴは、欧州防衛産業の基盤に、中小企業や、伝統的防衛産業外の事業者が参加し、この基盤が拡大することを政策目標の一つとしている（防衛等ディレクティヴ前文3項）。防衛装備品を他国企業から調達する場合には、購入国に生産拠点をつくり雇用を創出するなどの「見返り」(offset) が求められることも少なくなかった。防衛等ディレクティヴは、この「見返り」の慣行を排除することと引き換えに、下請契約（サプライチェーン）の一部を開放し、装備品の輸入国にも経済的な利益が及ぶような仕組みをつくろうとしたのである 14)。そして、2016年8月までに、中小企業の状況に特に留意して、欧州防衛産業の基盤に対する効果を検証した報告書を提出するように、欧州委員会に義務づけていた（防衛等ディレクティヴ73条2項）。検証結果の報告書は、2016年11月30日付で公表されているが、適用除外などを利用して、防衛等ディレクティヴによらない調達もなお多く行われていると指摘されている。そうした事情もあり、中小企業の参入はあまり実現しておらず、欧州防衛産業の基盤にも大きな変化は見られないという結論になっている。

　不服申立手続に関しても、防衛等ディレクティヴの方が受注に関して不利益を被った者により手厚い手続き機会を保障しているといえる。防衛等ディレクティヴは、審査中は、10日以上契約を締結できないという暫定措置をもち、これはOCCARの調達制度には見られない強い措置である。また、防衛等ディレクティヴでは、裁判という司法審査の可能性が明示的に示されており、執行力が優れていると評価されている 15)。

　このように、OCCARおよび防衛等ディレクティヴの発展経緯が、それぞれの個別ルールに反映されており、発注者から見れば、OCCARの方が弾力的で経済効率性を重視しやすく、受注者側、特に中小企業等からみれば防衛等ディレクティヴの方が利用しやすいといえる。

◇おわりに

　従来、宇宙分野の公共調達は、国の研究開発プロジェクトが中心であり、企業側は比較的短期間の少量生産を求められるのに対し、安全保障分野の公共調

達は、装備品として比較的長期かつ量産が必要とされると認識されてきた。しかし、今後、衛星コンステレーションの増大など量産が必要になったり、宇宙を利用する政府が拡大して安全保障での宇宙利用が拡大したりなどすれば、この分野の調達は、より参考とすべき点が多くなる。

　欧州における安全保障関連の調達は、各国の政策、技術等の背景の違いから、ボトムアップ方式で案件ごとに協力が進んできた。各国の相異を埋めることなく最大公約数で実施されてきたため、パッチワーク的な制度であるという指摘がある[16]。また、上記において、防衛等ディレクティヴとOCCARの調達制度を比較したように、その発展経緯から個別ルールに差異も見られるが、一概にどちらが良いと決めることも難しい。調達ルールは、Value for Money（支払に対して最も価値の高いサービスを供給すること）を追求して設計されるべきものだが、何がValueの実現に当たるかは、案件ほか、その背景となる政策や産業構造に対するステークホルダの認識によっても異なるからである。

　しかし、その中でも、国際約束を利用して一定の調達規模に国家をコミットさせる仕組みや、プライム企業の選定を原則としつつ、部品確保のために下請企業との直接契約も可能とする仕組みなどは、国際競争力強化を通じた自律性確保のための有効な産業政策であり、宇宙分野にも参考になる手法である。また、防衛企業と宇宙企業は重複することが多く、宇宙分野は防衛市場の動向にも影響される。寡占化が進み、政府の交渉力が相対的に低下したことで、発注者側にも変革が求められたことについても、利用政府が点在する我が国宇宙分野への示唆となろう。さらに、産業政策として、少数の大企業に対して予算を集中させることで国際競争力を強化するか、または、競争力の弱い企業にも予算を配分し、一定の域内競争を確保するか、さらには中小ベンチャー企業等への投資を通じて技術革新を図るかという問題は、特に、自律性確保の在り方が課題である宇宙輸送分野にも通じる難しい課題である。

　宇宙の安全保障面における重要性が急速に増大する中で、宇宙産業が、安全保障調達の制度を直接に利用することも増えていくであろう。さらには、より広く産業基盤の育成、発展という観点でも、EDAが、防衛技術産業基盤(DTIB)の強化と国際競争力のある欧州防衛装備市場の創設も任務の一つとしていること、また、EDEM（欧州防衛装備市場）の発展可能性など、欧州の安全保障分野での市場統合に向けた重要な動きがみられる。これらの制度も、宇宙産業分野への示唆を多く含むと思われ、研究の進展が望まれる。

1)　EU機能条約346条1(b)（旧EC設立条約第296条1(b)、旧ローマ条約223
　　条1(b)）。
2)　鈴木一人「欧州共同防衛調達と戦略産業政策」『新しい米欧関係と日本（欧

州の自立と矜持)』（日本国際問題戦略研究所、2004 年）88 ～ 91 頁〈https://www2.jiia.or.jp/pdf/russia_centre/h16_us-eu/08_suzuki.pdf〉。

3) Case 337/05, Commission v Italy [2008] ECR I-2173; Case C-157/06, Commission v Italy [2008] ECR I-7313.

4) Final Act to the Treaty Establishing the European Union, Declaration on the Role of the Western European Union and its Relations with the European Union and with the Atlantic Alliance, C.

5) 臼井実稲子「欧州軍備協力の現在」山本武彦編『国際安全保障の新展開』（早稲田大学出版部、1999 年）242 頁、244 ～ 250 頁、同「欧州軍備協力の 50 年——ローマ条約第 296 条（旧 223 条）をめぐって」駒沢女子大学研究紀要 第 15 号（2008 年）31 頁、36 頁。

6) OCCAR, OCCAR Founding Principles, 大島孝二「防衛装備品の国際共同研究開発の方向性と我が国の対応」, 防衛研究所紀要 第 12 巻第 2・3 合併号（2010 年 3 月）155 頁参照。

7) Martin Trybus, European Union Law and Defence Integration（Hart Publishing, 2005）326.

8) 防衛等ディレクティヴの検討として、Martin Trybus, 'The new EU defence procurement regime', in: Christopher Bovis（ed）, Research Handbook on EU Public Procurement Law（Edward Elgar, 2016）523.

9) これにより、実際に防衛等ディレクティヴが適用される契約は、防衛装備品調達の 10% 程度にしかならないと言われる。See Trybus（n 8）, 532.

10) Trybus（n 8）, 533.

11) Department of Commerce, USA, "European Union: Defense Procurement Directive"（2017）.

12) Trybus（n 7）, 224.

13) 鈴木一人「EU の拡大と共通防衛安全保障政策における制度の柔軟性」日本 EU 学会年報第 24 号（2004 年）75 頁。

14) Trybus（n 8）, 542.

15) OCCAR 条約 14 章、付属書 II9 条。Axel Frederik Hanzalik et.al., The Defence & Security Directive 2009/81/EC（30-May-2013）28-29.

16) 鈴木　前掲注 10）99 頁、鈴木　前掲注 2）97、102 頁。

第7節

ルクセンブルク

小塚荘一郎

I　ルクセンブルクにおける宇宙法の発展

　ルクセンブルクにおける宇宙ビジネスの歴史は、決して短いものではない。1985 年に、SES（当時の名称は Société Européenne Satellites）がルクセンブルク政府からも出資を得て設立され、世界最大の商業衛星オペレータへと成長した。2009 年には、国際組織から民営化されたインテルサット（正確には、Intelsat Ltd およびその傘下の中間持株会社）もルクセンブルク法人となり、現在、ルクセンブルクは世界の二大衛星オペレータを擁する国となっている。とはいえ、ルクセンブルクが宇宙活動国として広く認識されるようになったのは、2010 年代後半に、宇宙資源開発をはじめとするニュースペース産業を支援する政策を打ち出し、「欧州におけるニュースペースのハブ」を志向するようになってからのことである。

　2017 年に制定された宇宙資源探査利用法は[1)]、そうした政策を象徴する法律であり、世界に大きなインパクトを与えた。この時点で、SES やインテルサットは電気通信メディア法にもとづいて規律されていた[2)]。この法

---

1)　Loi du 20 juillet 2017 sur l'exploration et l'utilisation des ressources de l'espace, Journal Officiel du Grand-Duché de Luxembourg No 674 du 28 juillet 2017. 英訳はルクセンブルク宇宙機関のウェブサイトで見ることができる〈https://space-agency.public.lu/en/agency/legal-framework/law_space_resources_english_translation.html〉。

2)　Mahulena Hoffman, 'Space Resources: Regulatory Aspects', in: Mahulena Hoffman

律は、周波数の免許を事業者に与えるための枠組であり、衛星オペレータの活動に対する規制は、免許の履行条件（cahier des charges）によって担保されていたにすぎない。そのため、宇宙資源探査利用法の制定後、数年間は、宇宙活動全般を対象とする法的な枠組がないまま、宇宙資源開発という特定の宇宙活動についてのみ法律が存在するという状態が続いた。2020 年末に至って、宇宙活動法が議会で承認され[3]、2021 年 1 月 1 日から施行されたことで、その状況にも終止符が打たれ、ルクセンブルクに宇宙活動を規律する制度が整備されることとなったのである。

　宇宙活動法には宇宙物体登録に関する規定も含まれているが、この法律の制定と合わせて、ルクセンブルクは宇宙物体登録条約に加入し、2021 年 1 月 27 日からその効力が発生している[4]。これは、宇宙損害責任条約（1983 年批准）、宇宙条約（2005 年加入）に次いで、ルクセンブルクが 3 番目に締結した国連の宇宙諸条約となる[5]。救助返還協定についても、締結の検討が進められているようである[6]。

　以下では、ルクセンブルクの宇宙活動法をまず概説し（Ⅱ）、次いで、宇宙資源探査利用法の内容を紹介する（Ⅲ）。そして、それらの法律にもとづいて展開されるルクセンブルクの宇宙政策を簡単に紹介し、法制度が整備された背景を考えることとしよう（Ⅳ）。

& P.J. Blount（eds）, *Innovation in Outer Space: International and African Legal Perspective*（2018, Nomos）199, at 209.

3)　Loi du 15 décembre 2020 portant sur les activités spatiales et modifiant: 1o la loi modifiée du 9 juillet 1937 sur l'impôt sur les assurances dite « Versicherungssteuergesetz » ; 2o la loi modifiée du 4 décembre 1967 concernant l'impôt sur le revenue, Journal Officiel du Grand-Duché de Luxembourg No 1086 du 28 décembre 2020. 英訳はルクセンブルク宇宙機関のウェブサイトで見ることができる〈https://space-agency.public.lu/en/agency/legal-framework/Lawspaceactivities.html〉。

4)　C.N.46.2021.TREATIES-XXIV.1.

5)　Projet de loi sur les activités spatiales et portant modification de la loi modifiée du 9 juillet 1937 sur l'impôt sur les assurances, No 7317 Chambre des Députés（Session ordinaire 2017-2018）, p.8（hereinafter, "Projet 7317"）.

6)　ルクセンブルク宇宙機関ウェブサイト〈https://space-agency.public.lu/en/agency/legal-framework.html〉の記述による。

Ⅱ　2020年宇宙活動法

1　制定の経緯

　宇宙活動法の制定に向けた作業は、宇宙資源法が成立した直後から始められていた。2018年6月には、最初の法案が議会に提出されている。その後、国務院（コンセイユ・デタ）の意見等を受けて修正された法案が議会で承認され、2020年12月15日付けで公布された。

　宇宙活動法が必要とされる理由について、法案の理由書は、電気通信メディア法にもとづく従来の規制では、ルクセンブルクにおける宇宙活動の監督が十分に担保できなくなったことを指摘している。SESがもっぱら静止衛星の運用を行っていた時代とは状況が変わり、衛星データサービスや測位サービスなど、民間事業者による宇宙活動が多様化するにつれて、宇宙条約で義務づけられている民間（非政府主体）による宇宙活動の監督を実行し、国際条約上の義務の履行を確保するための法制度が必要になってきたとされる[7]。つまり、宇宙活動法は、宇宙資源探査利用法とは異なって、宇宙産業の振興というよりは、国際条約の履行確保という目的から導入されることになったようである。

2　適用対象

　宇宙活動法は、ルクセンブルク大公国の領域内、または同国の管轄権および管理が及ぶ施設から行われる宇宙活動と、他国の領域またはどの国の主権にも服さない区域においてルクセンブルク国籍を有する自然人またはルクセンブルク法にもとづく法人が行う宇宙活動に適用される。ただし、宇宙資源探査利用法が適用される宇宙資源の探査・利用には適用しない（宇宙活動法1条。以下、本節では同法の条文を条文番号のみで引用する）。もっとも、宇宙資源探査利用法には宇宙物体登録に関する規定がないので、その限りで、すなわち宇宙資源開発に用いられる探査機等の物体登録につい

---

7)　Projet 7317, pp.8-9.

ては、宇宙活動法が適用される（1条第2文による15条・16条2項の適用）[8]。

3　宇宙活動の許可

　宇宙活動法の中心的な規制は、「宇宙活動」を行う「実施者（オペレータ）」に対して、政府の許可を取得するように義務づけることである（5条1項）。「宇宙活動」は、宇宙空間に宇宙物体を打ち上げ[9]、もしくは打ち上げようとすること、または宇宙空間で宇宙物体の管理を行うこと（宇宙物体の再突入を含む）、その他宇宙空間で行われる活動であってルクセンブルク大公国が国際責任を負うものと定義されている（2条1号）。このように包括的な「宇宙活動」の定義は、国連宇宙平和利用委員会で策定した国内法制定勧告（国連総会決議68/74）を参照したもののようである[10]。

　宇宙活動の許可は、1件ごとに、所管大臣による行政法規（アレテ）の形式で与えられる（5条3項）。所管大臣は、法文上は「宇宙政策及び立法を所管する大臣」とされているが、現状では経済大臣となっている[11]。許可には、認められる活動の内容や限界、監督の方法などに関する条件が付されることがある（8条1項）。許可を与えられた場合、その事実は許可登録簿によって公開される（10条）。

　宇宙活動がルクセンブルク領内から行われる場合、その実施者は外国人や外国企業でもよく、実際にも、ルクセンブルクは海外から宇宙企業を誘致する政策に力を入れている。しかし、許可を受けるための要件として、ルクセンブルク国内に本拠地（siège statutaire）および業務の中心地（administration centrale）がなければならないとされているので（6条1項）、他国に拠点を置く企業が、そのままの形でルクセンブルク法にもとづく宇宙活

---

8)　Projet 7317, n 10

9)　なお、「宇宙空間に」（dans l'espace）打ち上げるという表現は、英語でいえば"to and in"であって、発射地点が宇宙空間に存在する宇宙物体の放出を含める意図であるとされている（Projet 7317, p.12）。

10)　Projet 7317, p.12.

11)　ルクセンブルク宇宙機関ウェブサイト〈https://space-agency.public.lu/en/agency/legal-framework.html〉。

動の許可を受けられるわけではない。これは、国内に実質的な拠点を置かせようとする産業政策的な規定にもみえるが、同じ条文では、実施者のガバナンスやリスク管理、業務執行者の能力などが要求されているので、むしろ実施者の信用性を担保するため、企業組織の実質的な部分を国内に置くことを求め、政府の監督が十分に及ぶようにした趣旨のようである。

　その点とも関連して、許可を受けようとする実施者は、主要な株主について、政府に情報を提出しなければならないとされている(6条2項第1文)。主要な株主（株式会社ではない形態の会社の場合、社員）とは、直接もしくは間接に、出資もしくは議決権の10パーセント以上を保有する者、または他の方法で実施者の経営に顕著な影響を与える可能性がある者と定義されている（2条6号）。上場企業のように株主が分散していて、この定義に該当する株主がいない場合は、上位20位までの株主について情報を提出する。政府が、このように提出された株主を審査して、実施者の健全かつ慎重な宇宙活動が保証されないと判断したときは、許可は与えられない（6条2項第2文）。

4　許可後の監督

　宇宙活動の許可を受けた実施者は、所管大臣（経済大臣）の監督を受ける（11条）。当初の法案では、監督の一環として立ち入り検査等に関する規定が置かれていたのであるが、憲法や人権条約によって保障された権利と整合的ではないという国務院の指摘を受けて、最終的には、「監督を受ける」という一般的な文言のみを残し、細かな規定は削除された[12]。

　許可に付された条件が遵守されないときや、許可の付与から36か月以内に許可された宇宙活動を行わないとき、活動を6か月以上中断しているときなどには、許可が取り消される（9条1項）[13]。この場合には、無許可に

---

12)　Rapport de la commission de l'économie, de la protection des consommateurs et de l'espace, No 7317 Chambre des Députés（Session ordinaire 2020-2021), p.6（hereinafter "Rapport 7317"）. もっとも、先行して制定されていた宇宙資源探査利用法も、同様の規定ぶりである（同法15条. See Rapport 7317, p.15）。

13)　当初の法案には「許可の停止」という制度も設けられていたが、期間を明記しない

なったまま宇宙物体の飛行が継続されると、人的・物的損害や環境損害（スペースデブリによる損害を含む。後述5）などが発生するおそれがあるので、それを防止するため、所管大臣は適切な措置をとるものとされている。たとえば、サードパーティのサービスを利用したり、他のオペレータに宇宙物体の運用を移転したりして、運用を継続し、必要があればリオービットやデオービットを行うことも、所管大臣が命ずることができる措置に含まれる（9条2項）。

　許可の対象となった宇宙活動を第三者に移転したり、宇宙物体の実質的な管理を移転するような物権または債権を譲渡（宇宙物体の所有権の移転や、宇宙物体の管理に関する契約上の債権の譲渡などであろう）したりするためには、あらかじめ所管大臣の許可を得なければならない（12条1項）。とくに、譲受人が外国の主体である場合には、譲受人側の国とルクセンブルクとの間で、ルクセンブルクに損害賠償等の国際責任が発生するときはそれに対して補償を行う旨の国家間合意が成立している場合でなければ、譲渡は許可されない（12条4項）。

　また、許可の基準として実施者の「健全かつ慎重な」活動が重視されていることと関連し、許可を受けた実施者の支配権に変更が生じる場合には、所管大臣に届け出なければならないものとされている。新たに主要な株主となる場合、既存の主要な株主が保有比率を高めて20パーセント、30パーセント、50パーセントに達し、または実施者を子会社にする場合には、その株主（となろうとする者）は所管大臣に届け出なければならない（13条1項）。逆に、主要な株主でなくなったり、主要な株主が保有比率を低下させて20パーセント、30パーセント、50パーセントの基準を下回ったりする場合も同様である（13条2項）。とりわけ、株式保有を増加させる場合には、その株主の影響力によって健全かつ慎重活動が損なわれるおそれがあれば、所管大臣はこれに反対を表明し、それにもかかわらず株主

　「停止」という処分には憲法違反の疑いがあること、許可の取消しと停止の使い分けが明確でないこと等を国務院が問題として指摘したため、許可の取消しのみが規定されることとなった（Rapport 7317, p.5）。

の取得が強行されたときは、議決権の行使を停止する措置をとることができる（13条4項）。これらは、株主と所管大臣の関係であるが、実施者の側でも、株主による株式の取得や譲渡の事実を知ったときは、所管大臣に報告する義務を負うとされている（13条5項）。

5　宇宙活動にもとづく責任と保険

　当初の宇宙活動法案には、実施者の責任に関する条文は置かれていなかった。その代わりに、実施者が「宇宙及び地球の環境破壊または汚染のリスク、ならびにスペースデブリに関連したリスク」を抑止するための措置を取らなければならないという規定が置かれていた（当初案4条）。起草理由からは、スペースデブリに対する強い問題意識が窺われる[14]。しかし、この条文案に対しては、実施者が負担する義務の内容が不明確であるという国務院の意見が表明され、全文がいったん削除された[15]。それに替えて、許可を受けた実施者は、準備作業の過程を含め「宇宙活動に際して発生した損害につき完全に責任を負う（pleinement responsable）」という規定が置かれることとなった（4条）。なお、スペースデブリに対する問題意識は、宇宙活動法における「損害」の定義（2条3号）が「環境に対する損害」を含む点に痕跡をとどめている[16]。

　実施者が宇宙活動から発生した損害に対して「完全に責任を負う」という文言は、実施者が宇宙活動に際して生じさせた損害につき民事法上の責任を定めた規定のように読める。宇宙資源探査利用法にもまったく同じ文言の規定があるが（同法16条）、国務院は、その立法過程で、責任がルクセンブルク法によって規律されるという保証はないこと（国際私法による準拠法決定の問題があるという意味であろう）、宇宙条約にもとづく国家の責任が優先し、実施者は、もっぱら賠償を実行した国家から求償される関係に立つことを指摘して、このような規定は不要であるという意見を表明してい

---

14)　Projet 7317, p.12-13.
15)　Rapport 7317, p.9.
16)　Rapport 7317, p.9.

た[17]。このような背景に照らすと、ルクセンブルク法上、どの程度の意味を持つかは疑わしいものの、これを民事責任に関する規定として理解することは、間違ってはいないように思われる。

　宇宙活動に伴うリスクの評価は、いずれにせよ、許可を申請する際に必要な情報として要求されている。そして、そのリスクは、自己資本、保険または金融機関の保証によって担保されていなければならない。この場合、保険や保証は、実施者のグループ企業が提供する者であってはならない（6 条 4 項）。

6　宇宙物体登録

　ルクセンブルクはこれまで宇宙物体登録条約の当事国ではなかったが、SES などが運用する衛星について登録を行っていなかったわけではなく、1961 年の国連総会決議 1721 B（XVI）にもとづいて宇宙物体登録を行ってきた[18]。宇宙活動法の制定と同時に宇宙物体登録条約に加入することとなり、条約にもとづいた登録簿を設置して、宇宙物体の打上げに中心的な役割を果たした実施者に、登録のため必要な情報の提供が義務づけられた。この登録簿は、公開される（15 条）。

III　宇宙資源探査利用法

1　宇宙資源の所有権

　ルクセンブルクの宇宙資源探査利用法は、2016 年 11 月に草案が作成され、2017 年 7 月に議会の承認を経て制定された。当時のエティエンヌ・シュナイダー経済大臣が強い意欲を示し、ルクセンブルク大学で行われた法的論点の検討をふまえて、立法が実現したものである[19]。ルクセンブルク大学での検討には、宇宙法の専門家のほか、民法のアンドレ・プリュム

17）Avis du Conseil d'État, No 7093 Chambre des Députés（Session ordinaire 2016-2017）, p.15（hereinafter "Avis 7093"）.

18）Projet 7317, p.10.

19）Hofmann（n 2）, 209.

(André Prüm) 教授も加わっていた点が注目される。

　民法学者の参画をも得て起草された宇宙資源探査利用法の中で最も重要な条文は、宇宙資源が取得（appropriation）の対象となると宣言した第 1 条である。これにより、米国の宇宙資源探査利用法に次いで、世界で 2 番目に宇宙資源の所有権を認めた法律といわれたが、米国法が、米国民に限定して宇宙資源の所有を承認したことに対し、ルクセンブルクの宇宙資源探査利用法は、宇宙資源の法的性質として、所有権の対象となることを一般的に肯定した点に特徴がある[20]。

　2017 年当時、天体は国家による取得（appropriation）の対象とはならないと規定する宇宙条約 2 条との関係で、天体から採掘される資源に所有権が成立するか否かは、世界的に大きな論争の対象となっていた。宇宙資源探査利用法の立法理由書は、19 世紀にさかのぼる鉱業法の下で、鉱業権が適法に設定されたときは、土地の所有権と採掘された鉱物資源の所有権が独立の権利となることを指摘し、同じように考えれば、宇宙資源の所有権を認めることも天体の領有を禁じた宇宙条約の原則と抵触するものではないと述べる[21]。国務院は、やや慎重に、国家主権に服する土地から鉱物の採取を認める法制度と、いかなる国も領有権を主張できない天体から資源の採掘を認める制度とは同列に論じ得ないと主張し、宇宙条約の下で、宇宙資源を私人が取得できるか否かについて見解が分かれている以上、この法律を制定したとしても、採掘した宇宙資源の輸送手段を提供する（事業者の）国や、宇宙資源が持ち込まれた国などの他国によって宇宙資源に対する所有権が否定される可能性は排除できないと指摘する[22]。そのような分析にもとづいて、国務院は、法案の第 1 条を削除することを提案した[23]。

---

20)　Hofmann（n 2）, 210.

21)　Projet de loi sur l'exploration et l'utilisation des ressources de l'espace, No 7093 Chambre des Députés（Session ordinaire 2016-2017）, p.6（hereinafter "Projet 7093"）.

22)　Avis 7093, pp.4-5. Annette Froehlich & Vincent Seffinga（eds）, *National Space Legislation: A Comparative and Evaluative Analysis*（Springer, 2018）, 129-131.

23)　Avis 7093, p.8.

しかし、ルクセンブルク議会は、こうした国務院の指摘をもふまえた上で、宇宙資源の所有権を明示的に承認するという政策的な立法を行う判断をしたわけである。シュナイダー大臣は審議の中で、「［宇宙資源に対する所有権について］宇宙条約が明確でないということは、禁止してもいないということだ」と言ったと伝えられる[24]。

2　認可の枠組

　宇宙資源探査利用法にもとづく認可（agrément）の枠組は、宇宙活動法にもとづく宇宙活動の許可（autorisation）に関する制度ときわめて似ている。これはむしろ、宇宙活動法の立法に際して、疑義が生じたときは、先行する宇宙資源探査利用法が参照されたということの反映である。

　具体的にみると、宇宙資源の探査または利用を行おうとする者は、所管大臣の認可を得なければならない（宇宙資源探査法2条1項。以下、本節では同法の条文を番号のみで引用する）。この規定は、一般的な規律にみえるが、認可の申請に関する条文では、「商業目的の」宇宙資源探査および利用のミッションに認可が与えられると書かれており（3条）、科学研究を目的とする資源探査活動がどのように扱われるのかは明らかになっていない[25]。また、認可の対象が「ミッション」として特定されている点も注目される[26]。

　認可を受けることができる主体は、ルクセンブルク法にもとづく法人（株式会社など）と本拠地をルクセンブルクに置くヨーロッパ会社（EU法を根拠として設立される会社）である（4条）。そして、宇宙活動法の場合と同じように、認可を受けた会社の資本または議決権の10パーセント以上を直接または間接に保有する株主または社員、そうした株主が存在しないときは上位20位の株主または社員を所管大臣に提出しなければならない。それらの主要な株主または社員を審査して、健全かつ慎重な活動が保証されないと判断した場合、所管大臣は、認可を与えない（8条1項）。

24）Froehlich & Seffinga（n 22）, 128.
25）Froehlich & Seffinga（n 22）, 133.
26）Hofmann（n 2）, 210.

　認可を申請する者は、ミッションのリスクを評価し、そのリスクを自己
資本、保険または金融機関の保証によって担保しなければならない（10 条
1 項）。また、認可には、認められる活動の内容や限界、監督の方法などに
関する条件が付されることがある（12 条 1 項）。認可に付された条件が遵守
されていない場合や、認可から 36 か月以内に活動が開始されない場合、活
動を 6 か月以上中断している場合などには、許可が取り消される（14 条 1
項）。認可を与えた所管大臣はミッションを継続的に監督する（15 条）。

Ⅳ　宇宙ビジネスの支援

　法制度の整備は、いうまでもなく、それ自体が政策の目的ではない。ル
クセンブルクが 2 本の法律を整備した目的は、宇宙資源開発をはじめとす
るニュースペースを産業として振興することにある。そこで、法整備以外
の宇宙産業振興政策を簡単にみておこう。

　最初に取り組まれた宇宙資源開発の支援は、"SpaceResources.lu" イニ
シャティヴと命名され、2016 年に開始された。かつて SES に政府が出資
し、現在も一定の株式を保有しているという経験から、米国の宇宙資源開
発ベンチャーとして名の通っていた Planetary Resources 社に相当額の出
資も行った[27]。その後、2020 年には、ルクセンブルク宇宙機関とルクセ
ンブルク科学技術研究所によって、「ヨーロッパ宇宙資源イノベーション
センター」（ESRIC）が開設された。このセンターでは、産業の支援も意識
した実務志向の研究を行う計画である[28]。宇宙資源探査利用法にもとづく
認可が付与された事例は、まだないようであるが、ミッションが具体化す
れば、遠からずその日が訪れるであろう。

　時間的には前後するが、宇宙産業の振興という政策を推進するため、
2018 年にルクセンブルク宇宙機関（Luxembourg Space Agency: LSA）が設
立された。宇宙資源開発に続いて、LSA は宇宙データ産業の振興に取り組

27）　Froehlich & Seffinga（n 22）, 126.
28）　ESRIC ウェブサイト〈https://www.esric.lu/〉参照。

んでおり、EU の地球観測衛星 Sentinel のデータをアーカイブした LSA
データセンターを設立したり[29]、米国の衛星データ企業 Spire 社と共同で
Spire Data Lake を構築したりしている[30]。

　宇宙ビジネスを資金面で支援するための仕組みとしては、LSA が運用す
るルクセンブルク政府の宇宙技術振興基金 LuxIMPULSE や、ベンチャー
企業向けのアクセラレーション・プログラムである Fit 4 Start などが用意
されているほか[31]、ルクセンブルク政府は、宇宙産業への投資を意図して
Orbital Ventures というベンチャーキャピタルに出資したと報じられてい
る[32]。これらの資金を活用して全世界から宇宙ビジネスを誘致し、ルクセ
ンブルクは、「ニュースペースのハブ」としての地歩を着々と固めているよ
うである。

---

29)　LSA データセンターウェブサイト〈https://www.collgs.lu/〉参照。

30)　Spire Data Lake ウェブサイト〈https://spire.com/earth-intelligence-data/data-
　　lake/〉参照。

31)　これらの仕組みについては、ルクセンブルク宇宙機関のウェブサイトに説明がある
　　〈https://space-agency.public.lu/en/funding.html〉。

32)　'Luxembourg establishes space industry venture fund', *Space News* 16 Jan. 2020.
　　〈https://spacenews.com/luxembourg-establishes-space-industry-venture-fund/〉.

第8節

ニュージーランド

笹岡愛美

I　はじめに

　2017年5月25日、民間宇宙企業 Rocket Lab がニュージーランド北島・マヒア半島先端に設営した射場（Launch Complex 1）において、同社が開発したロケット Electron の試験飛行が実施された。世界で初めて、民間射場からオービタルロケットが打ち上げられたこの日は、同時に、ニュージーランドにおける宇宙活動の幕開けの日でもある。本稿では、ニュージーランドにおいて新たに始まった宇宙活動を法的側面から支えている、ニュージーランドの宇宙ビジネス法（とりわけ、2017年宇宙・高高度活動法〔Outer Space and High-altitude Activities Act, OSHAA Act [1]〕）について取り上げることとしたい。

II　ニュージーランドにおける宇宙ビジネス

　ニュージーランドにおいては、2017年の Rocket Lab による打上げまで、政府機関を含めて宇宙活動はおこなわれておらず、1967年宇宙条約、1968年救助返還協定、1972年宇宙損害責任条約には加盟していたものの、国内での宇宙活動を想定した法制度は設けられていなかった。

---

1)　宇宙・高高度活動法および同規則の法文は、ニュージーランド宇宙庁（NZSA）のウェブサイトから確認することができる（<www.mbie.govt.nz/science-and-technology/space/our-regulatory-regime/> accessed 31 December 2020）。

Rocket Lab Ltd は、2006 年に Peter Beck 氏によって、ニュージーランド・オークランドにおいて設立された宇宙ベンチャーである[2]。同社は、打上げロケット Electron の製造・開発、打上げのほか、近年では衛星プラットフォーム Photon の提供などの事業を展開している。Electron の打上げ射場としてマヒア半島が選ばれたのは、太陽同期軌道（SSO）や低軌道（LEO）への打上げに適した、広い打上げ方位角を確保することができるという地理的な側面と、航空機や船舶の交通量が少ないという点が考慮されたためである。

Electron による打上げビジネスは、超小型〜小型衛星を低コストかつ高頻度で輸送することに特化している。実際、ペイロードは最大でも 250kg（SSO）、打上げ費用は、（正確な額は公表されていないが）500 〜 600 万米ドル（約 5.4 〜 6.4 億円）程度といわれており、衛星の打上げ市場に大きなインパクトを与えた。2017 年 5 月の試験飛行からコンスタントに打上げが実施され、その多くが成功している（2021 年 5 月の 20 回目の打上げは失敗に終わった）。また、これまでに、複数の日本企業が衛星の打上げを委託してきた。

国内において宇宙活動が開始されたことを承けて、ニュージーランドは、2016 年 12 月、国連宇宙空間平和利用委員会（UNCOPUOS）に参加し[3]、さらに 2018 年 1 月には、1975 年宇宙物体登録条約に加盟した[4]。

III　打上げ実施に向けての動き

1　宇宙活動法案

Rocket Lab による活動と並行して、ニュージーランド政府は、宇宙活動法の整備に向けて動き始める。まず、2016 年 4 月、企業・技術革新・雇用

---

2)　Rocket Lab については、同社のウェブサイト（<www.rocketlabusa.com> accessed 31 December 2020）を参照。

3)　<www.unoosa.org/oosa/en/ourwork/copuos/members/evolution.html>accessed 31 December 2020.

4)　<www.unoosa.org/oosa/en/ourwork/spacelaw/treaties/status/index.html>accessed 31 December 2020.

省（Ministry of Business, Innovation and Employment, MBIE）の中に、宇宙政策推進のための機関として New Zealand Space Agency（NZSA）が設置され、同年9月には、宇宙活動法案が議会において審議入りする。宇宙活動法が施行されるまでの間、Rocket Lab による打上げは、ニュージーランド政府との契約にもとづいておこなわれることとされた[5]。

2　米国との関係

Rocket Lab Ltd の全株式は、2013年、創業者の Peter Beck 氏から、米国カリフォルニア州を拠点とする Rocket Lab USA, Inc. に移転されている[6]。その結果、ニュージーランドにおける Rocket Lab Ltd の活動は、米国企業の完全子会社としておこなわれるものとなった。

Rocket Lab がニュージーランドで打上げビジネスをおこなうことは、打上げロケットに関する米国の技術やデータが国外に移転することを意味する。そこで、米国政府は、Rocket Lab の打上げにあたって、ニュージーランド政府に対して技術保護協定（Technology Safeguards Agreement, TSA）の締結を求め、2016年6月、米国とニュージーランドとの間で、一定区域への立入制限、ミサイル技術管理レジーム（MTCR）非加盟国のペイロードの打上げ制限、米国によるアクセスの保証などを内容とする技術保護協定[7]が締結された。

また、完全子会社を通じた米国企業の国外打上げおよび国外での射場運

5)　<www.mbie.govt.nz/science-and-technology/space/about-us/> accessed 31 December 2020; MBIE, Govt signs contract authorising Rocket Lab launches (Releases, 17 September 2016), <www.beehive.govt.nz/release/govt-signs-contract-authorising-rocket-lab-launches> accessed 31 December 2020.

6)　New Zealand Companies Register: ROCKET LAB LIMITED (No. 1835428). なお、Rocket Lab USA, Inc. は、NASDAQ に上場する特別買収目的会社（SPAC）Vector Acquisition との合併により、いわゆる SPAC 上場を行うことが公表されている。

7)　<www.treaties.mfat.govt.nz/search/details/t/3858/c_1> accessed 31 December 2020. TSA については、see, Craig Martin, 'Haw has the New Zealand government accommodated the requirements of ITAR within its space activities legal regime?' (Research Paper No. 18-04, Adelaide Law School Research Unit on Military Law and Ethics, 2018) 5-8.

営は、米国商業打上げ法（CSLA）におけるライセンスが必要な活動となる（51 USC, §50904 (a)(2), 14 CFR Section 401.5 (3)）[8]。

3　射場建設による環境等への影響

ニュージーランドにおける射場の建設には、資源管理法（Resource Management Act 1991）にもとづく、土地利用に関する許可（resource consent）が必要となる。Rocket Lab は、当初は、クライストチャーチ近郊の Birdings Flat を射場の候補地としていたが、地方政府から活動のために必要な許可を受けることが難しかったため、マヒア半島に変更されたという経緯がある[9]。マヒア半島のある Wairoa 地区政府は、環境影響を評価した上で、2015年9月に射場の建設を許可している。

先述のように、ニュージーランドにおける打上げ射場運営に関しても米国の CSLA ライセンスが必要となる。しかし、審査に際して、米国・国家環境政策法（NEPA）にもとづく環境影響評価制度が適用されるわけではなく、ニュージーランドにおける環境要件を満たしているかどうかが評価の基準となる[10]。

Rocket Lab は、射場の建設に向けて、地域の行政機関だけではなく、地域住民、漁業関係者、海上レジャー関係者、港湾関係者などとも交渉をしていたようである[11]。

---

8)　Rocket Lab による CSLA ライセンスの取得状況は、FAA のウェブサイト（<www.faa.gov/data_research/commercial_space_data/launches/?type=Licensed> accessed 31 December 2020）から確認することができる。CSLA については、本書第2章第2節を参照。

9)　Martin van Beynen, 'Canty's Birdlings Flat on the back burner for Rocket Lab launch' (Stuff, 20 November 2015) <www.stuff.co.nz/business/73935090/> accessed 31 December 2020.

10)　George C. Nield et al., 'Expectations for Countries Hosting FAA-Licensed Commercial Launches', IAC-17-D6.1.4, p. 5.

11)　See, Outer Space and High-altitude Activities Bill – Rocket Lab（Submissions & Advice), < www.parliament.nz/en/pb/sc/submissions-and-advice/document/51SC FDT_EVI_00DBHOH_BILL71017_1_A541066/rocket-lab> accessed 31 December 2020.

Ⅳ　宇宙・高高度活動法の概要

1　特徴

2017 年 7 月 10 日、ニュージーランド議会において「宇宙・高高度活動法案」が可決・成立した（Public Act 2017 No 29）。同法は、2 つの規則（Licences and Permits〔以下では、'Reg 1' とする〕および Definitions of High-altitude Vehicle〔以下では、'Reg 2' とする〕）とともに、2017 年 12 月 21 日より施行されている。宇宙・高高度活動法は、産業振興を国際条約の履行担保よりも上位の目的として掲げる（s 3 (a)）。このことから、宇宙・高高度活動法には、次のような特徴が見られる。

まず、①将来の技術発展に柔軟に対応することができるよう、法律のレベルでは、具体的な活動や技術を前提としない抽象的な文言が採用されている（技術中立的アプローチ〔Technology Neutral Approach〕）。また、②画一的な審査プロセス（'one-size fits all'）ではなく、審査機関に広い裁量を認め、申請者に適合した審査を行うことで、申請にかかる負担の軽減（不要な審査プロセスの削減）を図っている[12]。同様に、③外国において審査を受けていることや IADC スペースデブリ低減ガイドラインなどの国際慣行に従っていることを重視して、国内での審査を大幅に省略することを認めている。

2　規制の対象となる活動

宇宙・高高度活動法は、次の 6 種類の活動について、許可制度を設けている。

---

12) Ministry of Business, Innovation and Employment, 'Regulatory impact statement: The Outer Space and High-altitude Activities Act 2017' (14 August 2017) 8, 9 (hereinafter, "Regulatory impact statement"); Kirsty Hutchison et al., 'Managing the Opportunities and Risks Associated with Disruptive Technologies: space law in New Zealand' (2017) 13 (4) *Policy Quarterly* 32.

①　打上げ免許（Part II, Subpart 1）

国内の打上げ施設（launch facility、空中の機体を含む。以下同じ）からの打上げ機（launch vehicle）の打上げが対象となる。免許の期間は最長5年で、更新することができる（ss 11, 12）。打上げ機とは、(i)その全部もしくは一部が宇宙空間に到達し、もしくは到達することを目的とする機体、または、(ii)ペイロードを輸送し、もしくはその打上げを補助する機体を意味する（s 4）。ペイロードとは、宇宙空間に輸送され、または設置される物体をいい、無償で輸送されるものも含まれる（s 4）。

②　ペイロード許可（Subpart 2）

国内の打上げ施設からのペイロードの打上げを委託する場合が対象となる。

③　国外打上げ免許（Subpart 3）

ニュージーランド国民による、国外の打上げ施設からの打上げ機の打上げが対象となる。

④　国外ペイロード打上げ許可（Subpart 4）

ニュージーランド国民による、国外の打上げ施設からのペイロードの打上げ委託が対象となる（③の打上げであって、ニュージーランド国民以外が打上げ委託者である場合は、打上げ実施者が国外ペイロード打上げ許可を取得する必要がある。s 31（3））。

⑤　打上げ施設免許（Subpart 5）

国内での打上げ機打上げ施設の運営が対象となる。空中発射や海上発射に対応することができるよう、打上げ施設には、可動式のものも含む旨が明示されている（s 4）。Rocket Lab による打上げビジネスは、打上げ（①）と射場運営（⑤）とを兼ね備えたものであるが、宇宙・高高度活動法は、将来的にスペースポート運営者が現れる可能性を考慮して、それぞれ別個の免許制度を設けている[13]。

13）これに対して、宇宙・高高度活動法の制定時に参照された1998年オーストラリア宇宙活動法（Space Activities Act 1998）は、射場運営と打上げとを一体のものとして規律している。宇宙・高高度活動法とオーストラリア宇宙活動法とを比較するものとして、Melissa de Zwart and Joel Lisk, 'Development of the New Zealand and

⑥　高高度免許（Subpart 6）

国内における高高度機体（high-altitude vehicle）の打上げが対象となる（①の免許がある場合は、不要）。

3　審査機関

申請は、大臣（Minister for Economic Development）に対しておこなわれる必要がある（s 4）。審査業務は、MBIE（NZSA）が担当する[14]。

4　おもな審査事項

免許または許可の発給に関しては、安全性に関する審査のほか、国際法上の責任を遵守すること、打上げ免許およびペイロード許可に関しては、オービタルデブリ軽減プラン（ODMP）の提出などが要件となる[15]。

1で指摘したように、外国における審査によって、国内での審査を省略することができる[16]。また、デブリ軽減プランがIADCガイドラインなどの国際慣行に準拠したものであることも、審査において考慮される[17]。これらの仕組みには、審査の重複を避けて申請コストを削減するという目的のほか、NZSAにおける初期の審査体制の不備を補うという目的もあ

Australian Space Industries: Regulation for a Sustainable Future' (2017) 60 Proc Int'l Inst Space L 523, 528.

14)　NZSAのウェブサイト（<www.mbie.govt.nz/science-and-technology/space/permits-and-licences-for-space-activities/> accessed 31 December 2020）には、申請手続のガイダンスが掲載されている。

15)　該当条文は次のとおりである。①打上げ免許（ss 9 (1), 10 (1), Reg 1, s 7 (sch 2, 3)）、②ペイロード許可（ss 17 (1), 18 (1), Reg 1, s 7 (sch 2, 4)）、③国外打上げ免許（ss 25 (1), 26 (1), Reg 1, s 8 (sch 2, 3)）、④国外ペイロード打上げ許可（ss 33 (1), 34 (1), Reg 1, s 8 (sch 2, 4)）、⑤打上げ施設免許（Sections 40 (1), 41 (1), Reg 1, s 9 (sch 2, 5)）、⑥高高度免許（ss 47 (1), 48 (1), Reg 1, s 10 (sch 6)）。

16)　Section 51, Reg 1, s 11 (sch 2, 7). 2020年12月現在、米国FAA、FCC、NOAA、NASAおよびDoDならびにESAの審査について、対応する審査プロセスの省略を実施しているようである（'Permits from other jurisdictions' <https://www.mbie.govt.nz/science-and-technology/space/permits-and-licences-for-space-activities/> accessed 31 December 2020）。

17)　Reg 1, s 13 (2) (a) 参照。

る[18]。

　審査要件をクリアした活動であっても、申請された活動が、①ニュージーランドの国益（national interest）に適合していない場合[19]、さらに、4種類の免許に関しては、②適切な者（fit and proper person）によるものでない場合[20] には、大臣は申請を却下することができる。

　①国益に適っているかどうかは、非常に広い裁量のもとで判断される。審査機関は、ニュージーランドにもたらす経済的利益や、安全保障・公衆安全上のリスクのほかにも、関連する情報を判断の基準としてよい[21]。

　②適切な者であるかどうかも、規制の遵守履歴、他の活動実績、規制内容についての理解、精神状態その他の情報を勘案して、同様に広い裁量のもとで判断される（s 52）。申請者が法人の場合は、「免許による権利行使をコントロールする者」が適切な者でなければならない。

　Reg 1 では、これらの審査のために申請者が提供すべき情報が列挙されている。たとえば、国益に適っているかどうか、コントロールする者が誰かを判断するため、申請者は、法人の議決権の 10 パーセント以上を保有する者に関する情報を提供しなければならない（sch 2, s 2 (e)(f)）。

5　責任に関する規律

(1)　強制保険

　宇宙・高高度活動法は、宇宙活動から第三者に損害が生じた場合の事業者の責任については規律していない（日本宇宙活動法 35 条以下参照）。免許の発給に際して、第三者損害賠償責任保険への加入が法律上義務付けられるのは、①打上げ免許および③国外打上げ免許についてのみである（ss 10 (2), 26 (2)）。具体的な金額は、現時点では明らかでない。米国の CSLA ライセンスによる打上げに関しては、米国法にもとづいて必要となる第三者賠償責任保険の被保険者にニュージーランド政府を含むこと等を求めるこ

---

18)　'Regulatory impact statement' 8.

19)　Sections 9 (2)(a), 17 (2), 25 (2)(a), 33 (2), 40 (2)(a), and 47 (2)(a).

20)　Sections 9 (2)(b)(c), 25 (2)(b)(c), 40 (2)(b)(c), and 47 (2)(b)(c).

21)　Sections 9 (3), 17 (3), 25 (3), 33 (3), 40 (3), and 47 (3).

とができる[22]。

②ペイロード許可（s 18 (2) (b)）、④国外ペイロード打上げ許可（s 34 (2) (b)）、⑥高高度免許（s 48 (2)）に関しては、大臣は、保険に加入していることを許可等の要件とすることができる（may）という構成になっている。

(2)　求償義務

大臣は、ニュージーランドが宇宙損害責任条約その他の国際法にもとづいて国家責任を負う場合に、申請者が求償義務を負うことを免許等発給の要件とすることができる（ss 10 (3), 18 (2) (a), 26 (3), 34 (2) (a), 41 (2). 高高度活動については規律なし）。求償義務の上限についても、法文上は定められていない。

6　高高度活動の意義

宇宙・高高度活動法の特徴は、タイトルのとおり、宇宙活動（outer space activities）だけでなく、高高度活動（high-altitude activities）も規制対象に含んでいる点である。高高度とは、航空交通管制区域の上限（現在は、FL600〔約18km〕）を超える高度から、宇宙空間に至る前までの空域を意味する（s 4）。宇宙空間（outer space）の定義はないため、高高度の上限は高度によっては定まらない。たとえば、高度80kmにしか到達しない打上げであっても、軌道を周回する目的があり、かつその能力がある場合は、宇宙活動と判断される可能性がある[23]。

宇宙活動法において高高度活動を規律する背景には、航空管制が及ばない空域における気球の飛行やサブオービタルロケットの打上げであっても、地球観測など宇宙活動と同様の活動をする以上は、同様の規制を適用すべきとの理解がある[24]。他方で、測量・教育目的の気球や、ロケット協

---

22) 'Liability Indemnity and Insurance: Operational Policy' <www.mbie.govt.nz/assets/liability-indemnity-and-insurance-operational-policy.pdf> accessed 31 December 2020.

23) See, Steven Freeland et al., 'How Technology Drives Space Law Down Under: The Australian and New Zealand Experience' (2018) 43 (2) Air & Space Law 129, 143.

会に登録されているモデルロケットなどは、宇宙・高高度活動法の適用対象から除外されている（Reg 2）。

V　おわりに

2019 年 4 月、Rocket Lab に対して、宇宙・高高度活動法にもとづく、初めての打上げ免許および打上げ施設免許が発給された。ニュージーランドは、わずか数年で、宇宙活動をおこない、かつ先進的な宇宙活動法を運用する国となった。

「Rocket Lab 法」と呼ばれることもあるこの法律は、たしかに Rocket Lab の国内での活動を法的に可能にすることをおもな動機に制定されたものではある。しかし、その中には、国内で新たに興った産業を育成し、さらなる発展につなげるための工夫が施されており（Ⅳ）、「産業振興のための宇宙活動法」のひとつのモデルを提供するものといえるだろう。同法は、施行から 3 年後の見直しが予定されており（s 86）[25]、今後も動向を見守っていきたい[26]。

---

[24]　<www.mbie.govt.nz/science-and-technology/space/our-regulatory-regime/> accessed 31 December 2020.

[25]　'Planned regulatory changes' <www.mbie.govt.nz/cross-government-functions/regulatory-stewardship/regulatory-systems/outer-space-and-high-altitude-activities-regulatory-system/> accessed 31 December 2020.

[26]　近時の動向として、アルテミス合意への参加（2021 年 5 月）や、ニュージーランド企業 Dawn Aerospace（<www.dawnaerospace.com>）によるサブオービタル機（Dawn Mk-II Aurora）の開発がある。

アラブ首長国連邦

ヘレン・タン

小塚荘一郎／重田麻紀子（訳）

I　はじめに

　アラブ首長国連邦（以下、UAE という）の「宇宙分野の規制に関する連邦法 2019 年⑫号」は、「国家宇宙戦略 2030」と合わせて読み、その目標の壮大さを理解しなければならない。UAE 宇宙機関が 2014 年以降に成長してきた規模とスピードを考えると、火星に到達し、アラブ地域にとどまらず世界のリーダーとなるという目標は印象的である。本稿では、「宇宙分野の規制に関する連邦法 2019 年⑫号」の概要を記述するとともに、それに対する若干の考察をも提示したい。

　2020 年 2 月 24 日に行われた UAE 宇宙法を紹介するワークショップの中で、UAE で行われる宇宙活動を規制するための全 9 章 54 カ条からなる新しい宇宙法が披露された[1]。このワークショップは、UAE 宇宙機関によってアブダビで開催されたものである[2]。

　現在、この法律には、宇宙空間の定義や空域の上限の規定はない。しかし、振り返ると、過去には、宇宙空間を、地球の大気圏外の空間であって平均海面水準から 80 キロメートル以上の高度の「特定空間」とし、宇宙活

---

1)　SpaceWatch Global, 'UAE Space Law Details announced to facilitate space sector development' (2020), https://spacewatch.global/2020/02/uae-space-law-details-announced-to-facilitate-space-sector-development/.

2)　Salman Nour, 'UAE Space law details announced to facilitate space sector development', WAM 24 February 2020, https://wam.ae/en/details/1395302826336.

動については、そうした「特定空間」に特に影響を与えることを意図しもしくは実現し、またはこれを利用もしくは探査するあらゆる活動とした資料が存在していた[3]。

Ⅱ　概要

1　第1章：総則

(1)　第1条：定義

　第1条は、本法でいう用語につき定義を定めている。宇宙デブリ、宇宙資源、許可、軍事民生両用品といった用語の定義も含まれている。興味深い点は、定義規定はすべてを網羅しているわけではないため、今後、新たな用語や解釈が出現する可能性があるということである。

(2)　第2条：本法の目的

　第2条は、本法の目的を定めている。基本的には、国家宇宙政策に定められた目標を達成するために適した規制環境を作り出すことである。国家宇宙政策に定められた目標には、以下のものが含まれる。

　　a．投資を促進し、民間および学術セクターの宇宙分野および関連する活動に対する参加を促すこと（2条1号）。

　　b．必要となる安全、セキュリティおよび環境対策の実施を支援し、それにより宇宙活動および関連する活動の長期的な安定性と持続可能性を確保すること（2条2号）。

　　c．透明性の原則および宇宙空間に関する国際条約の実施に対するコミットメントに取り組むこと（2条3号）。

---

3)　Committee on the Peaceful Uses of Outer Space, Legal Subcommittee, 58th Session (2019), 'Matters relating to the definition and delimitation of outer space: replies of the United Arab Emirates', https://www.unoosa.org/res/oosadoc/data/documents/2019/aac_105c_22019crp/aac_105c_22019crp_5_0_html/AC105_C2_2019_CRP05E.pdf, 28 March 2019.

(3)　第3条：適用範囲

　本法が適用される宇宙活動および宇宙セクター関連活動の範囲は、以下のように規定されている。

　　a．国の領域または国の領域外に所在する国の施設内（3条1号）。

　　b．国に登録された船舶もしくは航空機または国に登録された宇宙物体（3条2号）。

　　c．国の国籍を有する自然人または国に本店が所在する会社（3条3号）。

(4)　第4条：規制対象となる活動

　本法の規制は、古典的な宇宙活動である打上げ（4条(1)(a)）、再突入（4条(1)(b)）、打上げ場または再突入場の運営（4条(1)(d)）、衛星通信活動（4条(1)(f)）のほか、「新しい」活動として、宇宙物体の軌道からの除去または処分（4条(1)(c)）、衛星航法、リモートセンシングまたは地球観測（4条(1)(g)）、宇宙物体の観測および追跡を含む宇宙状況認識活動（4条(1)(h)）、宇宙資源の探査または開発活動（4条(1)(i)）、科学、商業その他の目的のための宇宙資源の開発および利用の活動（4条(1)(j)。異なる表現で重複した規定）、宇宙空間におけるロジスティクス支援（4条(1)(k)）、科学的探査（4条(1)(l)）に及んでいる。

　さらに、遠方での活動として有人宇宙活動、宇宙における人の長期滞在、または天体上における設備の建設もしくは利用（4条(1)(m)）、宇宙技術の製造、開発および試験（4条(1)(n)）、宇宙機関理事会の提案にもとづいて内閣が定めるその他の宇宙活動（4条(1)(o)）も含まれている。

　これらに加え、宇宙セクター関連活動（4条2項）として、以下のものがある。

　　a．連邦法1991年(20)号［民間航空法——訳注］の適用を受けない宇宙補助飛行および高高度活動（UAEの領域内で行われるか否か、またはUAEで登録された航空機もしくは自動車を用いて行われるか否かを問わない）（4条(2)(a)）

　　b．宇宙データの受信、保存、処理、頒布、アーカイブおよび廃棄を含む宇宙データ管理活動（4条(2)(b)）

c．アラブ首長国連邦に落下した隕石の収集および譲渡（4条(2)(c)）

d．非政府機関による宇宙に関連した特別な訓練プログラム（4条(2)(d)）

e．その他の宇宙セクター関連活動（4条(2)(e)）

2　第2章：宇宙機関の組織

(1)　第5条〜第7条：宇宙機関の権限

　第2章には、宇宙機関の組織、目的および権限が定められている。まず、宇宙機関は連邦の公的機関であって、独立した法人格、財政上・運営上の独立性、およびその目的達成に必要なすべての活動を行う法律上の能力を有する（5条）。宇宙機関の本部はアブダビに置かれ、その理事会は支部その他の事務所を国の内外に設置することができる（6条）。

　宇宙機関の使命として明示されたことは、アラブ首長国連邦における宇宙科学技術の利用を促進し、かつ発展させること、および宇宙セクターの重要性に対する認識を広めることである（7条）。［そのために］宇宙機関は、以下の事項を行う権限を有する。

1．宇宙セクターに関係する政策、戦略および法制を提案すること（7条(1)）。

2．宇宙活動および宇宙関連活動に対して、法に従って許可を与えること（7条(2)）。

3．宇宙分野に関する理論および応用分野の研究を支援し、成果を蓄積、公開すること（7条(3)）。

4．宇宙活動および宇宙セクター関連活動に資金を提供し、または金融を促進すること（7条(4)）。

5．宇宙セクターの分野で投資プロジェクトの組成に尽力し、それを事業として運営すること（7条(5)）。

6．宇宙分野の国家プロジェクトまたは国際プロジェクトに貢献し、参加すること（7条(6)）。

7．宇宙機関の目的を達成するため、宇宙セクターの関係主体との二者間または国際的な協定の締結を提案すること（7条(7)）。

8．国際的なフォーラムおよびプログラムにおいて国を代表すること（7

条(8))。

9. 宇宙セクターに関する大会、セミナーおよびワークショップを開催、参加すること（7条(9)）。

10. 宇宙セクターに関係する主体に対して技術的な支援および助言を提供すること、国の宇宙プログラムに対して助言および指導を与えること、ならびにこれらが直面する課題の解決のため活動すること（7条(10)）。

11. 人材の養成および獲得のためのプログラムを実施し、学術活動を支援すること（7条(11)）。

12. 宇宙環境をより持続可能かつ安定的なものとするための国家的および国際的な取組を支援すること（7条(12)）。

13. 宇宙セクターの技術開発を支援すること（7条(13)）。

14. 宇宙セクターの重要性に対する認識を喚起するため、文書の発行および必要なメディアプログラムの展開を行うこと（7条(14)）。

これらに加えて、UAE宇宙機関は、その任務を遂行するために必要な情報またはデータを、いかなる主体またはオペレータに対しても要求する職務（7条(15)）、および閣僚会合によって与えられた他の関連する職務を行う（7条(16)）。

(2)　第8条：理事会

理事会の議長は先端科学大臣のサラ・ビント・ユーシフ・アル・アミリであり、2020年10月12日現在、他の構成員は、ハリド・アブドゥラー・アルブアイナイン・アル・マズルエイ、ハマド・オバイド・アル・マンスーリ、ヨーセルフ・ハマド・アル・シャイバニ、ファイサル・アブドゥルアジズ・アル・バナイ、ムラバク・サイード・アル・ジャベーリ博士、サレーム・ブティ・アル・クアイシ、マスード・モハンマド・マフムード、アリ・イブラヒム・アル・ヌアイミ技師である4)。理事会は閣議決定

---

4)　'Cabinet approves new Board of Directors of UAE Space Agency', Gulf Today 12 October 2020, https://www.gulftoday.ae/news/2020/10/12/cabinet-approves-new-board-of-directors-of-uae-space-agency.

により構成され、その決定の中で構成員の報酬および任期が定められる。

(3)　第9条：理事会の権限

理事会の権限は広範に及び、UAE宇宙機関の目標の達成にもっぱら向けられている。その中には、以下のものが含まれる。

a．政策および戦略の提案、ならびに法の起草（9条(1)(a)）。

b．宇宙機関の政策、戦略およびプログラムの提案、定期的な評価、および見直し（9条(1)(b)）。

c．宇宙活動に関連した決定、規則、管理および規範の策定（9条(1)(c)）。

d．年次予算の作成、ならびに決算の作成および財務大臣への提出（9条(1)(d)）

e．宇宙機関の組織構成の承認およびその認可のための閣僚会合への提出（9条(1)(e)）。

f．行政上および財政上の規則の制定、ならびにその実施の監督（9条(1)(f)）。

g．適当と認める任務を実行するための常設または臨時の委員会の設置（9条(1)(g)）。

h．理事会の任務を遂行する上で適当と認める専門家および特殊技能者に対する支援の依頼（9条(1)(h)）。

i．本条に定める権限の一部の理事会構成員または事務局長に対する委任（9条(1)(i)）。

j．宇宙機関の事務局長の指名（9条(1)(j)）。

k．宇宙機関の監査人の任命およびその報酬の決定（9条(1)(k)）。

l．宇宙機関が提供するサービスに対する対価の提案および閣僚会議によりその認可を受けるための財務大臣への提出（9条(1)(l)）。

理事会の議長は、毎会計年度末に、閣僚会議に対して宇宙機関の実績および活動に関する報告をしなければならない（9条(2)）。

(4)　第10条：事務局長

事務局長は、宇宙機関の業務を管理すること（10条(2)柱書）、とりわけ宇

宙機関の業務を実施し、かつ行政上、技術上および財務上の事項を監督することに（10 条⑵⒜）のために必要な権限を与えられている。事務局長は、日常業務に加えて、理事会の同意の下で広く政策、戦略およびアウトラインの提案において指導的な役割を有するようである（10 条⑵⒝）。

　財政的、組織的な責任はすべて事務局長が負うものとされ、さらに他の関連する任務には、アラブ首長国連邦の国内および国外の関係する当局との調整（10 条⑵⒠）、宇宙活動の規制に関係した決定、規則および管理の原案作成（10 条⑵⒡）、その他理事会が委任した関連する活動（10 条⑵⒣）が含まれる。

　事務局長は、上記のような広汎な責任を有し、理事会に出席することができるが、理事会の決定に際して議決権は与えられていない（10 条⑶）。この区別には、事務局長と理事会の関係は徹底して透明なものでなければならず、事務局長の貢献および労力が、いかなる意味でも、とりわけ理事会が判断すべき重要な事項について、不明確になったり誤解されたりしてはならないということを意味している。法律の条文上は、理事会議長の役割が規定されていないが、UAE 宇宙機関において政治的、象徴的な役割を担うものと思われる。現在の理事会議長はアフマド・ベルホウル・アル・ファラーシ閣下であるため、なおさらである。

⑸　第 11 条・第 12 条：宇宙機関の財源および会計年度

　第 11 条によれば、UAE 宇宙機関の財源は政府が割り当てる貸付として提供されるほか（11 条⑴）、宇宙機関の収入（11 条⑵）ならびに寄付および贈与（11 条⑶）から構成される。また、UAE 宇宙機関の会計年度は、毎年 1 月 1 日から 12 月 31 日である（12 条）。

3　第 3 章：宇宙活動および宇宙デブリ

⑴　第 14 条：宇宙活動の許可等

　宇宙活動の許可等（Permits）に関する第 14 条は、宇宙物体を所有すること、宇宙活動を実行またはこれに参加すること、関連する施設もしくは設備を建設、使用または占有することについては、宇宙機関から許可を得

なければならないと明記している（14条(1)）。この場合の許可の付与、更新、変更および取消を含めて、許可に関する条件、規制および手続は、閣僚会議またはその委任を受けた者の決定に従うことになる（14条(2)）。

本条第(1)項の例外として、理事会の議長が設置する臨時委員会において、特定のオペレータまたは宇宙活動について、許可の取得または特別の条件、規制もしくは手続を免除することができる（14条(3)）。こうした免除は、良好な実績をすでに有している事業の場合や国内の大学と共同した研究開発に係るものである場合、その他免除が相当とされる政策的な理由にもとづく場合などに見込まれる。

要するに、UAE宇宙機関は、このような許可を、その停止や取消も含めて管理する権限を有する（14条(4)・(5)）。許可を他人に譲渡した場合にも、オペレータは、譲渡日より前に負担した義務または責任を免れることはできないと定められている（14条(6)）。この規定は、法的責任の観点から見ると、第一に契約関係において、第二に保険契約に関連して、問題を生起する可能性がある。通常は、規範の優先関係に照らすと、裁判所では、当事者間における契約の条項がまず考慮されるはずである。そうした当事者間の契約条項が、この法律の規定に抵触する場合、契約条項が有効なものとして実施可能とされるのか否かは明確ではない。さらに言えば、本法を政策的な文書として見たとき、究極的な目的が宇宙ビジネスをUAEに誘致し、国内で活動させることにあるとすれば、UAE宇宙機関がこの規定を適用しようとすることは、商業的には合理性を欠く可能性がある。

たとえば、次のようなシナリオが想定できるであろう。

a．オペレータであるAは、宇宙機関の指示に従い、その指導をすべて受け入れていた。Aは、Bの保険に加入した。Aは人工衛星を打ち上げたが、他の打上げ実施者Cの宇宙物体と衝突した。オペレータAは事故の責任は限定されるはずであり、責任はCにあると主張した。このような場合、少なくとも裁判所では、Aの責任は、事案の事実関係をふまえ、証明された帰責性および被った損害に比例して認定されるはずである。

b．オペレータAがBの保険に加入した。その保険金の請求は証拠にも

とづいてしなければならない。填補される損害額には上限があり、その範囲内で保険者は裁量を行使できる。仮に宇宙機関が、オペレータに保険でカバーできる範囲を超えた経済的負担を負わせることがあれば、オペレータは事業の基盤を危うくし、事業を持続させることができなくなるであろう。

　許可の譲渡に関しては、宇宙機関の許可を得なければならない（14条(7)）。この条文は、「刑事責任の適用を妨げることなく」と規定しているが、譲渡の効果と刑事責任との関係は明確ではないので、譲渡人および譲受人の間における刑事責任の問題が起きれば譲渡に関する規範との関連でさらなる説明が必要である。

(2)　第15条：衛星通信サービスの提供の許可

　衛星による固定もしくは移動体の通信サービス、または衛星放送サービスを提供しようとする者は、宇宙機関による事前の同意を得て、最終的な許可を通信規制庁から受けることにより、実施することができる（15条(1)）。第15条(2)は、UAE宇宙機関のかかる同意があったとしても、最終的にすべての条件が充足されなければならないため、許可を受けたものとみなすべきではないことを明確にしている（15条(2)）。この規定に関して、UAE宇宙機関による掘り下げた解説があれば、事業者が他にどのような条件を満たす必要があるかを理解するうえで有益であり役立つであろう。

(3)　第16条：有人宇宙飛行活動

　オペレータによる有人宇宙飛行活動に関しては、実際に参加する者が健康状態にあることを確保する責任として、その者が宇宙飛行に伴うリスクを認識し、それについて十分に情報を与えられていたこと（16条(1)(a)）、その者の書面による同意があること（16条(1)(b)）、その者が宇宙飛行を行うために必要な訓練を受け、身体面および健康面の適合性を有することが確認されていること（16条(1)(c)）、オペレータが必要なリスクおよび安全性の検証を行い、また適切な緊急時の計画を策定したことが確認されていること（16条(1)(d)）、ならびに理事会が定めるその他の条件を満たしていること（16

条(1)(e))、が定められている。理事会が追加的な条件を定めることができるという点で、このリストは限定列挙ではないと言える。

オペレータは事故が発生したときただちに UAE 宇宙機関に報告する義務を負い（16条(2)）、また、責任の条件は、理事会が、関係する政府機関と連携して決定する（16条(3)）。以上に照らして考えると、オペレータにとって、いかなる政府機関が関与し、どのような特別規定が設けられることになるかをあらかじめ知っておくことが有益であろう。

⑷　第17条：宇宙原子力エネルギー源の使用の許可

17条は、原子力エネルギーの平和利用に関する現行法を補強し、オペレータは、宇宙原子力エネルギー源を使用するためには宇宙機関の許可を必要とするとしている（17条(1)）。この許可を受けるための条件および手続は17条(2)に定められており、オペレータは事故またはインシデントを UAE 宇宙機関に報告するものとされ（17条(3)）、原子力エネルギー源を使用するための許可申請においては、使用を正当化する理由を説明しなければならない（17条(4)）。

⑸　第18条：宇宙資源の探査、開発および利用

近年注目を集める論点である宇宙資源の利用、具体的には調達、売却、取引、輸送、保管および物流サービスの提供を目的とした宇宙活動の許可の条件は、閣僚会議またはその委任を受けた者が定めるところによる（18条(1)）。さらに、その手続は、事務局長の提案にもとづき、理事会が決定しなければならないとされている（18条(2)）。

この規定により、必要な手続は示されたものの、承認を受けるための最終手順は明確とは言えない。UAE 宇宙機関は、これに関する照会を受ける担当者を明らかにするとよいであろう。

⑹　第19条：宇宙デブリの低減

宇宙デブリについては、宇宙物体の所有もしくは開発、または宇宙活動の実施もしくは宇宙活動への参加を認められたすべてのオペレータは、理

事会が決定するところに従い、宇宙デブリの低減およびその影響の抑制のために必要な措置を講じ、かつ計画を策定しなければならない（19条⑴）。

　これに加えて、許可を受けたオペレータは、以下の場合にはただちに宇宙機関に報告しなければならない。

　ａ．許可を受けた活動に係る宇宙物体から宇宙デブリが発生したとき（19条⑵⒜）。

　ｂ．許可を受けた活動に係る宇宙物体が、制御不能、または宇宙空間における宇宙デブリもしくは他の宇宙物体との衝突といった高度の危険性にさらされたとき（19条⑵⒝）。

　ｃ．（上記⒜および⒝に起因する）リスクまたはその影響を低減するための行動をとったとき（19条⑵⒞）。

　ｄ．宇宙デブリとその影響を減殺する措置および計画を改善したとき（19条⑵⒟）

　許可を受けたオペレータは、宇宙物体に関する警告またはリスクについて、毎年、宇宙機関に対して定期的な報告をしなければならない（19条⑶）。

　とはいえ、これらの条文からは宇宙デブリの具体的な種類が詳細に説明されていないため、たとえば宇宙物体から離脱した小さなボルトやナット、バネなどを含むか否かは明らかではないが、どのような活動からどのような損害が発生したかを解明するために必要な専門家による報告書などの記録を作成することが重要となるであろう。

　そうした報告に求められる内容が、事態発生の都度指定されるのか、許可を継続するための監査報告が必要なのかは明らかにされていない。UAE宇宙機関から、さらに詳細な情報が示されると、事業者にとって有益であろう。また、記録内容が秘匿されるかどうかについても少なくとも明確にされるべきである。

4　責任

⑴　第20条：契約当事者間の責任

　許可された宇宙活動に参加する宇宙物体によって地表または航空機内で生じた損害に関しては、オペレータの責任が明確に定められ、国家はその

責任を負担しないとされる（20 条）。この点は 20 条(3)および(4)において特に明記されており、また、20 条(5)によれば、本条に言う損害賠償はすべて契約当事者間のものとされる。しかし、不透明な点は、国家の関与の程度についてである。なぜなら、国家が許可の発給に際して「リスク」を評価したのであれば、その（損害を生じさせた）活動のリスク基準はクリアされたと言えそうだからである。20 条は、文言を見ると国家の法的な責任を排除せんとする意図であるが、契約を審査した上で許可を与えたことにおいて責任が生じる余地は残っているのである。さらに言えば、紛争になった場合には、詳細な契約条件、許可を受けるために提出された書類および許可後に発生した損害が、関連する保険とともに審理されることは明らかである。本規定がまだ導入されたばかりで裁判所による判断を経ていないことから、この規定に対する関係者の反応、たとえば、誠実に行動する関係者はリスクを「受け入れる」のか、宇宙保険との関係で、そうしたリスクに対して保険金は支払われるのか、第三者が出資していた場合などに宇宙関係訴訟が提起され、新たな市場が生まれる可能性があるのか、といったことは不明確である。現時点では、いずれのシナリオが実現するかを、市場は見きわめようとしている。

(2)　第 21 条：第三者に対する責任

　21 条は、国の領域内または領域外において地表または飛行中の航空機内で発生するすべての損害につきオペレータが責任を負うと定めているが、それがどのように執行されるのかについては明らかにされていない。おそらく、事案ごとに判断されることになるだろうと予想されるが、UAE が、刑事訴追を通じて、または、許可の発給国政府として、問題の処理に関して管轄をただちに主張するかどうかは明らかでない。

(3)　第 22 条：他の宇宙物体との衝突による責任

　22 条は、宇宙物体が地表以外の場所で他の宇宙物体、人または財物に対して発生させた損害について、その宇宙物体を単独または共同で所有もしくは運用するオペレータの責任を定めている。22 条(2)および(3)が、損害の

賠償の責任について規定しているのであるが、その文言はきわめて漠然として不明確であるため、この条文は、商事裁判所では施行できない可能性がある。

⑷　第23条：その他の場合の責任・第24条：賠償責任の制限

23条は、22条と同様に、文言が漠然としているため施行できないという問題がある。24条では、以下のような事情を考慮して責任の制限ないし損害額の軽減できる旨を明らかにしている。

　a．打上げ機の大きさ（24条⒜）

　b．打上げ実施者または再突入の手順に関するファクトシート（24条⒝）

　c．宇宙物体の打上げまたは再突入の経路（24条⒞）

　d．事故またはインシデントのリスクを決定するその他の要因（24条⒟）

事故またはインシデントが発生した場合、UAE宇宙機関がその事故等の検証を行う主体として最も適切であるか、それとも、別の主体または委託を受けた主体が行う方がふさわしいかという評価主体の独立性の問題がある。

⑸　第25条：保険および保証

25条は、第三者責任を負う可能性があるオペレータは、UAE宇宙機関が認可した保険会社と保険契約を締結しなければならないと定める。

⑹　第26条：国際請求の補償

26条は、政府機関以外のオペレータが第三者に対して損害を与えた結果、国が支払請求を受けた場合における国に対する補償に関して定める。オペレータによる補償額は、24条にもとづく所定の責任制限額を上限としているが（26条⑴）、オペレータが許可された条件に違反したときは、国に対する補償は絶対的なものとしており（26条⑵）、斟酌の余地がない点で、きわめて厳しいものである。誰が違反の有無を判断するか、どのような調査を踏むのかという点が明らかになっていないことから、少なくともUAEでの宇宙活動を希望する企業にとっては難しい問題が残されている。

これについては、オペレータや事業者が、違反の事実を認識しないまま大きな不利益を受けることのないように、さらなるガイダンスが必要であろう。こうした透明性や丁寧な説明こそ、UAE で宇宙事業を希望する企業を助けることになる。

5　第 4 章：その他の宇宙セクター関連活動

(1)　第 28 条：その他宇宙セクター関連活動の許可等

28 条によれば、その他の宇宙セクター関連活動は、すべて UAE 宇宙機関の許可を必要とするので、事業の計画を持つ企業は、その実施方法に関して、直接、宇宙機関に相談する方が安全であろう。

(2)　第 29 条：宇宙補助飛行および高高度活動

これらの活動に関して UAE 宇宙機関は、許可を発給する権限を持ち、とくに航空交通管理との関係で求められる条件を執行する。許可を受けるための要件（29 条(3)）は、有人宇宙飛行に関する 16 条ときわめて似ている。

(3)　第 30 条：隕石

UAE 宇宙機関は、国の領域内に落下した隕石に関する登録簿を設置し、隕石を占有する人を含め、データおよびその所有権を登録することとしている（30 条(1)）。また、30 条(6)は、宇宙機関の許可なくして、隕石を売却、購入、保管、輸送、輸出もしくは輸入すること、または隕石への実験を行うことを禁止している。

6　第 5 章：宇宙物体の登録簿

(4)　第 31 条：宇宙物体の登録

UAE 宇宙機関は、UAE が打ち上げる宇宙物体の国内登録簿を設置することとしている。登録内容には以下の事項が含まれる。

　ａ．打上げ国の名称（31 条(3)(a)）

　ｂ．宇宙物体の適当な名称または登録番号（31 条(3)(b)）

ｃ．打上げの日およびその領域または場所（31条(3)(c)）

ｄ．宇宙物体の周期、傾斜角、遠地点および近地点を含む基本的な軌道要素（31条(3)(d)）

ｅ．宇宙物体の一般的機能（宇宙空間に打ち上げられた物体の登録に関する条約にもとづく）（31条(3)(e)）

ｆ．宇宙物体上のペイロードおよび設備、ならびに宇宙原子力エネルギー源に関する情報（31条(3)(f)）

ｇ．宇宙物体の製造者、所有者およびオペレータの名称（31条(3)(g)）

ｈ．その他宇宙機関が求める情報（31条(3)(h)）

オペレータないし事業者が提供するこれらの情報は、UAE宇宙機関とともに国連の国際登録簿のためにも用いられる。

さらに、31条(7)は、サブオービタル飛行、宇宙補助飛行、高高度飛行またはその他の宇宙関連活動について宇宙物体、航空機、飛行物体その他の重要なデータの登録の手続を定めるものと規定している。

7　第6章：関連法制

32条は知的財産権につき規定し、33条は輸出入管理を規律する。どちらも、それらの事項について、とくに軍事民生両用品に関する規制を定める権限を、政府機関との連携を通じて宇宙機関に与えている。

8　第7章：リスクおよび危機管理、監督、検査および調査に関する規定

34条は、リスクおよび危機管理を取り上げ、オペレータが遵守すべき事項を以下のとおり指示している。

ａ．リスク評価の方法の開発（34条(1)(a)）

ｂ．リスクの特定および評価プロセスの実施（34条(1)(b)）

ｃ．危機対応メカニズムを含むリスク評価計画の準備（34条(1)(c)）

これらの事項を義務づける反面で、34条(3)は、これらの要求された計画および報告、または計画を実施した結果生じた損害について、国は責任を負わないとしており、計画の実効性を減殺している。

　オペレータは、宇宙機関の指示に従わなければ許可を受けられないが、かといって、指示に従った場合で危機が発生しても宇宙機関の責任を問うことはできないという困難に直面することとなる。これでは、商業的に成り立つ事業とはなり得ない。事業計画が何らかの意味を持つためには、UAE 宇宙機関は許可の発給に際してそのリスクを考慮しなければならない。そうでなければ、リスクを分散する方法が論理的に示されなければならないので、計画に許可を与えた UAE 宇宙機関を含め、すべての事業者が保険に加入する必要があるであろう。もし UAE 宇宙機関の役割が、許可の発給者であり宇宙活動のゲートキーパーなのであれば（そうだと思われるが）、その許可は一定の重みを持つ。その重みとは、オペレータに、計画された活動を進めてよいと許可を与えたということによる一種の保証である。もしオペレータが失敗したときには、どこに問題があったかを、独立の主体が検証すべきである。ところが、うまくいかない場合の責任を否定してしまうと、たとえば UAE 宇宙機関の指示に従って当初の計画が変更されたことも考慮されず、この責任がオペレータに転嫁されることになってしまう。

　このような不都合な状況は、36 条（事故およびインシデントの調査）において予測される。事故等が発生したときには、理事会が、関係する政府機関と協力して規定および手続を定めることになっているのである（36 条⑴）。すでに述べたとおり、責任ないしリスクが客観的かつ適切に検証されるよう、調査機関として独立の主体が設置されることが重要である。

9　第8章：行政処分および罰則

　37 条は、本法の規定の適用に関連する違反および罰金の分類について、38 条は、他法のより厳格な罰則を排除しないことについて、そして 39 条ないし 45 条は罰則について定めている。罰則の規定を見ると、罰金に加え、禁固刑も定められており、手続が一層明確に示されるべきであるとともに、さらには宇宙セクターを成長させるという目的があることを考えると、苛酷とは言わないまでもやや厳しいと思われる。行政処分および罰則に関する規定が、UAE を魅力的な場所とするか、逆に、宇宙市場への参入

を抑止する方向で働くかは不透明である。

10　第9章：最終規定

46条は経過規定である。47条は国家への脅威、緊急時および危機時にお
ける政府および宇宙機関による措置について定める。48条は宇宙機関と他
の政府機関との協力について、49条は手数料について、50条は他の法律に
もとづく許可についての規定である。51条は司法官としての資格につき規
定する。52条は宇宙機関の決定に対する異議手続を定め、通知された日か
ら30日以内に異議を申し立てることができ（52条(1)）、当該異議に対する
最終決定は理事会が行うものとしている（52条(2)）。異議に対する決定は終
局のものとされているが、この点に関してはその決定主体に、理事会が最
も適しているのか、それとも紛争事案に関する判断であるから、第三者機
関、例えば行政裁判所または裁判所の方が適しているのか、という決定主
体の独立性の問題を指摘することができる。

III　まとめ

UAEの宇宙セクターに関する規制は、「国家宇宙戦略2030」を念頭に置
き、また、UAEにおける火星探査機Hopeの打上げなどの最近の活動に照
らして読む必要がある。UAE宇宙機関の目標と展望を理解するならば、こ
の規制は、さまざまな分野の宇宙ベンチャーがUAEに拠点を設けること
を期待する意図でつくられた希望の光と言えるであろう。

しかし、問題は、現実性、コストおよび検証の独立性にある。政府機関
のリソースは限られているため、宇宙機関がすべてに対応するという考え
方にも理由があるが、弁護士の目から見ると、とりわけ責任や異議に関し
ては、第三者の関与が求められる。その理由は、ストーリーには常に2つ
の見方があり、オペレータないし事業者は、とくに許可が受けられないと
きや全体像がわからないまま罰則を課されたりする場合には、公正に取り
扱われたと理解できることが必要だからである。

現在、普及活動が、子供向けの宇宙科学教育から、ワークショップや、

ワールドトレードセンターにおける IAC 2021 その他のイベントまで数多く行われている。UAE は、UAE 宇宙機関の設立からここまで長い道のりを越えてきたが、真にニュースペース・セクターを育成するためにはなお多くの活動が必要であろう。法規を制定することは必要なステップの 1 つであるが、ベンチャー企業を UAE で設立し、活動するように誘致することがもう一つの挑戦である。そうした企業が事業活動を効率的、安全かつ確実性をもって行えるようにすることが、不確実性の大きな時期にはとりわけ重要である。

　UAE 宇宙機関が、紛争の発生に対応するためのワーキンググループや紛争解決機関を設立するならば（コラム 4 参照）、事業に対する理解があると言えよう。そのようにすることで、決定を詳細に検討することができるとわかり、信頼を生むことになる。さらに、責任の問題は、事故や衝突などに関して技術的な問題が発生した場合に、オペレータないし事業者が置かれる立場について不明確な部分が大きいため、現時点では未成熟であるように思われる。

　従来、保険制度がこうした問題を解決する役割を果たしてきた。しかし、新しい技術の出現に伴い、保険条件や取引にも革新の必要が生まれている。アラブ首長国連邦におけるニュースペースの可能性は無限であるが、そこに至る道のりはまだ長い。

　UAE 宇宙機関とムハンマド・ビン・ラシード宇宙センターが主導する今後の活動の中で、今後、さらなる法制の展開があるものと期待されよう。今後の活動は、主なものとして次のものである。

・アラブ首長国連邦の月ミッション（2024 年）
・アラブ首長国連邦「国家宇宙戦略2030」
・アラブ宇宙パイオニア・プログラム
・火星ミッション

　最後に、宇宙開発の商業化が進むとともに宇宙デブリが増加すると、宇宙デブリに関する保険と宇宙技術の開発が並行して進むと思われる。いまのところ、宇宙保険は伝統的な打上げと衛星を担保するものに限られるようであるが、小型衛星が宇宙分野でさらに大きな役割を果たすようになる

と、そうした需要に応え、リスクを限定するための宇宙保険商品が市場で求められるであろう。宇宙エコシステムの発展を支える上で、事業者に安心感を与え事業活動をサポートするという点で保険業界が果たす役割は大きいと言えよう。

〔**参考資料**〕

アラブ首長国連邦宇宙法（2019）

　　https://u.ae/en/about-the-uae/science-and-technology/key-sectors-in-science-and-technology/space-science-and-technology#the-uae-space-law

国家宇宙戦略 2030（2020）

　　https://space.gov.ae/Documents/PublicationPDFFiles/2030-National-Strategy-Summary-EN.pdf

UAE 宇宙機関の活動全般

　　UAE Space Agency, Space science and technology, https://u.ae/en/about-the-uae/science-and-technology/key-sectors-in-science-and-technology/space-science-and-technology

コラム4
ドバイの宇宙裁判所

ヘレン・タン

◇はじめに

　2021年2月1日、ドバイ国際金融センター裁判所（Dubai International Financial Centre〔DIFC〕Courts）とドバイ未来財団（Dubai Future Foundation：DFF）は、世界の宇宙ビジネスを支援する目的で宇宙裁判所（Court of Space）を創設する計画を発表した[1]。

　このプロジェクトが立ち上げられたのは、アラブ首長国連邦（以下、UAEという）における近年の宇宙開発の発展状況と、UAEが裁判制度を発展させ、特に商業宇宙活動に関する紛争に直ちに対応できる機能と能力を高めることにより、指導的な地位に立つことを目標としていることに関連している[2]。

　プロジェクトの主な内容は、以下のとおりである[3]。

　　a．官民セクターの組織および専門家からなる国際ワーキンググループ（IWG）を構成し、宇宙利用に関連した法のイノベーションを調査させること。

　　b．世界の宇宙関連紛争を支援するための提案をまとめた「宇宙紛争ガイド」を作成すること。

　　c．宇宙関連紛争の専門家となる裁判官を養成すること。

◇国際ワーキンググループ（IWG）

　IWGは、宇宙関連紛争に関する事例の可能な解決を検討するために宇宙関連の法的イノベーションを調査することとされている。そこで想定されているのは、過去の実例や実務を取り上げ、また、民間主体同士や国家間での商業的な関係がどのように処理されてきたかなどを調査することと思われる。

　興味深い点は、ニュースペースの成長を反映し、伝統的には〔国家間交渉という〕高いレベルで解決されてきたことについて、宇宙裁判所が、民間レベルの紛争を取り扱うとしていることである。

　商業宇宙活動にますます多くの主体が関与し、契約を締結し、義務や期待を発生させていることから、これはおそらく妥当であろう。

　コロナ禍はいつか収束するであろうが、そのような外部要因による不確実性は、簡単ではない問題をもたらす。宇宙のユニークな性質から、事例を公正に解決する可能性を検討することはきわめて重要である。

　国際宇宙法の実務家は、国際法との関係で、公海と対比することが一般的であるが、国際商事宇宙紛争ないしその解決は、必ずしも公的セクターではなく民間セクターの当事者により初めて取り上げられたという点で、独自性がある。ルクセンブルク、米国、日本、オーストラリア、ニュージーランド、そしてUAEといった諸国では、商業宇宙セクターに特化したガイダンスや法律を構築したのは比較的最近であるため、国際商事宇宙紛争に関する初期の法体系ないし判例法は、ユニークなものになるであろう。

　AIや先端技術のような近年実用化されてきた分野とは違い、法実務家は、紛争の可能性や結果について、ある程度の想像力、柔軟性そして寛容さが求められるであろう。新興分野では不確実性が高いため、法実務家は、エンジニア、天文学者、測位衛星システム（GNSS）の専門家といった宇宙科学の専門家に耳を傾ける必要がある。

◇宇宙紛争ガイド

　「宇宙紛争ガイド」は、こうした宇宙関連紛争を支援するためのガイドライン集であり、また、おそらく宇宙裁判所の利用者のためのものにもなると思われる。

　およそ有益なガイドは、簡潔で、使いやすく、理解しやすく、また利用者にとって実用的でなければならないと言えよう。

　従来、裁判所は［宇宙分野では］紛争解決のための最初の場所として一般には考えられてこなかったが、宇宙裁判所は、司法へのアクセスを可能にするファシリテーターとしての役割を果たし、民間事業者にとって、当事者間で紛争を解決できないときに解決へと導いてくれる有用な機関として見られるようになることも予想される。

　「宇宙紛争ガイド」は、裁判所のリソース、手続、所用期間、費用、および利用者の期待などを含む実務上の問題を提示することになろう。

　調停、仲裁および訴訟の選択にも触れることは有用だと思われる。ガイドを有意義なものとするためには、利用者に宇宙裁判所を使えるものと感じさせ、利用が容易であるという印象を与える必要があり、逆に、宇宙裁判所は近寄りがたく、その利用は面倒だという印象を持たせてはならない。

　宇宙に関する商事契約が増加し、より多くの宇宙企業が参入するようになると、「宇宙紛争ガイド」は、宇宙裁判所がそうした関係者にとって有用か、どのように役立つのか、次のステップは何かを検討する有益な文書となっていくであろう。

◇宇宙裁判官の養成

これは、一層興味深いプロジェクトの1つであり、裁判官が司法関係者から選ばれる点では従来どおりであるとしても、そのアプローチは斬新なものである。

たとえば、従来の裁判官はそれぞれの管轄に属しているが、国際宇宙法の基本をなすのは国際公法であることから、宇宙裁判官は、国内法と国際法、コモンロー（英米法）と大陸法のいずれにもかかわるユニークな存在になるであろう。

また、宇宙裁判官は、宇宙科学の最も基本的な知識を身に着け、一定の用語や概念を理解できるように訓練されることになるであろう。この点で、国際宇宙法学会（International Institute of Space Law）や国際宇宙大学（International Space University）のような宇宙法の組織や大学が重要な役割を果たすと思われる。

ダイバーシティと幅広い知識を確保し、宇宙コミュニティを正確に反映するためには、裁判官の研修と選抜が非常に重要な課題となる。裁判官の構成、裁判官の数、経歴そして裁判官に求められる基本的資質は何か、といった興味深い点が問題となるかもしれない。

宇宙裁判所の利用者にニュースペースのベンチャーが含まれると想定されるならば、宇宙裁判官は、新興するテクノロジーに関する知識や理解の面で、そのスピードに追いついていけるであろうか？　宇宙裁判所は、地域性、ジェンダー、言語および知識を超え、裁判官をより幅広く人選することができるであろうか？

宇宙裁判所のインフラは利用者にとって有益かつ重要であるが、宇宙裁判官の構成も、それ以上でないとしても同じように重要であると言えよう。

宇宙裁判官は、各自の［多様な背景を］代表し、反映する多様なバックグラウンドから人選をするとともに、新たに生起しうる法的課題に取り組むために革新性を備えるべきであると思われる。

◇まとめ

ドバイ国際金融センター裁判所の首席裁判官ザーキ・アズミ閣下によれば、「宇宙裁判所は、21世紀の国際的な宇宙開発が求める切迫した商用化の需要に応えるための新しい司法支援ネットワークを構築することを手助けすべく、［宇宙産業の発展と］並行して行われるグローバルな取り組みである。宇宙ビジネスがこれまで以上にグローバルなものとなり、各国の結びつきが一層強まるにつれて発展することができるようにするには、多様かつ迅速な経済活動が必要になる。複雑な商事契約にとって、ビジネスを支援し、保護するための安心

と確実性を提供する裁判制度も同様に、イノベーティヴなものとして、追いついていくことが求められる。」[4]

　2004 年に設立されたドバイ国際金融センター裁判所は、現在、UAE の法制度の一部を構成するドバイの司法制度である。2017 年に、ドバイ国際金融センター裁判所とドバイ未来財団は、未来裁判所（Courts of the Future）を立ち上げ、さまざまなリーガルテックを検討するとともに、世界の利用者のために、より開かれた裁判所へのアクセスと効率性の向上を実現し、調査する任務を与えた。

　宇宙裁判所の創設は、魅力的な取り組みであるとともに、商業宇宙活動の成長に照らして、タイムリーなものである。宇宙裁判所が紛争の解決を求める利用者のニーズに応え、解決策を提供することで、商業宇宙セクターの付加価値を高めることが期待される。

1)　DIFC, Courts of Space launches into orbit in support of global space economy. https://www.difccourts.ae/media-centre/newsroom/courts-space-launches-orbit-support-global-space-economy, 22 March 2021.
2)　DIFC (n 1).
3)　DIFC (n 1).
4)　DIFC (n 1).

（小塚荘一郎／重田麻紀子訳）

第3章

宇宙ビジネスを支える
法的基盤

第1節

衛星コンステレーション時代の到来と
衛星国際周波数

新谷美保子／小林佳奈子

I　はじめに

　近年、多数の人工衛星を打ち上げ、これらを一体として連携・運用することで全地球を網羅した高速インターネット通信や測位等のサービスを提供する衛星コンステレーションの計画が活発化している。これを可能とした理由には、従来は、1機当たり数百億円という莫大な製造コストがかかる高機能な大型の人工衛星が主流であったが、技術開発によって、1機当たりの製造コストを数千万円から数億円規模にまで抑えた小型衛星を製造することが可能となり、また、低コスト化のために当該製造に参入する企業も増加したことが挙げられる。既に運用中のコンステレーションシステムで代表的なものとしては、イリジウムが66機、オーブコムが27機となっており[1]、主に衛星携帯電話やデータ通信サービスに用いられているが、米国では、Space X において 1 万 1,943 基（最大 4 万 2,000 基を想定）、Amazon において 3,236 基を打ち上げるコンステレーション計画が実行に移されつつあり[2]、打上げ予定の人工衛星数は、これまでと比較すると 1 ケタ、

---

1)　総務省「『非静止衛星を利用する移動衛星通信システムの技術的条件』（平成 7 年 9 月 25 日付電気通信技術審議会諮問第 82 号）のうち『小型衛星から構成される衛星コンステレーションによる衛星通信システムの技術的条件』の検討開始について」（http://www.soumu.go.jp/main_content/000486246.pdf）

2)　国立研究開発法人情報通信研究機構（北米連携センター）「米衛星コンステレーション計画についての動向調査」（https://www.nict.go.jp/global/lde9n2000000bizn-att/lde9n2000001ebz4.pdf）

2ケタも多い数字となっていることがみて取れる。

　このように多数の衛星が連携して地上に電波を送信し、全地球を網羅するネットワークを構築する時代がすぐそこまで来ているわけであるが、その電波送受信の国際的なルールはどのようになっているか。本稿では衛星ビジネスに不可欠となる「国際周波数調整」のルールを概説し、コンステレーション時代における課題を示したい。

Ⅱ　宇宙ビジネスにおける電波の重要性

　2016年11月に宇宙活動法および衛星リモートセンシング法が成立し、衛星リモートセンシング法については2017年11月、宇宙活動法も2018年11月に全面施行され、わが国においても宇宙ビジネスに向けてようやく法制度が整備されつつある。

　他方、世界に目を向けてみると、宇宙ツーリズム、衛星リモートセンシング、宇宙資源開発等の分野について検討が進められ、技術開発が猛スピードで進められている。

　このいずれの宇宙開発においても重要となるのが「電波」を利用できることである。

　電波は、たとえば、スマートフォン、タブレット、放送、無線LAN、防災無線、センサー等様々なデバイスに用いられており、我々の生活、ビジネス、娯楽、安全保障等あらゆる環境の中で必要不可欠なものとなっている。電波は、いわば、インフラの一つといっても過言ではない。

　そして、電波の利用は地上のみにとどまらず、人工衛星が配置された宇宙にも広がりを見せている。たとえば、車のカーナビゲーションやスマートフォンに装備されているGPS（Global Positioning System：全地球測位システム）[3] は、高度約2万キロメートルの軌道面にある24個から30個のGPS衛星（NAVSTAR衛星）が、各GPS衛星間を通信で接続しながらナビゲーションや位置情報検索の目的に使用されている。また、テレビにおいては、

---

3)　米国空軍により運用され、世界に無償で配信されている。

わが国では、地上デジタルテレビ放送（放送用送信アンテナ[4] から各戸のアンテナで受信）のほか、放送用の衛星を利用した BS、CS デジタルテレビ放送（BS 衛星、CS 衛星からパラボラアンテナで受信）を見ることができる。さらに、リモートセンシング衛星と呼ばれる地球観測衛星（たとえば雲の状態を観測する可視光線カメラ、夜間用赤外線カメラ、水蒸気の状態を調べるセンサー、気象レーダー等の機材を搭載した気象衛星[5] 等）は、衛星軌道上を周回しながら広範囲の気象状況等を短時間で観測しており、ビジネスや日常生活にこのような衛星データを利用することが可能となっている。このように、我々が宇宙に配置した人工衛星を介して様々な情報を容易かつ瞬時に入手することができるのはまさに「電波」があるからであって、今後の宇宙ビジネスの発展においても、電波を予定通りに送受信できることが非常に重要となってくる。そこで以下では宇宙ビジネスにおける電波に関するルールを概説することとする。

Ⅲ　電波に関する一般的なルール

1　電波とは

　電波とは、空間を伝搬し、音声やデータ等の情報を伝達することが可能な電磁波で、わが国の電波法においては、「三百万 MHz 以下の周波数の電磁波をいう」と規定されている（電波法 2 条）。この電波には、利用可能な周波数帯域に限度があり[6]、また、周波数の高低によっては、直進する性質をもつものか、物体に回り込む性質をもつものか、といった物理的な性質に差異があるため、周波数ごとに適した用途がおのずから定まってくる[7]。

---

4)　以前は東京タワーがテレビの電波塔の役割を担っていたが、2013 年以降は、東京スカイツリーがその中心的な役割を担っている。

5)　わが国では、現在、気象衛星ひまわり 8 号で観測を行っており、ひまわり 9 号も既に打ち上げられて、ひまわり 8 号の後継として運用を待機している状況である。

6)　電波は時間的、空間的に占有性を有するため、有限希少な資源といわれる。

7)　たとえば、直進性が弱く情報伝送量が小さいとされる低い周波数帯（長波、中波、短波等）においては、電波の伝わり方が安定していて遠距離まで届くという性質か

　他方で、電波は長距離でも空間を伝搬することから、他の通信に対して混信を与えるおそれがある（逆に、他の通信等から混信を受けるおそれもある）。しかも、その範囲は、宇宙ビジネスにおいては、国境を越え、全地球に及ぶこととなるため、いったん混信が発生した場合の影響は計測不能である。したがって、宇宙ビジネスにおいて電波を有効活用するためには、地上で電波を利用する場合と同様（または、混信が起きたときの影響の範囲が想定外に及ぶ可能性もあることから、地上で電波を利用する場合以上に慎重に）、他の通信等に対して混信を与えず、かつ、他の通信等から混信を受けないように調整することが最も重要となってくる。

　このため、あらかじめ、国際的に、周波数の特性を考慮した上で、周波数の用途、通信方式、業務等について、取り決めを行う制度が整備されている。

2　国際的なルール

⑴　ITU

　まず、電波の国際的なルールは、国際連合の専門機関である国際電気通信連合（ITU：International Telecommunication Union）[8]で定められ、当該ルールに則って国際的な周波数調整が行われている。特に重要なルールとしては、電波に関する国際的秩序を規律している無線通信規則（RR：Radio Regulation）が挙げられる。

ら、船舶・航空機用、AM ラジオ放送用に利用されており、他方、直進性が強く情報伝送量が大きいとされる周波数帯（マイクロ波、ミリ波等）においては、特定の方向に向けて発射するのに適しているという性質から、衛星通信、無線 LAN、レーダー等に利用されている（総務省電波利用ホームページ参照　http://www.tele.soumu.go.jp/j/adm/freq/search/myuse/summary/）。
8)　1865 年に電気通信の改善と合理的利用のため国際協力を増進し、電気通信業務の能率増進、利用増大と普及のため、技術的手段の発達と能率的運用の促進を目的として設立された国際機関で、2020 年 12 月現在、193 か国が加盟している（https://www.soumu.go.jp/g-ict/international_organization/itu/）。

(2)　無線通信規則 （RR：Radio Regulation）

　無線通信規則は、周波数の割当てと使用、国際的な周波数分配、周波数の国際調整手続、周波数割当ての登録、有害な混信の除去、無線局の運用等に関する国際的な取り決め等を規定しており、ITU の構成国を拘束する義務的な規則として位置づけられている（ITU 憲章 4 条 3 項)。無線通信規則は、3〜4 年に一度開催される世界無線通信会議（WRC：World Radiocommunication Conference）[9] にて、必要に応じて議論を重ねた上で改正がなされており、また、WRC では、無線通信規則に基づき、国際的な周波数分配等を行っている [10]。

　その他の電波の国際的ルールとしては、ITU の組織、役割等を定めた ITU 活動の基礎となる条約や憲章、無線通信システムの技術・運用等の課題に対して作成される文書で基本的には拘束力を持たない ITU-R[11] 勧告、周波数の登録・国際調整等における解釈、必要な計算方法等に無線通信規則を適用する際の解釈等を定めた手続規則がある。

(3)　国際的な周波数分配

　周波数分配とは、電波干渉を防ぐため、地域ごとに、特定の業務（固定業務、移動業務、固定衛星業務、移動衛星業務、放送業務等）の周波数を割り当てることをいう。そして、国内の周波数分配については、主に各国の主管庁がこれを規律しているが、その前提として、ITU において、まず、国際的な周波数分配が行われている。具体的には、無線通信規則により、全

---

9)　直近の WRC は 2019 年 10 月に開催。166 か国から約 3,300 名が参加しており、日本からは総務省総合通信基盤局電波部長を団長として、民間事業者、研究機関などから約 90 名が参加した（https://www.tele.soumu.go.jp/j/adm/inter/wrc/wrc19/kaitai.htm)。

10)　次回は 2023 年に開催を予定。我が国は、WRC-23 の議題として、IMT 基地局としての高度プラットフォームの活用および IMT 用周波数のさらなる拡大等のテーマを挙げている（https://www.tele.soumu.go.jp/j/adm/inter/wrc/wrc19/kaitai.htm)。

11)　ITU の無線通信部門（ITU Radiocommunication Sector）。無線通信に関する国際ルールである無線通信規則の改正、無線通信の技術・運用等の問題の研究、勧告の作成および周波数の割当て・登録等を行っている。

世界を3つの地域に分割し、地域ごとに周波数分配を定めている（RR5条）[12]。

　この国際的な周波数分配は、世界無線通信会議（WRC）で議論され、周波数分配を変更する際には無線通信規則が改正されることになる。なお、世界無線通信会議（WRC）では、直前の世界無線通信会議（WRC）で設定された議題について必要な技術的検討が行われることになっているところ、国際的な周波数分配に関する議題においては、特に各国の企業活動、国民生活に与える影響が多大なものとなるため、各国ともに自国の無線通信システムの開発および利用動向を踏まえ、自国の関連企業と連携して積極的な取組みが必要となっている。また、一国の提案では世界無線通信会議（WRC）の議題として取り上げられないことも多いため、アジアの場合には、アジア・太平洋電気通信共同体（APT：Asia-Pacific Telecommunication）[13] においてアジア各国が参集し、検討を行った上で共同提案として取りまとめてアジア・太平洋電気通信共同体（APT）として WRC に提出するといったプロセスが一般化している[14]。

3　日本国内におけるルール

　各国の無線通信を取り扱う主管庁は、無線通信規則で規定されている国際的な周波数分配の範囲内で国内の周波数管理を行っており、日本では総務省が電波法およびその関連法規において、無線通信に関する国内ルールを管轄している。

　具体的には、無線通信規則に定められた国際的な周波数分配表を踏まえて、総務省が日本国内での周波数分配を行い、総務大臣によって周波数割

---

12)　日本は REGION3 に含まれる。詳細については総務省ホームページを参照（http://www.tele.soumu.go.jp/j/adm/freq/search/share/sanko.htm）。なお、国際的な周波数分配を変更するためには、無線通信規則の改正が必要であり、無線通信規則の改正は世界無線通信会議（WRC）で行われる。

13)　2020年12月時点で38か国の政府および4つの地域ならびに138の団体が参加（https://www.soumu.go.jp/g-ict/international_organization/apt/index.html）。

14)　総務省ホームページ（http://www.soumu.go.jp/main_content/000389780.pdf）。

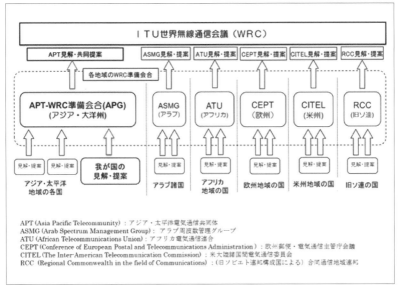

出典：総務省HP「WRCに向けた地域での準備」[15]

当計画[16] が作成・公表されることになっている（電波法26条1項）。なお、一度周波数を割り当てられたとしても、それによって半永久に周波数を利用できるという既得権を取得するものではなく、利用状況調査をもとに周波数帯ごとの電波の有効利用状況を評価され、毎年度、周波数再編アクションプランが策定・改訂されている[17]。

　実際の無線通信は、上記のとおり周波数分配を行った後に、割り当てられた周波数の範囲で無線局を開設し、運用することで利用が可能となるが、開設にあたっては、当該無線局が発射する電波が著しく微弱な場合等

15）　総務省ホームページ（http://www.tele.soumu.go.jp/j/adm/inter/wrc/wrcpre/index.htm?print）。
16）　電波利用状況調査も踏まえて作成、変更される（電波法26条の2、電波の利用状況の調査等に関する省令〔平成14年総務省令第110号〕）。
17）　最新は令和2年度第2次改定版（https://www.soumu.go.jp/menu_news/s-news/01kiban09_02000382.html）。

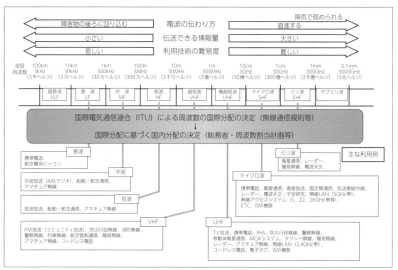

出典：令和2年版　情報通信白書（総務省）376頁

を除き、原則として、免許を取得する必要がある[18]。

Ⅳ　衛星周波数に関する国際調整手続

　宇宙空間の人工衛星と地上にある地球局との間で電波を利用する無線通信は、電波が伝搬する範囲が国境を超えて広範囲となり、また、このような広範囲に電波を発射するために必要となる電力も大きくなるため、諸外国の無線局との混信の問題が不可避である。このため、そのような混信が発生しないよう、人工衛星を打ち上げる前の、衛星周波数を割り当てる段階において、当該衛星に関して発射される電波が他国の無線局に混信を与えないよう、また、当該人工衛星が他国の無線局から混信を受けないよう、無線通信規則の規定に基づき、当該人工衛星の打上げを計画する主管庁が軌道位置を含む周波数等について技術的な調整（周波数の国際調整）を行う

---

18)　電波法4条1項。

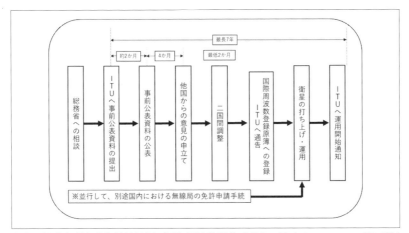

出典：総務省「小型衛星通信網の国際周波数調整手続きに関するマニュアル第3.1版」
　　　（2021年2月）より作成

旨の事前の手続を経る必要がある（RR9条）。

　具体的には、人工衛星の打上げ国の主管庁は、人工衛星の運用開始の2~7年前までに計画している人工衛星の軌道位置、使用する周波数等の技術的な内容を記載した事前公表資料（API：Advance Publication Information）をITUに提出する。各国は、公表されたAPIの内容に基づき、自国の無線局に有害な混信を与えるかどうかを検討し、混信を与える可能性があると判断した場合には、打上げ国の主管庁に対して意見の申立てを行い、二国間での調整を進めることになる[19]。

　国際調整の結果、有害な混信を発生させるおそれがない場合には、各国主管庁からITUに通告（Notification）し、国際周波数登録原簿（MIFR：Master International Frequency Register）に登録され[20]、他の無線局から保

19）　周波数の変更、サービスエリアの限定、衛星の運用期間、通信時間の限定、電波の強度の低減等により調整される（http://www.tele.soumu.go.jp/resource/j/freq/process/kokata.pdf）。

20）　有効期間は使用開始日から起算し、一般に衛星の設計寿命により決定された有効期限までである。同一特性による周波数割当てであれば、当該期間満了の3年より以前に期限延長の手続をとることが可能とされている（RR決議4〔WRC-03、改〕、http://www.tele.soumu.go.jp/j/adm/freq/process/freqint/）。

護を受けることになる[21]。

V　宇宙ビジネスにおいて想定される電波関連の紛争お　よびその解決手段

　上記Ⅳのとおり、宇宙における電波の混信問題は、人工衛星の運用開始前に十分な調整を行う手続が設けられているため、紛争の発生が一定程度回避されている。しかし、特に海外では放送用衛星の需要が高く、途上国も含め、軌道位置の獲得申請が増加しており、人気の軌道位置確保は徐々に難しくなりつつある。このような状況から、上記Ⅳの調整にもかかわらず、国家間での紛争案件が増加しているといわれている。

　このような紛争が発生した場合、当事国は、まずは交渉により、外交上の経路によって条約または合意により定める方法に従って解決を試み、かかる方法により解決できない場合には、仲裁に付することが可能であるとされている（ITU憲章56条）[22]。なお、仲裁は非公開で、裁定についても公開されないこととされている。なお、ITUは、調整機能は有するものの執行権限を有さないことから、国際周波数登録原簿（MIFR）に登録された軌道位置等に関して紛争が発生した場合であっても、当該登録された国を十分保護することができず、また、無線通信規則等のルールに反して軌道位置を確保しようとする国に対して有効な手段がとれない、という、機構自体の問題があることが指摘されている[23]。

21）　もっとも、保護の具体的な内容については明確ではない。
22）　国際電気通信連合条約41条および選択議定書において、「構成国は、この憲章、条約又は業務規則の解釈又は適用に関する問題の紛争を、交渉によって、外交上の経路によって、国際紛争の解決のために締結する2国間若しくは多数国間の条約で定める手続によって又は合意により定めることのできるその他の方法によって解決することができる」とされ、「いずれの解決方法も採用されなかったときは、紛争当事者である構成国は、条約で定める手続に従って、紛争を仲裁に付することができる」と定められている（http://www.soumu.go.jp/main_content/000171443.pdf）。
23）　青木節子「宇宙の商業利用をめぐる法規制——通信をめぐる問題を中心に」空法40号（1999年）6（4518）頁。

　過去に起きた紛争事例として有名なものは、いわゆるペーパー衛星問題である。ペーパー衛星問題とは、人工衛星打上げや周波数利用計画が具体化していない、またはそもそも打上げ計画自体が存在していないにもかかわらず、軌道位置や周波数を国際周波数登録原簿に登録し、その後も人工衛星を打ち上げないという事象をいう。たとえば、トンガは1992年に、国際周波数登録委員会[24]に31の軌道位置を申請し、6つの軌道位置を登録したものの、当初から自らの人工衛星を打ち上げるのではなく、軌道位置をリースして利益を上げることを計画し、実際に、米国やロシア等の企業に対して登録した軌道位置をリースしたりオークションにかけたりする等して利益を獲得したことから、開発途上国に対して周波数登録を申請しやすくする無線通信規則の悪用であるとして、国際的な非難が高まった[25]。

　このようなペーパー衛星問題に対しては、その後、周波数の調整手続の見直しが行われ、国際周波数調整開始後7年以内に運用を開始しない場合、または、運用開始した後にその運用を停止した場合には3年以内の運用再開を行わないときには、国際周波数登録原簿に登録したことによって取得した軌道位置に関する権益を失うこととなった。また、国際周波数登録原簿への登録手続の一環として、ITUが事前公表資料を受領した日から7年以内に、人工衛星の打上げ国は、人工衛星の製造者、打上げ手段等の真正性証明情報をITUに送付することになっている[26]。それでもなお、真正性証明情報を提出するためだけに別の軌道にある衛星を、一時登録を希望する軌道に移動させる等の手段が横行しているとされており、今後宇宙ビジネスが活発になるとこのような問題は多発し、周波数調整の紛争は増えるものと考えられる。

---

24)　ITU の常設機関の一つであったが、その後、廃止され、現在は無線通信規則委員会（RRB: Radio Regulation Board）が国際周波数登録委員会の機能を引き継いでいる。

25)　青木節子『日本の宇宙戦略』（慶応大学出版会、2006 年）89、90 頁。なお、インドネシアは、各国の注意を喚起すべく、トンガが登録する軌道位置に自国の衛星を移動させ、意図的に混信を招いて挑発行為を行ったが、このような ITU を通さない実力行使に対しては各国が懸念を表明した（前掲注 23）9〔4521〕頁）。

26)　RR 決議 49（WRC-03、改）（http://www.tele.soumu.go.jp/j/adm/freq/process/freqint/）。

VI　コンステレーション時代の国際周波数調整

　Iにおいて触れた低軌道に多数の小型衛星を配置するコンステレーションシステムが複数計画されているが、このように多数の衛星の周波数調整はどのように行われるであろうか。この点、現状では、一つのファイリングに含めてよい軌道面数、衛星数等に制限はないため、非常に多くの低軌道衛星を含む登録が一度にまとめて行われている。現行の手続においては、このうち1機でもその運用を開始すると、国際周波数登録原簿（MIFR）に登録された全体の軌道位置に関する権益が認められることとなり、その後はいずれか1機が運用を継続する限り、当該既得権益を保持することが可能となる。この取扱いについては、WRC-19において議題7（衛星ネットワークに係る周波数割当てのための事前公表手続、調整手続、通告手続および登録手続の見直し）として取り上げられ、総務省も当該見直しを行うことに支持する意向を表明していたが[27]、解決には至らず、WRC-23においても議題7として引き続き検討される方向となっている[28]。

　地球上においては、現に、鉄道、家電、医療機器、車、ヘルスケア商品等、身近にある様々なものが、インターネットに接続し、IoT技術が浸透しつつある。

　宇宙の人工衛星を活用することで、世界のどこにいても高速でインターネットに接続が可能となれば、IoTが無限に拡がっていくことは想像に難くない。

　総務省の「宙を拓くタスクフォース報告書」[29]によると、2030年には宇宙通信プラットフォームを形成して、ネットワーク基盤を宇宙空間に拡

---

27)　総務省「2019年世界無線通信会議（WRC-19）に向けた我が国の考え方」（http://www.soumu.go.jp/main_content/000536385.pdf）。

28)　総務省情報通信審議会情報通信技術分科会（第146回）資料146-3（http://soumusyou.web.stream.ne.jp/www11/soumusyou/shiryou/20191224.pdf）。

29)　総務省「宙を拓くタスクフォース報告書」（https://www.soumu.go.jp/main_content/000624305.pdf）。

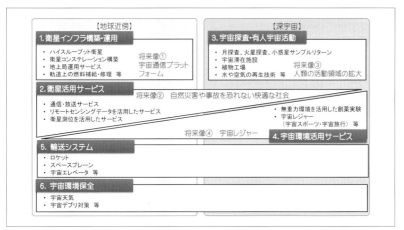

出典：総務省「宙を拓くタスクフォース報告書」30頁より

　大し、自然環境や各種インフラを監視するセンサー端末から農機・銃器・航空機・海洋資源探査船、5G のバックホール等全ての接続を衛星通信が提供するようになり、さらに、2050 年代には、地球以外の資源の獲得や居住領域の確保、宇宙レジャーなど、人類の活動範囲が宇宙に拡大するという未来像が描かれている。

　旧ソ連による人類初の人工衛星スプートニク 1 号の打上げが成功した1957 年から 60 年超を経過した現代において、人工衛星が、水道・電気・道路と並ぶインフラの一つに仲間入りする日はもう間もなくのようである。

Ⅶ　結び

　以上のとおり、宇宙ビジネスに不可欠な国際周波数調整は、目に見えない電波を管理しており、今後、宇宙ビジネスに使い勝手のよい周波数帯は国家間、事業者間での取得競争が激化するものと考えられる。わが国でも官民連携して、戦略的な国際周波数調整を推進していくことが望まれる。

第2節

衛星の軌道上売買をめぐる論点

渡邉亜希子

　今回は「衛星の軌道上売買」をテーマに、国際宇宙法上の問題を明らかにしていきたい。

　衛星の軌道上売買とは、読んで字のごとく軌道上に配置されたのちに衛星を売買すること、つまり所有権を別の者に移転することを意味する[1]。売買という取引形態は事業活動のなかでも最も一般的な取引の一つだが、売買が宇宙空間に配置された衛星を目的物として行われると損害賠償責任の負担についての問題が生じる。これは軌道上売買という取引が、国際宇宙法が議論されていた当時に想定されていなかったことに起因する。

　本稿では、衛星の軌道上売買についての国際宇宙法上の論点を明らかにするとともに、その解決策を提示したい。

I　軌道上売買の具体例

　では具体的な論点に入るまえに、軌道上売買のイメージをつかむためにいくつかの具体例を確認しておこう。軌道上売買の具体例は複数あるため、ここでは日本企業が関係している2つの取引を例示する。

---

[1]　衛星の調達形式の一つとして、衛星の軌道上引き渡しという形態がある。これは衛星の製造を請け負ったメーカーが打上げサービスも手配し、軌道上において購入者に衛星の引き渡しを行うものである。この軌道上引き渡しは打上げ後の短期間で引き渡しがなされることがあらかじめ想定されているため、本稿における衛星の軌道上売買においては対象としない。

1　JCSAT-4 号（JCSAT-R）衛星

この衛星は日本のスカパー JSAT ㈱が所有していたもので、1997 年 2 月 17 日に ATLAS II AS ロケットによって米国フロリダから打ち上げられた [2]。この衛星は 2009 年になると Intelsat 社に対して軌道上で売却され、Intelsat 社がトルコの Turksat 社に軌道位置確保のためリースしたとされている [3]。

2　MBSAT 衛星

この衛星は 2004 年 3 月に米国フロリダから打上げられた衛星で、日本のモバイル放送㈱と韓国の SK Telecom 社が所有していたものである [4]。その後 2014 年にバミューダの企業 Asia Broadcast Satellite 社に売却されている [5]。

このように、衛星の軌道上売買とはある企業が所有・運用していた衛星を、一定期間運用されたのちに、別の企業に売却されるものとしてイメージいただけただろうか。後述するように外国人に対する宇宙活動に起因する賠償責任の最終的な負担者は国家であるため、当該売買が一国内にとどまっている限りにおいては問題は生じないが、先の例のように国をまたがった取引が行われると国際法上の責任分担の問題が生じる。では、その責任分担とはどのようなものであろうか。

II　打上げ国責任

少し前の話にあるが、ロシアが運用していた宇宙ステーション・ミール

---

2)　ST/SG/SER.E/337（JCSAT-4 衛星）（13 May 1998）p.3.

3)　http://spacenews.com/turksat-use-borrowed-intelsat-craft-placeholder/（2020 年 12 月 29 日アクセス）。

4)　https://www.sktelecom.com/en/press/press_detail.do?idx=454（2020 年 12 月 29 日アクセス）。

5)　https://www.absatellite.com/company/milestones/（2020 年 12 月 29 日アクセス）。

を大気圏に突入させるときに、どこに落下するかニュース等で騒ぎになっていたことをご記憶されている方もいらっしゃるかもしれない[6]。または2016年のSpaceX社のFalcon9の打上げ前テストの失敗[7]を記憶されている読者の方も多いだろう。宇宙活動、特にその打上げは今日においても高度に危険な活動であり、様々な安全対策が取られているものの甚大な損害が生じる可能性は否定できない。宇宙活動によって損害が生じた被害者は、他の取引と同様加害者に不法行為責任を問うことは可能である。しかし、保険等で担保されているものの、一企業の行う宇宙活動によって生じた損害を当該企業が全額賠償できない可能性もある。そこで国際宇宙法の枠組みにおいては被害者保護が第一に考えられ、打上げや人工衛星等が落下したことによって損害が生じた場合、それが民間企業の活動であったとしても国家が責任を負うと取り決められている。

　宇宙条約[8]、そしてその内容をより詳細に規定した条約の一つである宇宙損害責任条約[9]においては「打上げ国」が地上で生じた損害に対して無過失責任を負うと規定している（宇宙損害責任条約2条）。この「打上げ国」は、4つの類型として定義されており、それぞれi打上げを行う国、ii打上げを行わせる国、iiiその領域から宇宙物体の打上げを行う国、ivその施設から宇宙物体の打上げを行う国となっている（宇宙損害責任条約1条(c)）。いずれか一つのカテゴリーに合致すれば、打上げ国となり、打上げ国は連帯して被害者に対して責任を負う（宇宙損害責任条約5条）。このカテゴリーのうち、「打上げを行わせる国」というのは、当初は「国家の責任で公式に

---

6)　http://www.mitsubishielectric.co.jp/dspace/column/c0211_3_b.html（2020年12月29日アクセス）。

7)　https://www.bbc.com/news/world-us-canada-37247077（2020年12月29日アクセス）。

8)　「月その他の天体を含む宇宙空間の探査及び利用における国家活動を律する原則に関する条約」1967年1月27日署名開放、1967年10月10日発効、18. U.S.T. 2410, T.I.A.S. No. 6347, 610 U.N.T.S 205（日本における発効：1967年10月10日）。

9)　「宇宙物体により引き起こされる損害についての国際的責任に関する条約」1972年3月29日署名開放、1972年9月1日発効、24 U.S.T. 2389, T.I.A.S. No. 7762, 961 U.N.T.S. 187（日本における発効：1983年6月20日）。

他国に委託して、打上げ業務の提供を受ける国」[10] と説明されることも
あったが、現在においては民間企業が宇宙活動の中心になりつつこともあ
り、その定義の内容は不明確である[11]。先に述べたように宇宙活動はた
とえそれが民間企業によって行われるものであっても、国がその宇宙活動に
ついて国際的責任を負うとされている（宇宙条約 6 条）。つまり、日本企業
が行った宇宙活動については、被害者との関係では日本政府が一義的には
責任を負う、ということである。

　ここで具体例から打上げ国の特定を行ってみよう。たとえば、2020 年 11
月に H2A ロケットによって打ち上げられた「データ中継衛星 1 号機・光
データ中継衛星」[12] は日本政府が所有する衛星[13] であるので、この衛星
の打上げ国は、上記の i 、iii および iv の基準を満たす日本が打上げ国に該
当する（当該衛星については ii に合致する国は存在しない）。

　日本の民間企業が行うものとしては、たとえばスカパー JSAT ㈱の JC-
SAT-17 衛星がある。この衛星は 2020 年 2 月にフランス領ギアナから
Ariane ロケットによって打ち上げられ、衛星通信サービスに用いられるこ
とになる[14]。この例においてはフランスが上記 i 、iii および iv の基準を満
たした打上げ国となり、日本は ii の基準を満たすものとして打上げ国にな
るという整理となる。これは、これまでの日本政府の慣行から日本企業が
所有する衛星の打上げについては日本が打上げ国になるという解釈を採用
していると考えられるからである。よって、仮にこの衛星によって地上に
損害が生じた場合にはフランスと日本が連帯して被害者に対して責任を負
うこととなる（宇宙損害責任条約 5 条）。

　日本政府の慣行と述べた打上げ国であるとの自認は、宇宙物体登録制度

10)　山本草二「宇宙開発」『未来社会と法』（筑摩書房、1976 年）93 頁。

11)　Armel Kerrest and Lesley Jane Smith, "Article VII of the OST" in Stephan Hobe
　　et al. eds., Cologne Commentary on Space Law, Volume I (2009), p.137.

12)　https://www.mhi.com/jp/notice/notice_201129.html（2020 年 12 月 29 日アクセス）。

13)　https://www.nikkei.com/article/DGXMZO66783030Z21C20A1000000（2020 年 12
　　月 29 日アクセス）。

14)　https://www.skyperfectjsat.space/news/detail/jcsat-17_1.html（2020 年 12 月 29 日
　　アクセス）。

から確認することができる。この宇宙物体登録責任制度というのは、宇宙物体登録条約 15) に基づくもので、宇宙空間に打ち上げられた物体について、登録によってその識別を可能にするために設けられている制度である。この制度においては、「打上げ国」のみが宇宙物体の登録をすることができると規定されている（宇宙物体登録条約2条）。日本はこれまで日本政府が所有する衛星のみならず、日本企業が所有する衛星についても登録を行ってきている。先の JCSAT-17 衛星の登録はいまだ確認できないが、これまでの慣行を踏襲するならば日本が打上げ国として宇宙物体登録をすると思われる 16)。

　このように宇宙物体登録を確認すれば、客観的に打上げ国を特定できるようにはなっているが、軌道上売買については、その打上げ国責任の負担について問題がある。それは軌道上にある衛星を購入した企業の属する国は打上げ国になるのかという問題である。打上げ国の定義はいずれも「打上げ」が一つの基準となっている。軌道上にある衛星はすでに打上げが完了しており、購入者は宇宙空間に配置されている衛星の所有権を得るのみである。売買における責任分担を一般的に考えると、ある合意された時点以降は目的物に起因する賠償責任は購入者に移転するはずである。しかし、国際宇宙法の現状の枠組みにおいては、「打上げ」が賠償責任の分担の基準となっているため、通常の売買と同じ結論にならないことが想定される。

　もちろん一般国際法に基づいて、真の所有者（民間企業の場合はその属する国）に打上げ国責任の求償を行うことが不可能なわけではない。しかし一般国際法における国家責任は原則として違法行為から生じる 17) が、宇

---

15)「宇宙空間に打ち上げられた物体の登録に関する条約」1975 年 1 月 14 日署名開放、1976 年 9 月 15 日発効、28 U.S.T. 695, T.I.A.S. No. 8480, 1023 U.N.T.S. 15（日本における発効：1983 年 6 月 20 日）。

16) 2020 年 12 月 29 日現在確認できる日本の宇宙物体登録の最新情報は 2019 年 1 月 18 日に打上げがなされた ALE 1 衛星・RAPIS-1 衛星である（ST/SG/SER.E/902（23 December 2019）p.5-6)。

17) 国家責任条文案 2 条。

宙活動は国際法における違法行為ではないこと、加えて国家責任は原則として過失責任であることから、打上げ国責任と一般国際法に基づいて国家が負う責任の範囲はかならずしも一致しない可能性がある[18]。

Ⅲ　解決策

　ここまで宇宙活動に起因する損害が生じた場合、打上げ国という地位の国が被害者に対して無過失責任を負い、その打上げ国は真の衛星の所有国（企業が所有する場合は、その属する国）とは一致しない可能性があることを概観した。また打上げ国が真の所有国に求償しようにも、一般国際法では困難なことが想定されることも明らかになった。では、打上げ国責任が残存してしまう売主の立場から、どのような対策が考えられるのだろうか。

1　契約

　解決策の一つ目として考えられるのは、軌道上売買の契約において、売却後に生じた損害についての最終的な負担者を合意しておくことである[19]。たしかにこの方法は有益である。ただし、被害者は当事者間の契約内容について知りうる立場にないことに加え、打上げ国責任は国際宇宙法上元の所有国に残存するので、被害者は元の所有者を訴えることが可能であり、元の所有国が紛争に巻き込まれるリスクは依然として残る。さらに、民間企業間の売買契約の場合、通常第三者である国家は当該契約について関与しないことが想定されるので、購入者の属する国自体が打上げ国責任

---

18)　宇宙条約7条の規定が無過失責任かどうかについては必ずしも明確ではない（Bin Cheng, "The 1972 Convention on International Liability for Damage Caused by Space Objects" in International Space Law (1997), p.291.）。

19)　Armel Kerrest, "Remarks on the Notion of Launching State", Proceedings of the Forty-second Colloquium on the Law of Outer Space (2000), p.309; B. Schmidt-Tedd et al. "C. Future Perspectives of The 2007 Resolution on Recommendations on Enhancing the Practice of States and International Intergovernmental Organizations in Registering Space Objects" in Stephan Hobe et al. eds., Cologne Commentary on Space Law, Volume III (2015), p.472.

を引き受けることは当該契約とは別に手当てしなければならない。

　よって、最も望ましい解決策は軌道上での衛星購入国を宇宙諸条約にいう打上げ国に該当させる定義の変更を行うことと考えられる。国際宇宙法のレベルでこのような整理がなされれば、個別の取引に応じて関係する国家間で打上げ国責任を調整する必要がなくなる。これは被害者保護の観点からも有益である。打上げ国責任は被害者との関係では一度打上げ国になった国はその地位から解放されることはない[20]ため、軌道上での衛星購入国が打上げ国に該当すると、打上げ国に該当する国が増えることになる。したがって責任を持つ打上げ国が多ければ多いほど、被害者は容易に救済を受けられる可能性が増える。

2　国連での動き

　では、今日の国家間の議論では衛星の軌道上売買がどのように整理されているかを概観しよう。

　宇宙諸条約の制定や改正については国連の宇宙空間平和利用委員会という組織において議論され、そこでのコンセンサスをもって条約として制定される。このコンセンサスは全会一致を要するため、今日において宇宙諸条約の改正を行うことは困難を極めている。

　しかし宇宙諸条約が制定されたときから、宇宙活動は大きく変化しているので、その溝を埋めるべく法的拘束力はない国連決議という形での勧告がなされている。当該勧告のうち打上げ国責任に関連するのは、「打上げ国概念の適用」[21] と 「宇宙物体登録勧告」[22] である。

---

20) Henry R. Hertzfeld and Frans G. von der Dunk, "Bringing Space Law into the Commercial World: Property Rights without Sovereignty", Chicago Journal of International Law, Vol 6, Issue 1（2005）, p. 89.

21) UN Doc. A/RES/59/115（25 January 2005）。

22) 正式名称は「締約国及び国際機関の宇宙物体の登録方法に関する勧告」UN Doc. A/RES/62/101（10 January 2008）。

⑴　打上げ国概念の適用

　この決議においては「打上げ国」の定義の明確化は行われなかったが、損害賠償責任を負う者の明確化に資すると考えられる事項が勧告されている。特に衛星の軌道上での売買については、宇宙物体の所有権の移転が軌道上でなされた場合、締約国は国連事務総長に対して任意にその情報を提供するよう勧告されている（勧告3）。

⑵　宇宙物体登録勧告

　この決議においては、宇宙物体の登録の実効性を高めるための勧告がなされている。宇宙物体登録条約4条では提供すべき情報が明記されており、追加の情報を随時提供することができるとされている。しかし、この規定は特に衛星の軌道上売買の観点からは十分な定めとはなっておらず、また前述したように条約の改正が困難であることに鑑みて、提供すべき情報の詳細を決議することで宇宙物体登録による識別力を高めようとしている（勧告2）。軌道上の売買については、その管轄権（supervision）の変更に伴い追加情報を提供するよう勧告されている（勧告4）。

3　一般国際法の変化

　このように国際的なレベルでの議論が行われ、国連決議も採択されているが、条約の改正は困難を極めている。解決策の最後に考えられる手段は、解釈の変更である。

　宇宙諸条約は宇宙活動に関する国家のルールを定めたものであるが、一般国際法も引き続き国家の宇宙活動に対しては適用される[23]。一般国際法上、軌道上で衛星を購入した国に国家責任を追及できるという解釈が成立すれば、打上げ国概念の解釈についても変更できる余地があると考えられるからである。

　一般国際法の解釈については、ウィーン条約法条約によって規定されて

23）宇宙条約3条においても国際法に従って宇宙活動がなされなければならないとされている。

いる。それによれば、文脈を重視するものの、「条約の適用につき後に生じた慣行であって、条約の解釈についての当事国の合意を確立するもの」についても考慮するとされる[24]。先に触れたように打上げ国は 4 つの類型からなるが、そのうちの一つである「打上げを行わせる国」という解釈は確定していない。よって、一般国際法における国家責任の解釈に変化がみられるとしたら、それを打上げ国概念にも適用することができるのではないかと考えられる。

(1)　国家責任の根拠

　国家はその領域において、一般国際法や個別の条約によって制限されない限り、自由に管轄権を行使することができ[25]、そして管轄権を行使できるという権利は義務を伴う[26]。この国家の義務に違反すれば当然に国家責任が生じるのである。

　この義務の範囲を示すものとして国家の「管轄及び管理」という文言は一体的な概念として宇宙条約で初めて用いられた[27]が、昨今「管轄又は管理」という使われ方がなされるようになってきている。その典型は、ストックホルム人間環境宣言[28]の原則 21 である。そこでは、「自国の管轄又は管理の下における活動が他国の環境又は国の管轄外の地域の環境を害さないことを確保する責任を負う。」と規定されている。この原則は、国家がその領域だけではなく、その「管理」下の活動についても責任を負うよう範囲を拡大することが意図されていたと考えられる[29]。「自国の管轄又

---

24)　ウィーン条約法条約 31 条(Vienna Convention on the Law of Treaties, 1155 UNTS 332)。

25)　Publication of the Permanent Court of International Justice, series A, No. 10., Collection of Judgements, The Case of the S.S. "Lotus" (7 September 1927), p.18.

26)　Island of Palmas case, Reports of International Arbitral Awards, Vol.2, p.839.

27)　Bernhard Schmidt-Tedd and Martin Reynders, "Cross-Border Transfer of Operation (Ownership) of Satellite – Solutions in Line with the Space Treaties", in Mahulena Hofmann and Andreas Loukakis eds., Ownership of Satellite (2017), p.69.

28)　Declaration of the United Nations Conference on the Human Environment (U.N. Doc. A/CONF.48/14/Rev.1).

は管理の下」とは、従来、国家が属地的に管轄権を有する領域的な「管轄権」内と、自国民や自国の国籍を有する船舶や航空機など、国家の属人的管轄権に服するものを対象とする概念であると考えられてきた[30]。しかし今日この「管理」という語には、国籍を媒介とする属人的管轄権のみならず、「事実上の支配」をも対象とする立場がある。

　この「管理」という語に「事実上の支配」を含む立場は、1971年の国際司法裁判所のナミビアに関する勧告的意見によっても補強されている。その勧告的意見においては「南アがもはやこの地域の施政を行う権限 title を有していないという事実は、この地域に関する権能の行使につき、国際法上、他の国々に対して有する義務および責任を解除するものではない。主権または権原の正当性ではなく、この地域に対する事実上の管理 physical control こそが、これらの行為に関する国家責任の基礎なのである[31]。」とされた。ここから、事実上の「管理」に基づき国家責任が発生することが、国際司法裁判所の勧告的意見としても明らかにされた。

　このように事実上管理していることによって国家責任が生じるのであれば、軌道上の衛星売買に起因する賠償責任も、打上げには直接的には関与していない購入国も結果的に打上げを享受していることから「打上げを行わせる国」に該当するという解釈も可能になるのではないかと考えられる。では、解釈を変更するために必要な国家の慣行について次に確認したい。

(2)　宇宙活動に関する国内法

　国家の慣行を確認する手段として、各国が制定している宇宙活動に関す

---

29)　Francesco Francioni, "Exporting Environmental Hazard through Multinational Enterprises: Can the State of Origin be Held Responsible?" in Francesco Francioni and Tullio Scovazzi ed., International Responsibility for Environmental Harm (1991), p.289.

30)　水上千之ほか『国際環境法』（有信堂、2001年）241頁。

31)　ICJ Reports 1971, para 118. 日本語訳については、村瀬信也「国際環境法における国家の管理責任——多国籍企業の活動とその管理をめぐって」国際法外交雑誌 93 巻 3・4 合併号（1994年）145 頁より引用。

る法律を確認したい。先に述べた国連決議に基づく勧告においても、各国が宇宙活動に関する国内法を制定することで実質的な被害者保護を図っていこうとする傾向がみられる。

宇宙条約6条においては、関係当事国による宇宙活動の継続的な監督および許可が要求されている。国家はこの規定に基づき宇宙活動の許可制度を策定しているが、その中で打上げのみならず、宇宙物体の管理を許可の対象としている国内法がみられる[32]。

また実際に衛星の軌道上売買について規律をしている国のルールとしては、主に衛星の所有者や運用者が変更になるときに、国に通報したり事前に許可を得る必要がある、というものがみられる[33]。その中でも、外国の企業に衛星を売却する場合には元の所有国が打上げ国責任から逃れることを移転の条件とする国もある[34]。

日本は2016年に宇宙活動法[35]を制定し、2018年11月に施行されたが、衛星の軌道上売買についての規定が設けられている。そこでは日本以外から人工衛星を管制するような譲渡を行う場合には届出が必要とされている（26条2項）。

このように各国は、国内法を制定することによって、宇宙物体の運用・管理を許可の対象とし、その変更についても把握する仕組みが導入されている。その結果、実質的に打上げ国責任を負わない、または他国に求償できるような仕組みが導入されているといえる。

Ⅳ　おわりに

衛星の軌道上売買は、宇宙諸条約が制定された当時想定されていなかった取引の一つであるが、国際宇宙法だけでは合理的な責任分担が導けない

32）　たとえば、ベルギー法においては、宇宙物体の実質的管理を確保することによって活動を行うものを運用者として規制の対象としている。

33）　たとえば韓国法、オーストリア法。

34）　たとえばイギリス法、ベルギー法、フランス法。

35）　人工衛星等の打上げ及び人工衛星の管理に関する法律（平成28年法律第76号）。

ことが明らかである。宇宙活動が今後も発展していくためには、宇宙諸条約制定当時のコンセプトである被害者保護を維持し、万が一の事態に備えた枠組みが整っていることが望ましい。衛星の軌道上売買についていえば、「打上げを行わせる国」の解釈を変えることで、被害者保護に資する体制が構築され、宇宙諸条約体制の維持が可能になると考えられる。

宇宙ビジネスとファイナンス

小塚荘一郎／宮城健太郎

I 法的枠組の現状

　宇宙ビジネスは、必然的に規模の大きな事業となり、巨額の資金を必要とする。それにもかかわらず、これまで、宇宙ビジネスにおける資金調達が正面から論じられることは少なかった。2000年代初頭までは、宇宙の商業化といっても、その担い手は伝統的な航空宇宙事業体であり、また商業活動の顧客も途上国を含めた政府や宇宙機関であったため、資金調達を独立して取り上げる理由が乏しかったためである。近年になり、New Spaceと総称される潮流の中で、新興企業が宇宙産業の担い手となる事例も増えてきたが、その場合、資金調達手段はもっぱら出資（エクイティ）であるため、やはり宇宙ビジネスに固有の法律問題は発生しない。

　しかし、宇宙ビジネスが成熟するにつれて、借入れ（デット）による資金調達の事例が出現すると思われる。すると、担保をどのように設定するかという問題が生ずるであろう。担保には、貸付金を回収するために担保物の経済的価値を把握する機能に加え、後述するプロジェクト・ファイナンスの場合などでは、第二の債権者が出現することを排除するという機能も認められ[1]、資金を提供する金融機関は、担保の設定に無関心ではいられないからである。

---

1)　担保の管理機能と呼ばれることもある（債権管理と担保管理を巡る法律問題研究会「担保の機能再論──新しい担保モデルを探る」金融研究27巻法律特集号1頁〔2008年〕）。

　ところが、宇宙空間に所在する物件（宇宙資産）に担保を設定すること
は、容易ではない。まず、宇宙資産は、土地の定着物ではないから動産に
あたるが、多くの国では、宇宙空間に所在する動産に対して担保権（質権
など債権者の占有を必要とするもの以外の担保権）を設定し、第三者に対抗す
る制度が存在しない。もっとも、米国の統一商事法典（Uniform Commercial
Code〔U.C.C〕）第 9 編[2]や、カナダ、オーストラリア等の動産担保法制
（Personal Property Securities Act〔PPSA〕）、さらにはそれらをモデルとし
て導入された法制（たとえばポーランドの動産抵当法[3]）のように、対象と
なる動産を限定しない動産担保法制は、宇宙資産にも適用の可能性があ
る。なお、日本法の下では、動産譲渡登記制度の問題になるが、宇宙空間
に所在する動産について譲渡登記を申請して受理されるかは、明らかでな
い[4]。

　次に、宇宙空間に所在する動産上の担保権に関し、その有効性および第
三者に対する対抗力について適用される準拠法をどのように決定したらよ
いかという問題が、判然としない。多くの国では、物権の準拠法は対象物
の所在地の法（lex rei sitae）とする考え方が広く支持されているが[5]、宇
宙空間に所在する動産の場合、その所在地はいずれの国の領域にも属さな
いものとされている空間であるため（宇宙条約 2 条）、そうした考え方はと
り得ない。そこで一部の学説は、宇宙条約 8 条が、宇宙空間に打ち上げら
れた物体について、それを登録した国が管轄権および管理の権限を行使す
ると定めていることに着目し、ここにいう「管轄権」は民事法の適用を含

---

2)　Mark Sundahl, *The Cape Town Convention*（Nijhoff, 2013）p.15.

3)　Maria Dragun-Gertner, Zuzanna Pepłowska-Dąbrowska & Jacek Krzemiński, 'The
Cape Town Convention and Polish Law on Security Interests' in: Souichirou Kozu-
ka（ed）, *Implementing the Cape Town Convention and the Domestic Laws on Se-
cured Transactions*（Springer, 2017）p.281.

4)　海外に所在する動産を対象とした登記は却下されないようであるが、その理由とし
て、動産譲渡の準拠法を譲渡人の住所地法とする国があることが挙げられているので
（植垣勝裕＝小川秀樹『一問一答　動産・債権譲渡特例法〔三訂版増補〕』41 頁〔商事
法務、2010 年〕）、次に述べる準拠法の考え方によるのかもしれない。

5)　法の適用に関する通則法 13 条参照。

むと解した上で、宇宙資産の登録国の法が物権準拠法であると主張している[6]。しかし、国際法上、「管轄権」という語は多義的であり、この考え方が異論なく認められるという保証はない。米国の統一商事法典第9編の場合、担保権の成立および対抗力（perfection）については担保権設定者の所在地法を準拠法とするので[7]、宇宙資産を対象とする担保権をその州で登録することが可能である[8]。もっとも、複数の担保権が競合した時には担保物の所在地法によって優劣が決定されるため[9]、担保権の実行が必要になると、やはり宇宙空間の特殊性が問題となる可能性があろう[10]。

　このように、現行法の下では、宇宙資産に担保権を設定しようとしても、法的な不確実性が大きい[11]。そのことは、近い将来、宇宙事業者が借入れ（デット）による資金調達を行おうとする場合に、障害となる可能性がある。

---

6)　Stephan Hobe, Bernhard Schmidt-Tedd & Kai-Uwe Schrogl (eds), *Cologne Commentary on Space Law*, Vol.1 (Carl Heymann, 2009), Art. VIII, para.48 [Bernhard Schmidt-Tedd & Stephan Mick].批判的な見解として、Dietrich Weber-Steinhaus & Deirdre Ní Chearbhail, 'Security Rights over Satellites: An Overview of the Proposed Protocol to the Convention on International Interests in Mobile Equipment on Matters Specific to Space Assets', in: Lesley Jane Smith & Ingo Baumann (eds), *Contracting for Space* (Ashgate, 2011), p.221, at p.222.

7)　U.C.C. §9-301 (1).

8)　Sundahl・前掲注2) p.16。

9)　U.C.C. §9-301 (3) (C).

10)　この場合について、統一商事法典全体に関する抵触規則の原則が、「当該取引との合理的な関連性」を条件として当事者の合意による準拠法の選択を有効としているため（U.C.C. §1-301 (a)）、少なくとも一方の取引当事者が所在する州の法律を準拠法とする合意があれば、その州の法律（すなわち統一商事法典第9編）にもとづき、先に登録された担保権が優先権を主張できることになるとの指摘がある（Sundhal・前掲注2) p.18）。

11)　Lesley Jane Smith, 'The Cape Town Convention and the Space Assets Protocol: Considerations after the Event', in: Mahulena Hofmann & Andreas Loukakis (eds), *Ownership of Satellites* (Nomos, 2017), p.280.

II　ケープタウン条約宇宙資産議定書

　こうした事情を背景に、宇宙事業の資金調達（ファイナンス）を容易にする制度として考案された国際枠組が、ケープタウン条約（可動物件の国際担保権に関する条約）の宇宙資産議定書である。ケープタウン条約は、航空機や鉄道車両のように国境を越えて移動する物件（可動物件）の上に担保権が成立することを定め、かつ、その登録を一元的に管理・公示するための国際登録簿を設立する条約であり、航空機ファイナンスの分野では広く利用されている。そこで、この枠組を、議定書によって宇宙資産にも拡大し、宇宙資産に対する担保権の成立とその国際登録を実現しようと考えられたわけである[12]。

　ケープタウン条約が、その航空機議定書とともに採択された2001年頃の航空業界は、自由化が進んで新規参入者が急増し、航空機リースを活用したLCC（低価格のエアライン）が市場構造を変革しつつあった。同じ時期に、通信衛星を運用する国際組織が相次いで民営化されたため、宇宙産業にも構造変革が訪れ、航空業界と同様に新たな資金調達スキームが出現するのではないかという予想も抱かれていた。そうした背景から、宇宙資産議定書に対しても、当初は、宇宙事業者やその周辺の法律家から大きな期待が寄せられた[13]。ところが、民営化された通信衛星オペレーターは、ほどなくして企業買収（特に、いわゆるLBO）による再編を経験し、通信衛星市場は、変革ではなく成熟へと向かった。これが理由であったか否かは定かではないが、2000年代の半ば以降、有力な宇宙事業者はほぼ一致して、

---

12)　ケープタウン条約宇宙資産議定書についての概括的な紹介として、Sundahl・前掲注2)、小塚荘一郎「宇宙資産上の国際担保権の登録システム」立命館法学363 = 364号（2015年）191頁、同「宇宙ファイナンス法の新局面」千葉大学法学論集30巻4号（2016年）70頁。ケープタウン条約全般については、佐藤育己『航空機ファイナンスにおける担保制度統一の分析』（法律文化社、2016年）、Kozuka・前掲注3)。
13)　当時の雰囲気については、小塚荘一郎「航空機ファイナンスから衛星ファイナンスへ」NBL782号（2004年）31頁参照。

宇宙資産議定書の作成、採択に批判的な立場をとるようになった。宇宙資産議定書は、2012 年の外交会議で採択されたが、その際にも多くの宇宙事業者は反対を公言し[14]、それは現在に至るまで変わっていない。

　ところで、ケープタウン条約は、各議定書が定める物件ごとに担保権の登録機関を設立することとしており、かつ、それらの登録機関の運営は、関係業界を所管する国際機関によって監督されるものとしている。たとえば、航空機議定書に基づく登録機関については、国際民間航空機関（ICAO）の理事会が監督機関となって運営を監督している。そこで、宇宙資産議定書を採択した外交会議は、国際電気通信連合（ITU）に対して、同議定書に基づく登録機関の監督機関となり、登録機関の運営を監督するよう招請する旨の付帯決議を採択した。

　それ以降、ITU では、最高意思決定機関である全権委員会合が 4 年に一度開催される都度、この招請を受諾するべきか否かが議題に挙げられている。しかし、ITU において強い影響力を持つ通信衛星業界が、前述のとおり、宇宙資産議定書に対する批判的な立場を変えていないため、これを受諾する決定は受け入れられずにいる。2018 年 11 月にも、ITU の全権委員会合がアラブ首長国連邦のドバイで開催されたが、現時点では監督機関となることの招請を受諾せず、今後、同様の招請が行われれば改めて将来の全権委員会合で検討するという内容の決議が採択された[15]。

Ⅲ　宇宙資産議定書への実務ニーズ検証

　皮肉なことに、宇宙資産議定書が当初に想定していた宇宙産業の変革は、議定書を採択する外交会議が 2012 年に開催された直後から急速に進展した。いわゆる New Space の潮流が、すでに論じたように資金調達のため

---

14)　小塚・前掲注 12)　立命館法学 363 = 364 号 197 頁。

15)　Resolution COM 5/4（Dubai, 2018）, 'ITU's role as supervisory authority of the international registration system for space assets under the space protocol', in Final Acts of the Plenipotentiary Conference, Dubai, 2018.

の取引スキームを必要とするのであれば、宇宙資産議定書は、そうした
New Space 企業にこそ有益な国際枠組であるかもしれない。たとえば、低
軌道で数千機の衛星を運用するコンステレーション企業は、静止衛星の運
用を中心とする従来の衛星オペレーターとは違ったファイナンス取引を求
めている可能性もあろう。

　そこで、宇宙資産議定書に対する実務のニーズを改めて検証するための
サブグループが、登録機関設立準備委員会の下に組織された[16]。そのメン
バーは、宇宙産業の先端的な動向に通じた実務家と法律家である。そして、
サブグループの議論に基づき、国際宇宙大会（IAC）やアジア太平洋地域
宇宙機関会議（APRSAF）などさまざまな宇宙関係の会合において、宇宙
資産議定書の意義についてのプレゼンテーションが行われている[17]。あた
かも 2018 年には、宇宙条約発効の翌年に開催された第 1 回国連宇宙会議か
ら 50 年の節目を記念して UNISPACE+50（「第 1 回国連宇宙会議」開催 50 周
年記念会合）が開催され、それに関連したハイレベルフォーラム会合等で
は、宇宙活動の経済的側面もアジェンダとされた[18]。宇宙産業における資
金調達とそのための制度枠組という主題は、このアジェンダにふさわしい
ものであったといえよう。

　もっとも、そのような活動は、現在までのところ、宇宙資産議定書に対
する強い支持を引き出すには至っていない。その理由は、ケープタウン条
約の枠組が、2000 年前後の航空機ファイナンスの実務に引きずられ、資産
担保金融に特化しすぎているためではないかと思われる。航空機ファイナ
ンスの場合は、少なくとも先進国には航空機抵当などの制度が存在してお
り、条約は、そうした既存の制度の細目を統一するとともに、従来は必ず

---

16)　UNIDROIT 2018 C.D.（97）4, para.16 参照。本章の筆者両名は、日本からこのサブ
　　グループに参加している。
17)　このうち APRSAF で行われたプレゼンテーションは、ウェブサイト〈https://ww
　　w.aprsaf.org/annual_meetings/aprsaf25/data/8_SpaceCooperation/7-5_Hamza_Ha
　　meed_Space_Cooperation_in_the_Asia_Pacific.pdf〉上で公開されている。
18)　2018 年 11 月にドイツのボンで開催されたハイレベルフォーラム会合でも、宇宙資
　　産議定書の寄託者であるユニドロワ（私法統一国際協会）の事務局長からプレゼン
　　テーションが行われた。

しも担保物権と考えられてこなかったリース取引を統一的に取り扱ったところに大きな意味を持っていた。これに対して、宇宙事業のファイナンスでは、前述のように、そもそも担保権設定の可否が大きな問題である。また、宇宙資産に対する担保権の登録制度を持たない国がほとんどであるため、宇宙資産議定書は、多くの国では、はじめて宇宙資産の登録を可能にする制度という意味を持つ。担保の機能としても、航空機の資産担保金融では、債務者（エアライン）の倒産時には担保物件である航空機を引き揚げることが現実に想定されることに対して、宇宙ファイナンスにおける宇宙資産上の担保は、むしろ他の債権者を排除するという機能のほうが大きい。実務上のニーズを確認し、実務界の支持を引き出すためには、こうした宇宙ファイナンスに特有の事情を正確に受け止める必要があろう。

Ⅳ　宇宙ファイナンスの実務と宇宙資産議定書の可能性

　そもそも、宇宙事業に要する資金を供与するためのファイナンスといった場合、事業者の信用力に依拠したコーポレート・ファイナンスが典型的に考えられる。しかし、事業者の信用力が十分でない場合や、より事業者にとって有利な条件でのファイナンスを模索する場合、事業やその生み出すキャッシュフローに着目するプロジェクト・ファイナンスや、対象資産やその生み出すキャッシュフローに着目するアセット・ファイナンスが検討されることになる[19]。

　事業やその生み出すキャッシュフローに着目するプロジェクト・ファイナンスの手法による宇宙事業のファイナンスは、日本においても、防衛省のXバンド衛星通信中継機能等の整備・運営事業に対する協調融資の事例があり、海外においても実例がある[20]。

---

19) ただし、かかる分類はあくまで理念型であり、後述するとおり、宇宙資産は現時点においては流通市場が十分に成熟したものではない等の理由により、純粋に対象資産の流通価値のみに依拠するストラクチャーは採用しにくく、アセット・ファイナンスにおいても対象資産が使用される事業の価値を加味した与信判断をせざるを得ないものと考えられる。

　プロジェクト・ファイナンスの手法が取られる場合、事業に関する全て
の資産に原則として担保が設定されることになるため（全資産担保の原則）、
事業に関する許認可が当該事業に必須な場合にはその担保取得が検討され
ることになるが、宇宙事業においてはかかる許認可の一身専属性との関係
で困難が生ずる場合が想定される。また、後述するアセット・ファイナン
スの場合においても同様であるが、人工衛星等の宇宙資産に対する実効性
のある担保取得の可能性の検討が必要となるほか、プロジェクト・ファイ
ナンスが事業の価値に着目した融資手法である以上、事業に内在する商業
上・政治上のリスク分析が不可欠となる。加えて、プロジェクト・ファイ
ナンスにおいては、事業者の代替可能性が事業の価値を支える重要な要素
として検討されることになるが、宇宙事業において、たとえば人工衛星の
オペレーターを交替させることが事実上困難な場合には、その契約上の手
当をなしうるか等がさらに検討課題となろう[21]。

　前述のプロジェクト・ファイナンスについては国内外で実例があるのに
対し、対象資産やその生み出すキャッシュフローに着目するアセット・
ファイナンスの手法については少なくとも国内では実例がない。その理由
は、現時点において、宇宙資産の取引市場がアセット・ファイナンスを実
現させる程度まで成熟しているとは言いがたく、宇宙資産自体の価値を評
価することが困難と考えられていること[22]、宇宙資産の価値を実現するた
めの担保権実行方法・占有回収（repossession）の方法が確立しているとは
言いがたいこと、等に求められると考えられる。

　しかし、アセット・ファイナンスは、人工衛星その他の宇宙資産と飛行
する製作物であるという特性、製造業者の重複[23]等において共通性を有

20)　西村あさひ法律事務所編『ファイナンス法大全（下）〔全訂版〕』（商事法務、2017
　　年）378 頁。
21)　西村あさひ法律事務所編・前掲注20) 379 頁〜343 頁参照。
22)　宇宙活動は安全保障と密接に関連するため、輸出管理規制が広汎に適用されること
　　（小塚・前掲注12)18頁）も宇宙資産の流通を阻害する原因の一つとして挙げられる。
23)　航空機も人工衛星も、ボーイング社およびエアバス社が巨大なシェアを有してい
　　る。

する航空機のファイナンスにおいて重要な役割を果たす融資手法であり、同様のアプローチを宇宙資産に適用することは自然な流れとも思われる。

　また、宇宙資産議定書は宇宙資産のアセット・ファイナンス（Asset-based finance）を促進することを主要な目的としているため、ケープタウン条約および宇宙資産議定書の定める制度に依拠したアセット・ファイナンスが今後普及する可能性は大いにある。すなわち、国内法とは切り離された国際担保権を規定し、その登録制度を定めるケープタウン条約は、そもそも国内法が想定していなかった宇宙に所在する資産への担保設定・リースファイナンスについて重要な解決の糸口を与えるものと評価しうる。また、宇宙資産議定書が定める債務者の権利（debtor's rights）[24] の譲渡の登録の制度も、宇宙資産の価値がそれを取り巻く諸事業者との間の契約上の権利と密接に結びついていることを反映したものであると評価でき、ケープタウン条約を利用したアセット・ファイナンスの実現可能性を強化するものと評価しうる。

　今日世界中で実行されている航空機ファイナンスに参加する日本の金融機関やリース会社にとって、ケープタウン条約の定める国際担保権の保護制度は、（日本が同条約を批准していないにも拘わらず）現在では不可欠な前提となっている。今後、宇宙領域における民間ビジネスがさらに活発になり、資金需要も急増していくことが予想されるなか、その資金提供に商機を見いだす金融機関やリース会社も増えていくと考えられるため、かかる金融機関やリース会社にとってケープタウン条約および宇宙資産議定書の定める制度の理解は必須のものとなっていくと考えられる。

　また、宇宙ファイナンスにおいては、対象資産・事業の内包するリスクが他分野のそれと比しても高度のものとなると考えられるため、これに取り組む際には、かかる諸リスクを分析し、その分配を関連当事者間で合意していく作業が不可欠と思われるが、これに加えて、当事者間で負担しきれないリスクを外在化していくための、宇宙保険 [25] や政府補償 [26] の分

---

24) 宇宙資産議定書1条2項(a)。
25) 航空機のアセット・ファイナンスにおいても、航空保険の分析および担保取得は欠かせない重要事項であるが、宇宙ビジネスに附随するリスクの質・量を勘案すれば航

析・検討も重要となる。宇宙ファイナンスの観点からも、これらの進展に
注目する必要がある。

空機の場合に増して宇宙保険の検討は重要になってくると考えられる。簡単には、川
本英之「宇宙保険の概要」Law & Practice 9 号（2015 年）263 頁参照。
26)　日本におけるかかる補償制度として、宇宙活動法 40 条参照。

第4節

世界のスペースポートと
スペースポートジャパンの取組み

新谷美保子

I　はじめに

　シーポート（港）、エアポート（空港）は私たちの生活に当たり前のように
あるインフラであるが、「スペースポート（宇宙港）」という単語はどう
であろうか。おそらく多くの人にはなじみのない言葉であると考えられる
が、実は米国には既に12か所[1] もスペースポートが存在し、来るべきサ
ブオービタル飛行[2] の実現に向けて準備を進めている。またイギリス[3]、
イタリア[4] でも候補地を進めた上で、産業化の検討が具体的に進んでい

---

1)　1996年に商業スペースポートがカリフォルニアに初めて開港され、2018年にコロ
　　ラドが追加されたことで、執筆現在全米に12か所が許可を受けたスペースポートと
　　して存在する。
2)　サブオービタル飛行とは、地表を出発し高度100キロメートル近くの宇宙空間まで飛
　　行した後、（地球周回軌道に乗ることなく）再度地表に帰還する宇宙飛行のことを指す。
3)　水平離着陸型のスペースポートについては、Spaceport Cornwall が Virgin Orbit 社
　　とパートナーシップ契約を結んでいる。また米国企業であるロッキード・マーチン社
　　を誘致して、英国のロケットベンチャー企業であるオルベックスと共に、サザンラン
　　ドを英国初のスペースポート（ロケット打上射場）として成立させた。英国では2018
　　年3月に成立した Space Industry Act がサブオービタル活動およびスペースポート
　　の運営について定めている。
4)　2018年7月、米国の宇宙ベンチャー Virgin Galactic 社が、イタリア最大の民間宇
　　宙航空企業 SITAEL、イタリア宇宙機関と Thales Alenia Space が出資する半官半民
　　企業 ALTEC の2社と提携したことが発表された。今後、イタリア航空機関 ENAC
　　が設計したスペースポートである Taranto-Grottaglie 空港が、Virgin Galactic 社の展
　　開するサブオービタル宇宙旅行のためのインフラを整備していくことが考えられる。

る。

　スペースポートについては、現段階ではまだ具体的なビジネスが様々に想定されるため、確定した定義はないものの、宇宙空間を通過する旅行や交通手段における地球上の離発着場所を指しているといえる。垂直方向に宇宙空間に向かって打上げられるロケット射場も広くとらえればスペースポートといえるかもしれないが、本稿では、単にスペースポートとだけいったとき、主に水平離着陸（あるいは離陸または着陸のどちらかは水平飛行の場合）による宇宙機による利用を指している。

　本稿では、現在の世界におけるスペースポートに関する議論、そして2018年7月に設立された一般社団法人スペースポートジャパンの活動について、執筆現在で可能な範囲で言及をする。

Ⅱ　世界のスペースポートとGlobal Spaceport Allianceについて

　上述したとおり、世界には既にスペースポートという名前の施設が存在する国、許認可が法律に定められている国もあれば、具体的に検討が進んでいる国、スペースポートビジネスに興味を持っている国と様々であるものの、まだまだ検討が始まったばかりのビジネスであることは明らかである。そんな中、今後のスペースポートについて情報交換をする場として、2015年にThe Global Spaceport Alliance（以下「GSA」という）が設立され、議長に米国のFederal Aviation Administration（以下「FAA」という）のOffice of Commercial Space Transportationにおいてヘッド（Associate Administrator）を務めていたGeorge Nield氏が就任した。

　GSAは会員制の民間スペースポート向けのグローバルコンソーシアムであり、商業宇宙に関するシンポジウムであるSpace Com Expoの事務局が運営している。毎年Spaceport Summitを11月末に米国ヒューストンにおいて開催し、スペースポートの開発から運営までを各国関係者間で検討しており、2020年11月で通算6回目の開催となった。この第6回目では、初めてNASA長官であるJim Bridenstine氏が参加し、米国商業宇宙政策

の全体動向を説明するなど、スペースポート産業に対する各国の期待がみて取れる内容となった[5]。

具体的な参加者は、FAA（アメリカ連邦航空局）、NASA（アメリカ航空宇宙局）、コンサルタントや各国のスペースポート関係者であり、アジアからの参加者は以下で説明する一般社団法人スペースポートジャパンのみとなっている[6]。

会員制の会議体であるため Spaceport Summit における検討内容に関する詳細の記述はできないものの、当該 Summit を通して各国のスペースポート関係者間では具体的なビジネス提携の話が進み、ルール作りの協力体制やサブオービタル宇宙輸送事業者との連携強化が図られている。また、GSA のホームページからは世界各国のスペースポートの情報を得ることができる[7]。

Ⅲ　一般社団法人スペースポートジャパンの取組みについて

それでは日本においては宇宙港構想があるのだろうか。報道等でご存知の方もいらっしゃるかもしれないが、先述した一般社団法人スペースポートジャパン[8]（以下「SPJ」という）は、2018 年 7 月に設立登記をし、同年 11 月に設立を発表した非営利型の一般社団法人である。その理念は、宇宙旅行そして宇宙ビジネスのハブとなるアジア初のスペースポートを日本に開港し、将来的にはスペースプレーンによる 2 地点間移動や日本国内から宇宙へのアクセスを確保することにある。

---

5)　2020 年 4 月、米国 FAA 商業宇宙輸送オフィス（Office of Commercial Space Transportation、AST）には、Office of Spaceports（スペースポート局）が設立され、米国のスペースポートに関する政策の策定やライセンス取得のサポート等を行っている。

6)　GSA における SPJ の紹介ページは以下のとおり
http://www.globalspaceportalliance.com/space-port-japan/

7)　http://www.globalspaceportalliance.com/spaceports/

8)　SPJ のウェブサイトは以下のとおり
https://www.spaceport-japan.org/

出典：日経新聞朝刊2018年11月16日

　筆者自身も、「産業界を一枚岩にしなければ物事は大きく動かない」と実感したことをきっかけに、「今動かなければ手遅れになる」という熱い想いを同じくしたメンバーと共に SPJ の設立理事として活動を開始し、設立から約１年半を迎えた。

　SPJ はあくまでも非営利活動として、SPJ に参加する全ての団体に公平にスペースポートを開港することによって、スペースポートを中心とした新しい経済圏におけるビジネスの育成をサポートすることを考えており、特定の企業や特定の地方自治体を支援するものではない。また国内のスペースポートは１か所に限定することなく、将来的には日本国内に複数設置する可能性もにらんでいる。１か所目の開港に関しては、設備投資を最小限にするため、まずは地方空港を「Air & Space Port」として併用することも１つの方法として考慮に入れている。執筆現在では、合計50以上もの団体が SPJ に参加し、具体的なビジネスに関する活発な情報交換を行っ

共同リリース ANA

2019年6月6日
Virgin Orbit
ANAホールディングス株式会社

ANAホールディングスがヴァージン・オービットとの
パートナーシップを発表

〜ヴァージン・オービットがアジアで初の事業展開へ〜

ANAホールディングス株式会社（本社：東京都港区、代表取締役社長：片野坂真哉、以下「ANAHD」）は、Virgin Orbit（本社：アメリカ合衆国カリフォルニア州、社長兼CEO：DAN HART、以下「ヴァージン・オービット」）の日本・アジア展開に関する契約を結びました。

ヴァージン・オービットの事業内容は、改修したジャンボジェット（ボーイング747-400型機）を利用し人工衛星を打ち上げるものです。航空機を用いることで既存の地上打ち上げ施設とは異なり、柔軟な打ち合上げ地点の設定が可能となります。この独自のシステムを活用することで、日本から宇宙へのアクセスをより身近なものとし、人工衛星打ち上げをはじめとした日本の宇宙産業の拡大に貢献いたします。

ANAHDとヴァージン・オービットは長期的な協力関係を結ぶことで合意し、平和利用を目的とした日米の宇宙産業のさらなる関係強化に貢献いたします。

この合意に基づき、ANAHDは、ヴァージン・オービットの日本やアジアにおける打ち上げサービスのための輸送支援や、航空機と地上支援機材（航空機牽引車など）の整備もしくは運航支援において、協力関係を築くための協議を開始いたします。

ANAHDは一般社団法人スペースポートジャパン（以下「SPJ」）とも連携して国内における宇宙機離発着場に関する検証を行っており、ヴァージン・オービットの日本におけるサービス開始に最適な打ち上げ場所の選定に向けてSPJと協力し、日本がアジアにおける宇宙輸送ハブになることを目指します。

出典：ANAホールディングス株式会社HPより（https://www.anahd.co.jp/group/pr/201906/20190606.html）

ている。

　SPJによるサポート第1号案件として、日本のエアライン企業であるANAホールディングスと米国企業であるヴァージンオービットとのパートナーシップ発表が挙げられる。本件のように海外企業の窓口としてSPJは一定の役割を果たしており、今後も具体的なビジネスのサポートに加え、参加団体を中心とした産業界の声をまとめた上で日本国内における法整備を含むルールメイキングに意見をいう等、活発な活動が予定されている。

Ⅳ　サブオービタル飛行に関する官民協議会の開催について

　上述した法整備を含む日本国内のルールメイキングに関し、2019年には大きな動きがあった。関係各省庁をオブザーバーとしてお招きして有志により行われた「商業有人サブオービタル宇宙輸送研究会[9]」が同年3月末に最終報告書を取りまとめ、論点整理と今後の課題について提言を行った。その後、同年6月16日には、内閣府宇宙開発戦略推進事務局と国土交通省航空局が共同で事務局を行う座組で、「サブオービタル飛行に関する官民協議会」の第1回が開催され、2020年には第2回の開催および各種課題ごとのワーキンググループの活動も活発化した。なお、同協議会の構成員の1社として、SPJも議論に参加している。

　日本において既に施行されている宇宙活動法は、人工衛星の打上げに対して許可制度を設けたものであり、現行法上では有人宇宙飛行は前提としていない[10]。よって上記官民協議会開催の様子は、NHKのニュースでも大きく報じられ、一般国民が関心を持つ事項であることがうかがわれた。

　このような流れの中で、改訂作業が行われていた「宇宙基本計画工程表」の改訂案の中に、民間による宇宙旅行の実現に向け、サブオービタル飛行に関し2020年代前半の法整備を目指す方針を明記することが2019年11月28日の日経新聞で報道された。その後、執筆時点までの間に、令和2年度改訂「宇宙基本計画工程表」では、「小型衛星の空中発射や有人商用サブオービタル飛行に関して、官民協議会を中心に、2020年代前半の国内での事業化を目指す内外の民間事業者における取組状況や国際動向等を踏まえ、必要な環境整備の在り方及びその実現に向けた進め方について、早期に具体化する。」ことが明記された[11]。このことにより、今後は官民協議

---

[9]　座長をSPJ代表理事の山崎直子氏が務め、筆者も一弁護士として参加した。

[10]　米国では2004年改正の商業宇宙打上げ法で一般人を対象とした有人宇宙飛行が認められた。

[11]　https://www8.cao.go.jp/space/plan/plan2/kaitei_fy02/kaitei_fy02rev.pdf

会における議論を中心に、2020年代前半の事業化を目指す国内外の民間事業者における取組状況や、最新の国際動向を踏まえつつ、日本に宇宙港を中心とした宇宙ビジネスの経済圏が発展する環境が整備されることが期待される。

V　世界のスペースポート法制

　サブオービタル法制（運航自体）の議論については、本稿では書ききれないので、これに付随してスペースポート法制について言及する。

　まず先述した英国では、Space Industry Act 2018（以下「SIA」という）がスペースポート運営にも適用され、英国内での無免許でのスペースポート運営は禁止とされている。なお、SIAにおけるスペースポートの定義は「① spacecraft または carrier aircraft が発射される場所、または② spacecraft が制御され、計画された着陸を行う場所」とされ、海上の一時的施設は除かれている。SIAライセンス取得においてはリスクアセスメント、環境影響評価等が重要実務となっている。

　次に米国の商業宇宙打上げ法では、射場の運営および再突入地点については免許が必要であり、許可では足りない。免許までの審査の流れは、事前相談→計画の審査および承認→安全性審査および承認→環境プログラム→法令順守監査となっている。射場運用の具体的基準は、打上げ失敗時の破片飛散防止、上記を考慮した航路の設置等が考慮される。また、環境関連法制に基づいて環境アセスメントに関する大量の資料提出が必要になる。資料項目は大気、水、騒音、周辺野生動物等であり、この点は実務面での参考になると考える。

　一方わが国の宇宙活動法における打上げ施設の設置についてみてみると、打上げ施設の設置そのものに対する直接の許認可は存在しない。人工衛星等の打上げ許可の判断事由の中で、打上げ施設の適正も許認可ごとに判断されることとなっている。また、空港をスペースポートとして併用する場合の参考として、日本の空港設置基準について参照すると、航空法で参考になるものに「陸上空港等の基準」があり、航空機の離着陸に支障が

ないことや、滑走路・誘導路が十分な強度を有すること等が書かれている。なお、航空管制および電波について考えると、現状では航空機を前提としたオペレーションとなっており、既存空港で有人サブオービタル飛行をする場合、その飛行計画に応じてこれらを整理する必要はある。

　以上でみてきたとおり、わが国においても英米のように当初から許可制度が必ず必要であるとすると、法整備および許認可取得の両面において時間が非常にかかってしまうと予想される。現在計画されているビジネスのスピードに合わせるためには、FAA の基準等を参考に、既存空港において水平離着陸のサブオービタル飛行を行うことについては、空港管理規則の運用や適切なガイドラインを策定する等して運用を開始できないかと考える。そして、2020 年代前半の有人サブオービタル飛行に関する新規立法の際には、周辺地域を含む地上安全や環境への影響等を考慮したスペースポートの規定が導入されることが望まれる。

Ⅵ　これからの課題

　以上でみてきたとおり、日本国内においても、有人宇宙飛行ビジネス、そしてその離発着を支えるスペースポートの開港は現実味を帯びている。スペースポートは地上における当該地域の経済開発そのものであり、新しい産業の発展、そして既存産業との融合による地域活性が大いに期待でき、スペースポートを起点に大きな新市場が創出されることが考えられる。一方で、当然ながらスペースポートにおける最初の主役は、やはりスペースポートにおいて運航されるスペースプレーンによる有人サブオービタル飛行である。そしてその先には、スペースプレーンを使用して人類が2 地点間を移動し、そのさらに先には月や火星への宇宙旅行をする世界が待っている。まずは日本国内において人々が無重力飛行を体験する有人サブオービタル飛行実現のために、アジア初のスペースポートが日本に開港するよう、SPJ の設立理事として、また日々宇宙航空産業のビジネスを扱う一法律家として、産業界の声を最大限に吸収し、法整備面におけるサポートを含め、日本により良い未来を残せるよう尽力したいと考えている。

第4章

宇宙ビジネスの
フロンティア

第1節

商業有人宇宙飛行

笹岡愛美

I　はじめに

　ボストーク宇宙船が宇宙空間に人を送り出してから約 60 年、近年では、対価を得て人を宇宙空間に輸送するサービス、いわゆる宇宙旅行ビジネスが現実のものとなっている。宇宙飛行士を輸送するために政府や宇宙機関が顧客となることや科学調査のための飛行も考えられるので、本稿では、参加者の目的（旅行やレジャー）ではなく、民間事業者がビジネスとして行う有人宇宙飛行という意味で「商業有人宇宙飛行」という整理を用いる。

　商業有人宇宙飛行が世界的に注目されることとなったのは、1996 年から 2004 年までに米国で開催されたアンサリ X プライズにおいて、Scaled Composites 社が製造した有人サブオービタル機 SpaceShipOne が海抜高度 100 キロメートルに到達したことを契機とする。SpaceShipOne は、米 Virgin Galactic 社が 2021 年に商業運航を予定している機体 SpaceShipTwo のプロトタイプである。これらは、一定の高度まで航空機（White-NightTwo）に牽引された後に空中で宇宙空間に向けて発射され、滑空機として地上に帰還する有翼の機体であり、その飛行は「サブオービタル飛行」と呼ばれている[1]。SpaceShipOne の飛行は、宇宙の商業化を象徴する出

---

1)　オービタル飛行に関しては、2020 年 5 月より、NASA の商業乗員輸送プログラム（Commercial Crew Program（CCP））に基づき、SpaceX 社の Falcon 9 ロケット（Crew Dragon 宇宙船）による国際宇宙ステーションへの有人輸送が始まった。今後乗船するのは、政府宇宙飛行士だけでなく、民間宇宙飛行士ミッション（Private

来事として、一方においてはNewSpaceと呼ばれる宇宙産業の構造変化をもたらし、他方においては、民間企業の新たな活動について規律するルールの必要性を認識させるものであった。

　サブオービタル機を用いた商業有人宇宙飛行に関しては、基本的には一国内における活動であることや、そのために国際的なルール形成が十分に進んでいないことから、現在のところは各国が国内における具体的な活動に応じて独自に法整備を進めている状況にある。米国では、SpaceShipTwoのほか、垂直に打ち上げられパラシュートで帰還する有人サブオービタルロケット New Shepard（Blue Origin 社が開発）などが、同国の商業打上げ法（CSLA）に基づく打上げライセンスを得て打ち上げられている[2]。また、近年では、米国法人が所有する機体（無人機を含む）を自国から打ち上げることを認める国（ニュージーランド、英国、UAE、イタリア[3]）など。ホスト国という）が現れており、これに対応した国内法制が整備されてきた（イタリアを除く各国法については、本書第2章を参照）。日本においても、国内の事業者が日本での打上げを目指して機体の開発や離発着場（スペースポート）の建設を進めており[4]（スペースポートについては、第3章第4節を参照）、サ

Astronaut Missions（PAM））に参加する民間人の場合もありうる（PAM 参加者は、米 Axiom Space 社が開発するモジュールに滞在することが公表されている。https://www.nasa.gov/press-release/nasa-axiom-agree-to-first-private-astronaut-mission-on-space-station（last visited May 31, 2021））。また、スペースシャトルの退役に伴い停止していたソユーズ宇宙船による民間人の輸送（米 Space Adventures 社とロシア国営宇宙公社〔Roscosmos〕との協定に基づく）も再開される（https://spaceadventures.com（last visited May 31, 2021））。国際宇宙ステーションに関しては、本書第4章第2節参照。

2)　米国におけるサブオービタル機の開発状況については、NASA のウェブサイト（https://www.nasa.gov/directorates/spacetech/flightopportunities/flightproviders（last visited May 31, 2021））参照。

3)　https://spacenews.com/virgin-galactic-to-fly-italian-air-force-research-mission/（last visited May 31, 2021）.

4)　日本国内では、PD エアロスペース株式会社（https://pdas.co.jp）および株式会社 Space Walker（https://www.space-walker.co.jp）がそれぞれスペースプレーン型の機体を開発している。

ブオービタル飛行に関わる環境整備が喫緊の課題となっている[5]。

　各国の国内法制については、本書の各章において触れられているため、本稿では、サブオービタル機による商業有人宇宙飛行に関わる国際的な議論の動向を中心に整理を試みることとしたい。

Ⅱ　サブオービタル飛行とは

　ある物体が地球周回をするためには、一定の速度（低軌道の場合は約7.7km/秒といわれる）で軌道に投入される必要があり、オービタル機にはそのための推進力が求められる。これに対してサブオービタル機は、場合によっては地球低軌道と同程度の高度にまで上昇する一方で、軌道への投入を目指して推進することなくそのまま地上に帰還（落下）する。軌道投入のための推進力を備える必要がないため、通常はオービタル機よりも低コストで開発することができる[6]。そこで、一部の超富裕層だけではなく、幅広い層の顧客に対して宇宙旅行サービス（自由落下による無重力状態や宇宙船からの眺望）を提供するために、各事業者によって有人サブオービタル機の開発が進められてきた[7]。

　サブオービタル機による有人飛行自体は、すでに米国のマーキュリー計画（1958 年から 1963 年まで）において実現されている。1961 年 5 月、米国初の宇宙飛行士 Alan Shepard を乗せたロケット Marcury Redstone-3 が高

---

[5]　「宇宙基本計画工程表（令和 2 年度改訂）」（令和 2 年 12 月 15 日宇宙開発戦略本部決定）26 頁参照。

[6]　サブオービタル飛行とオービタル飛行との違いについては、*see* Adam Mann, *What's the difference between orbital and suborbital spaceflight?*, https://www.space.com/suborbital-orbital-flight.html（last visited May 31, 2021）.

[7]　サブオービタル機を用いた宇宙旅行の需要については、The Tauri Group, *Suborbital Reusable Vehicles: A 10-year Forecast of Market Demand*, available at https://www.faa.gov/about/office_org/headquarters_offices/ast/media/suborbital_reusable_vehicles_report_full.pdf をはじめとしてさまざまな予測が示されている。文部科学省研究開発局宇宙開発利用課「革新的将来宇宙輸送システム実現に向けたロードマップ検討会中間取りまとめ」（2021 年 6 月 22 日）も参照。

度187km に到達する弾道飛行を行った[8]。また、1959 年から1968 年にかけて、NASA、米国空軍および海軍による合同プロジェクトとして、SpaceShipOne と同様の空中発射型のスペースプレーンである X-15 の有人飛行試験が実施され、1963 年 8 月 22 日の飛行において 67.08 マイル（約107.96 キロメートル）にまで到達した。X-15 のパイロット 8 名は、50 マイル（約 80 キロメートル）以上の飛行を行ったものとして、後に NASA 宇宙飛行士として認定されている[9]。

　現在のところ、サブオービタル飛行（sub-orbital flight）またはサブオービタル機（sub-orbital spaceplane; sub-orbital rocket）という概念について、国際的に確立した定義はなく、広義には、超高高度以上への飛行であって、軌道周回を目的としないもの（すなわち non-orbital）という意味で用いられている[10]。このような飛行をする機体には、宇宙旅行に使用される有人機のほか、①観測ロケット（sounding rocket）、②有人機開発のための無人実験機、③人工衛星の打上げ機、④地上二地点間の旅客または貨物の輸送機、⑤弾道ミサイルといった様々な形態がありうる。また、場合によっては、高高度気球のようにロケットエンジンを使用しない機体や、大気を吸い込んで支持力を得るエアブリージングエンジンを搭載した機体[11] も含まれる。有人サブオービタル機を開発する企業の多くは、将来的な事業計画として、定期的な商業飛行、国境を越える地上二地点間の輸送および典型的な宇宙活動である小型衛星の打上げ（空中発射）までを目指しており、事業の進展により、今後は国際的な規範形成に向けた議論が加速することが想定される。

---

8)　Erik Seedhouse, Suborbital: Industry at the End of Space (2014) (ebook, loc. 585).

9)　https://www.nasa.gov/missions/research/X-15_wings.html (last visited May 31, 2021).

10)　*See* Working Paper on Concept of Suborbital Flights, ICAO Council, 175th Session, 30 May 2005, C-WP/12436.

11)　英国Reaction Enginesの開発するエアブリージングエンジンSABREが有名である（https://www.reactionengines.co.uk）。

Ⅲ　サブオービタル飛行をめぐる議論の展開

1　境界画定問題

　サブオービタル機による飛行を規律すべき国際法規範は何かという問題は、伝統的にはいわゆる境界画定問題（delimitation issue; boundary problem[12]）の中で議論されてきた[13]。航空活動に関する国際ルールである1944 年国際民間航空条約（シカゴ条約）が締約国の領空主権（1 条）を認める一方で、1967 年宇宙条約は、宇宙空間について探査と利用の自由（1 条）および領有禁止（2 条）という正反対の方針を採用している。いずれの条約も「空域（air space）」および「宇宙空間（outer space）」を定義しておらず、両者の境界を画定することを通じて、適用規範を明確にする作業が必要であると考えられてきた。

　境界画定問題については、1967 年の第 6 回会合以来、国連宇宙空間平和利用委員会（UNCOPUOS）法律小委員会において継続して議題として掲げられ、1984 年には専門の作業部会が設置されている[14]。境界画定のあり方としては、①一定の高度を基準とする空間説（spatialist approach）と、②機体または活動の性質によって区別する機能説（fanctionalist approach）という 2 つのアプローチが対立してきた。

　法律小委員会が 1970 年に示した説明文書[15] によれば、空間説には、人工衛星周回軌道の最低近地点（the lowest perigee）やカーマンラインを基準とするものなど、少なくとも 8 つの構想がありうる。宇宙空間の始まりは海抜高度 80km から 150km とされており、100km に到達する有人サブ

---

12)　Bin Cheng, Studies in International Space Law, 1997, at 425 et seq.

13)　Marietta Benkö and Engelbert Plescher, Space Law: reconsidering the definition/delimitation question and the passage of spacecraft through foreign airspace, 2013, at 31.

14)　UN Doc. A/AC.105/769（18 January 2002）,“*Historical summary on the consideration of the question on the definition and delimitation of outer space,*” at 2.

15)　UN Doc. A/AC. 105/C.2/7（May 7, 1970）and A/AC./C.2/7/Add. 1（January 21, 1977）.

オービタル飛行の場合、一部は宇宙空間に到達し、その限りで宇宙法の適用を受けることとなる。空間説には、領空主権の範囲や適用されるべき法規範が明確になるという利点がある一方で、1つの飛行について航空法制と宇宙法制の双方が適用されるという規律の複雑さという課題がある。また、サブオービタル機の到達高度は、機体や飛行によって30km（高高度気球の場合）から1,500km（観測ロケットの場合）までの開きがあり、高度のみによって適用規範を定めることが妥当かどうかについても疑問が呈されている[16]。これに対して機能説によれば、1つの飛行について一貫した法制を適用することができるものの、有翼のサブオービタル機のように航空と宇宙という2つの要素を持つ機体については、適用規範が一義的に定まらないという難点がある。なお、一部の国（米国など）は、新規の活動を妨げる可能性があることを理由に、境界を画定すること自体に否定的な態度をとり続けている[17]。

　以上のように、今日に至るまで、法律小委員会の場において境界画定のあり方に関するコンセンサスは形成されておらず、継続して検討が進められている。

2　国連宇宙空間平和利用委員会によるアンケート調査

　法律小委員会の作業部会は、境界画定に関わる各国の見解や国内法制の動向等を調査するため、複数のアンケートを実施してきた[18]。

　1992年にはロシア代表から法律小委員会に対して、「航空宇宙物体（aerospace objects）」（宇宙空間に打上げられた後に空力特性を用いて帰還する機体）の法的地位に関する問題提起があり[19]、これに基づく質問票が事務局から

---

16)　*See* Paul Stephen Dempsey and Maria Manoli, Suborbital Flights and the Delimitation of Air Space Vis-a-Vis outer Space; Functionalism, Spatialism and State Sovereignty, 42 Annals Air & Space L. 209 (2017), at 234.

17)　UN Doc. A/AC.105/769 (18 January 2002), *supra* note (14), at 4; S. Neil Hosenball & Jefferson S. Hofgard, Delimination of Air Space and Outer Space: Is a Boundary Needed Now, 57 U. Colo. L. Rev. 885 (1986), at 893, 892.

18)　これまでに送付された質問票は、国連宇宙部のウェブサイト（https://www.unoosa.org/oosa/en/ourwork/copuos/lsc/ddos/index.html）から確認することができる。

各国に送付された。質問事項[20]の中心は、往還機（スペースシャトルやブランなど）が他国上空を通過する事例について各国の基本的な理解を調査するものであり、有翼のサブオービタル機の飛行を念頭に置いたものではない。しかし、一部の事項については、同様の性質を持つ有翼のサブオービタル機についても当てはまる[21]。各国からは、空間説または機能説に依拠した伝統的な主張のほかに、新しい技術に合わせて既存の法制度を修正すべきことや、将来的には航空宇宙物体に関する独自の法制が必要となるとの指摘があった[22]。

　近年では、2012年の国連宇宙空間平和利用委員会第55回会合において、科学調査または有人飛行のためのサブオービタル飛行を対象とした調査を開始することが報告され[23]、2013年より、①宇宙交通管理（STM）との関係[24]、②境界画定問題とサブオービタル飛行との関係、③サブオービタル飛行を定義することの実務的な影響、④定義のあり方等を問い合わせる内容の質問票が送付されている。2021年2月時点で32の加盟国から回答があったものの、サブオービタル飛行について一定の政策決定をしている国（米国、英国、ニュージーランドなど。スウェーデンや日本のように、宇宙活動法の適用対象外としている国も含む）の立場はまだ明らかでないため正確な分析は困難であるが、回答のあった国の多くが境界画定の帰結がサブオービタル飛行の法的性質にも影響を与えると理解している。

3　国際民間航空機関（ICAO）の立場

　国連宇宙空間平和利用委員会における議論が進展しない中で、サブオー

---

19)　UN Doc. A/AC.105/C.2/L. 189 (30 March 1992).

20)　UN Doc. A/AC.105/635 (15 February 1996).

21)　田中穂積「宇宙往還機をめぐる国際航空宇宙法上の問題」経済と経営40巻2号（2010年）34頁参照。

22)　UN Doc. A/AC.105/C.2/L.204 (18 February 1997), *Comprehensive analysis of the replies to the questionnaire on possible legal issues with regard to aerospace objects,* at 8.

23)　UN Doc. A/AC.105/1003 (10 April 2012).

24)　STMについては、本書第4章第5節参照。

ビタル機の飛行を規律する国際機関として期待されているのが国際民間航空機関（ICAO）である[25]。ICAO は、国際民間航空の安全かつ秩序ある発展に資することを目的に 1944 年シカゴ条約第二部に基づき設置された国連の専門機関である（2019 年 10 月 1 日時点での加盟国は 193 か国）。ICAO は、航空機の耐空性や登録、航空従事者の免許、航空規則等の国際的なルール統一が必要な事項（シカゴ条約 37 条各号）について、国際標準および勧告方式（SARPs）を採択し、国際的な共通ルールの確立に寄与してきた（シカゴ条約第 6 章。SARPs は附属書として公開され〔同 54 条〕、2021 年現在、19 の附属書がまとめられている）。SARPs に法的な拘束力はないが、各国には航空規則に自国の規則を一致させるよう努める義務があり（シカゴ条約 12 条）、国際標準（International Standards）として採択された規則を遵守することができない場合は、すぐに ICAO に通告をすることが求められる（同 38 条）。

　SpaceShipOne は初の民間有翼サブオービタル機であることから、その飛行について航空機（シカゴ条約 3 条により民間航空機に限定される）に関する安全規制等が適用されるのかどうかが問題となった。ICAO は、2005 年にこの問題に関する回答（*Concept of Suborbital Flights*[26]）を次のようにまとめている。まず、(1)滑空機として帰還するサブオービタル機は航空機（aircraft）の定義に該当しうるが、ロケットエンジンで飛翔し、かつ一国内で離発着をする以上は、シカゴ条約が規律する「国際航空（international air navigation）」（第 I 部）や「国際航空運送（international air transport）」（第 III 部）には該当せず、各国の国内法においてロケットとして取り扱うべきである。(2)その一方で、二国間を移動する飛行の場合は、ロケットエンジンによって推進するものであっても国際航空と性質決定され、その飛行に関する権利については、当事国となる国家間の協定によって定める旨が示唆されている。ICAO は、2010 年の宇宙空間平和利用委員会法律小委員会からの照会[27]においても上記の立場を維持している。

---

25) Peter van Fenema, Suborbital Flights and ICAO, 30 Air & Space L. 396 (2005), at 401.

26) Working Paper on Concept of Suborbital Flights, *supra* note (10).

　サブオービタル機による商業有人宇宙飛行の実現が迫ってきたことに対応して、近年では、ICAO と COPUOS の事務局である国連宇宙部（OOSA）との連携が進められている。まず、2015 年から 2017 年にかけて開催された ICAO/OOSA の合同シンポジウムの成果として、法的な課題の検討も射程に含む Space Learning Group が設立され、検討が進められているようである[28]。また、2019 年の第 40 回 ICAO 総会では、商業宇宙輸送（Commercial space transport, CST）に関する決議が採択され、商業宇宙輸送に関わる一定の事項（サブオービタル飛行の空域への組入れ、インフラの共用、空港と宇宙港の併設、打上げ機としての航空機の使用、宇宙機が揚力を得るために空気の反作用によって飛行する段階〔往還機や有翼サブオービタル機の帰還〕）は、ICAO の委任事項に含まれることが確認された[29]。

Ⅳ　論点の整理

1　問題の状況

　国際的な規範形成の状況は依然として流動的であるが、今後はおそらく、境界画定によってサブオービタル飛行に適用される国際法規範を明らかにするという伝統的なアプローチではなく[30]、OOSA との調整のもと、ICAO を中心に、法的な整理も含めた具体的な規範作りが展開されていくことが予測される。すなわち、有翼のサブオービタル機を宇宙と航空のいずれかに分類するのではなく、両方の性質を持つ機体として、これによる商業有人飛行（商業宇宙輸送）に対応した新しい規範が形成されることになるだろう。以下では、サブオービタル飛行に適用されるべき国際規範とい

---

27)　UN Doc. A/AC.105/C.2/2010/CRP.9（19 March 2010).

28)　*See* UN Doc A/AC.105/2019/CRP.14（18 June 2019).

29)　Res. A40-26（24 September to 4 October4 2019), at 125; Working Paper, A40-WP/15（27 June 2019).

30)　近年においては、空間説を発展させて、①航空（20km 未満）、②近宇宙（20-160km）、③宇宙（160km 超）に区分する見解も有力に主張されている（Dempsey & Manoli, *supra* note（16), at 248-251).

う観点から、今後の議論の焦点となりうる事項について整理する。

2　賠償責任

⑴　衝突損害

　サブオービタル機の飛行が一国内に止まるものであるとしても、他の物体等に衝突し損害を発生させる事例が想定されないわけではない。とりわけ、サブオービタル機による定期輸送（頻回の輸送）が実現した場合には、空域における混雑が予想される。たとえば、①墜落等による地上第三者に対する損害のほか、②人工衛星もしくはその打上げ用ロケット、③飛行中の航空機または④他のサブオービタル機との衝突がありうる。

　1967年宇宙条約7条および1972年損害責任条約は、宇宙物体が引き起こした損害について打上げ国の賠償責任を定める一方で、「宇宙物体」を具体的に定義していない（宇宙物体には、その構成部分だけでなく打上げ機およびその部品も含まれる点は明示されている。損害責任条約1条(d)）。仮にサブオービタル機を宇宙物体と性質決定し、条約に基づく打上げ国責任のルールを当てはめるとすると、②および④のケースは宇宙物体同士の衝突となる（したがって、過失がなければ打上げ国の責任は生じない。損害責任条約3条）。①および③の場合は、当該サブオービタル機の打上げ国は被害者（打上げ国の国民である場合を除く。同7条）に対して無過失責任を負う（損害責任条約2条）。

　一方で、シカゴ条約における「航空機（aircraft）」とは、同附属書（第7附属書および第8附属書）において、「大気中における支持力を、地表面に対する空気の反作用以外の空気の反作用から得ることのできる一切の機器」と定義されている。これによると、ロケットエンジンによって推進力を得る機体は、航空機の定義からも外れるようにも思われる。もっとも、附属書には厳密な法的拘束力はなく、航空機の定義は各国の航空法において独自に定められている（たとえば、カナダ法ではロケットも航空機に含まれる[31]）。そのため、国内での活動に止まる範囲では、附属書における定義

31）　カナダ航空法（Aeronautics Act of 1985）3条1項。

の改定を待つまでもなく、各国が独自にサブオービタル機を航空機と性質
決定することはできるだろう。

　サブオービタル機を航空機とするならば、③および④のケースは航空機
同士の空中衝突の例となり、運航主体である事業者等が、準拠法となる国
内法における民事責任ルール（一般不法行為法や製造物責任法）に基づいて
相手方に対して損害賠償責任を負うものと整理される。賠償のあり方とし
ては、航空機の重量に従って賠償額の上限を定める2009年モントリオール
条約[32]（未発効）の適用が望ましいとする見解もある[33]。

　②のケースでは、人工衛星側の打上げ国のみがサブオービタル機の運航
者等に対して無過失責任を負うこととなり、賠償義務者や責任原則が大き
く異なってくるだけでなく、それぞれの物体を打ち上げる国家間で不均衡
が生じる可能性がある[34]。このような不均衡は、有翼のサブオービタル機
が人工衛星の打上げ機として使用される場合や、観測ロケットや弾道ミサ
イルなどが国際宇宙ステーションを越える高度にまで到達する場合にはと
くに問題となるだろう。

⑵　乗客に対する責任

　有人のサブオービタル機に搭乗する乗客に生じた損害については、すで
に各国の国内法において賠償責任ルールが定められている（米国法について
は、第2章第1節および第2節を参照）。また、仮にサブオービタル機が宇宙
物体に該当するとしても、乗客は当該打上げに参画する者であり、意思に
反して搭乗させられたような場合を除いてその損害について損害責任条約
に基づく国家責任は成立しないだろう（損害責任条約7条(a)(b)）。

　サブオービタル機による商業有人宇宙輸送が航空機による国際旅客運送
と性質決定される場合[35]には、1999年国際航空運送条約（モントリオール

---

32)　*Convention on Compensation for Damage Caused by Aircraft to Third Parties*, done
　　at Montréal on 2 May 2009（Doc 9919）.

33)　Michael Chatzipanagiotis, The Legal Status of Space Tourists in the Framework
　　of Commercial Suborbital Flights, 2011, at 141.

34)　Benkö & Plescher, *supra* note（13）, at 36-40.

条約）等の航空運送条約が適用される（モントリオール条約 1 条参照）。しかし、モントリオール条約が採用する賠償スキーム（一定額までの無過失責任および無限責任）は、航空産業の成長に合わせて発展してきたものであり[36]、発展途上にある産業であるサブオービタル機による旅客運送に適用することは適切ではないとの見解もありうるだろう[37]。

3　機体の登録

　サブオービタル機が宇宙空間に滞在する時間は非常に短いため（Space-ShipTwo は数分、観測ロケットや弾道ミサイルで 30 分程度）、これを宇宙物体と性質決定したとしても、1974 年登録条約に基づく国内登録および国際登録を要求することは現実的ではない。実際に、登録条約において登録義務があるのは「宇宙物体が地球を回る軌道に又は地球を回る軌道の外に打ち上げられたとき」に限られており（登録条約 2 条 1 項）、サブオービタル機を含まないという点はおそらくほぼ争いはないだろう[38]。

　その一方で、航空機であれば各国の登録によって国籍が付与されることとなる（シカゴ条約 17 条、19 条）。国内での活動に止まる範囲では各国が独自にサブオービタル機を航空機として登録し[39]、または他の加盟国において承認された機体を相互承認協定（BASA）に基づいて国内で登録することは可能であると解される（上記Ⅳ 2 参照）。サブオービタル機が複数の国家にまたがる輸送に用いられる段階では、機体の性質や登録に関して共通ルール（SARPs 等）の作成が必要となるだろう[40]。

---

35) Working Paper on Concept of Suborbital Flights, *supra* note（10）, at 4.

36) 条約における賠償スキームの変遷については、藤田勝利ほか編『注釈モントリオール条約』（有斐閣、2020 年）193 ～ 196 頁〔田中亘〕参照。

37) Stephan Hobe, Aerospace Vehicles: Questions of Registration, Liability and Institutions - a European Perspective, 29 Annals Air & Space L. 377（2004）, at 385, 386.

38) *See* Frans von der Dunk and Fabio Tronchetti（eds.,）, Handbook of space law, 2015, at 681.

39) 日本では、PD エアロスペースが開発した無人の実験機が無操縦者航空機（航空法 87 条）として登録されている（https://pdas.co.jp/cgi-bin/news/page.cgi?act=page&id=338（last visited May 31, 2021））。

仮に、ICAO においてサブオービタル機を航空機とは異なる第三の機体
（aerospace objects など）として整理する場合（この場合は、シカゴ条約の改
正が必要となる[41]）は、航空機と同様に登録国に管轄権が生じるのかどう
かが争点となる。

4　安全規制

　宇宙条約のもとでは、宇宙活動を行う機体の安全性について審査をする
のは、関係当事国の責務とされている（宇宙条約 6 条）。現在のところ、先
行する各国の国内法においては、打上げロケットと同様の安全規制（警戒
区域の設定、各種通報）に基づいて飛行が許可されており、ロケットの場合
と同様に、UNCOPUOS において作成されるガイドライン等が国内におけ
る安全性審査に影響を与えることは考えられる。

　一方で、ICAO においては、航空活動との抵触という観点から商業宇宙
輸送に関する検討が始まっており、空港の使用や併用、空域における管制
等についてもなんらかの国際ルールが形成される可能性がある。より進ん
で、サブオービタル機による頻回輸送や国際運送が実現すると、サブオー
ビタル機という機体に関する安全規制、とりわけ搭乗者の安全に関する基
準の作成が求められることになるだろう。サブオービタル機を航空機とし
て規律する場合は、「航空機」の定義（第 7 附属書および第 8 附属書）の改
定、新規の SARPs の採択、耐空証明に関する体制の整備、先行する国内
法における審査基準[42]との調整等が不可欠となる。

---

40)　Working Paper on Concept of Suborbital Flights, *supra* note（10）, at 4.

41)　Hobe, *supra* note（37）, at 383, 384.

42)　もっとも搭乗者の安全性に関する基準は、米国法においても推奨のレベルにとどま
　　り、業界によるベストプラクティスの確立を待っている状況である（FAA/AST,
　　Recommended Practices for Human Space Flight Occupant Safety（version 1.0）,
　　August 27, 2014）。

V　おわりに

　本稿では、サブオービタル機による商業有人宇宙飛行に対して国際的な規範がどの程度影響しうるかという観点から問題を整理してきた。有人サブオービタル機の法的位置付けや規制機関について、現時点において国際的に確立した方針があるわけではなく、議論の方向性を見極めることは非常に困難である。しかしながら、少なくとも、空港や管制等の航空インフラの使用という面に関しては、ICAOにおいて具体的なルール形成が進む可能性が高い。日本は、国内における有人サブオービタル飛行が計画されている数少ない国のひとつであり、今後は、日本の立場において主張すべきことを整理し、国際的なルール形成に寄与することが求められるだろう。

第 2 節

国際宇宙ステーション

青木節子

I　はじめに

　米国、ロシア、欧州宇宙機関（ESA）、日本、カナダの5極の協力で地上から約400キロメートル上空に建設された国際宇宙ステーション（ISS）は、約90分で地球を一周しながら、科学実験や地球その他の天体の観測を行っている[1]。本来は2016年に運用終了の予定であったが、2014年1月にNASAは2度目の延長を決め[2]、4極の合意を得て、2015年末に2024年までの運用維持が合意された[3]。しかし、それ以降については、不透明である[4]。

　NASAの任務は、最先端の宇宙開発であり、既に定常利用の段階に入りつつある低軌道（LEO）のISS運用を長く行うことではない。そこで、2006年以降、NASAは、① ISSへの貨物補給機の開発製造（COTS）[5]、②①の

---

1)　ISSの寸法は108.5m × 72.8m（大体サッカー競技場と同程度）、重量は約420トンという巨大な構築物である。<http://iss.jaxa.jp/iss/about/>.
2)　1度目の延長は2016-2020年であった。
3)　<https://www.mofa.go.jp/mofaj/files/000120568.pdf>.
4)　トランプ政権は宇宙機関のみによる継続運用には否定的であり、2025会計年度で政府のISSへの直接的な予算配分は終了という計画を有していた。しかし、これは議会の支持を集めているとはいえず、議会では、2030年までの政府の運用も主張される。現在、政府と民間の共同運用、完全な民間移管、理論的には運用終了等さまざまな可能性について検討されている。たとえば〈https://oig.nasa.gov/docs/CT-18-001.pdf〉。

229

補給機の輸送サービス（CRS）[6]、③ ISS 搭乗員を輸送する往還機の開発製造運用（CCP）[7]、を民間企業に委ねることとした。2020 年 5 月に Space X 社は、宇宙飛行士を ISS に輸送する有人試験飛行に成功し、同年 11 月には、米国商業有人宇宙船「クルードラゴン」の有人運用飛行ミッションが開始された[8]。NASA は打上げ機・輸送機開発の投資家の役割を果たし、完成した製品やサービスを調達することにより民間企業を育成して、ISS への輸送費用をスペースシャトル時代に比べて大幅に低減させ、その結果、本来の任務であるフロンティア拡大に注力する基盤を整備することに成功したといえる。

　同様の発想に基づき、2005 年の NASA 授権法により、米国の有する ISS 飛行要素[9] の半分程度は「国立研究所」と位置付けられ、NASA 以外の米連邦政府機関や民間団体にも研究・実験機会を無償で提供し、成果物についての知的財産権等も利用者に帰属させることにより、米国の宇宙経済を発展させるという目的が掲げられた。2011 年には、非営利法人宇宙科学推進センター（CASIS）が同国立研究所のプロジェクトの選定、管理等を行うこととなった。CASIS の報告によると、2018 年末までに ISS 国立研究所に搬入された 270 の実験ペイロードのうち 176 は民間企業からのもので、宇宙ビジネス促進に大きく貢献しているという。その他 NASA 長官に NASA の事業遂行に必要な契約を妥当と考える条件で締結できる裁量権限を付与しており、ISS の商業化に益している[10]。

5）　商業軌道輸送サービス（Commercial Orbital Transportation Service: COTS）という。スペースシャトルは 2011 年に退役した後、米国の ISS 補給機は、NASA の COTS 契約を得て開発が実現したスペース X 社のファルコン 9 ロケットおよびドラゴン宇宙船（2012 年 ISS への初結合）ならびにオービタル・サイエンシズ社（名称は当時）のアンタレスロケットおよびシグナス宇宙船（2013 年 ISS への初結合）である。

6）　商業補給サービス（Commercial Resupply Service: CRS）という。

7）　商業乗員輸送プログラム（Commercial Crew Program: CCP）という。

8）　See. e.g.. <https://blogs.nasa.gov/commercialcrew/2020/05/31/crew-dragon-completes-historic-trip-to-space-station-with-docking-at-1016-a-m-edt/>;<https://iss.jaxa.jp/iss/flight/crew-1/>.

9）　後掲注 17）参照。

10）　<https://www.comet-cnes.fr/en/events/interview-cynthia-bouthot-tocco-former-

　米国の規模で民間の宇宙ビジネス育成に資金や機会を提供するには到らないが、国立研究開発法人宇宙航空研究開発機構（JAXA）も、日本の提供する飛行要素「きぼう」[11] からの超小型衛星放出の事業化を、競争的過程を経て民間企業に委託した。「きぼう」に搭載した日本の「小型衛星放出機構」（J-SSOD）を利用した大学や途上国政府の超小型衛星の放出は 2012 年に始まり、2021 年 7 月現在、50 機を超える放出実績を有している[12]。国連宇宙部との連携協力協定（2015 年）[13] による放出に代表されるように、これまで国際協力、宇宙外交の側面がより強調される傾向があったが、衛星技術の急速な発展により、超小型衛星が地上の観察等で果たし得る役割も増大し、また、ビッグデータ時代を迎え、他の知見と組み合わせて作成する多様な情報提供ビジネスの可能性も広がってきた。そこで、2024 年以降の ISS のありかたを模索する中で、JAXA 初の事業化を行ったのである。

　今後、ISS の民間主体の運用をめざして、政府は資金、技術、機会を提供し、そこに多くの企業が参入することが期待される。しかし、ISS という場を用いるビジネスについては、現状、政府、宇宙機関、企業共に、その法的問題点を十分に検討したとはいえないだろう。予想しなかった問題が浮上し、ビジネスの障壁となることも考えられる。そこで、本稿は、国際公法の観点から、多国間条約を基礎とする ISS の利用に参入する企業はどのような点に留意すべきか、その一端を概観する[14]。

---

commercial-director-cassis>.

11）　後掲注 17）参照。

12）　<https://humans-in-space.jaxa.jp/kibouser/provide/j-ssod/72631.html>. ISS の日本の飛行要素（後述）には、米国企業の小型衛星放出機構もあり、そこから軌道に配置された衛星数も含めると 250 機を超える衛星が放出されている。

13）　当初の 3 年計画が延長され、現在第 6 ラウンド（2021 年選定）の応募受付中である。<https://www.unoosa.org/oosa/en/ourwork/psa/hsti/kibocube.html>.

14）　ISS 協定全般についてのまとまった記述として小塚荘一郎＝佐藤雅彦編著『宇宙ビジネスのための宇宙法入門〔第 2 版〕』（有斐閣、2018 年）第 3 章 II 120-153 頁（佐藤雅彦）。

II　ISS 完成までの経緯

　冷戦下の 1984 年、米国のレーガン大統領は、①西側諸国の結束 [15) と科学技術の優位の象徴とする、②宇宙環境利用を進めて宇宙産業を創出する、③将来の有人惑星探査の中継基地とする、こと等を目的として国際宇宙ステーション（ISS）の建設を呼びかけ、1988 年には米国、ESA 諸国、日本、カナダの間で ISS 建設のための 2 種類の文書が採択された。より重要なのは、ISS 建設、運用につき、各参加主体の基本的な権利義務を規定する多国間条約「民生用国際宇宙ステーション協力協定」（「ISS 旧協定」）であり、それを前提として、巨大プロジェクト遂行についての日常の管理業務の詳細を定める非拘束合意が作り上げられた。後者は米国家航空宇宙局（NASA）を一方の当事者とし、ESA、カナダ宇宙機関、日本国政府がそれぞれ相手方となった 3 つの了解覚書（MOU）（「旧 MOU」）である [16)。

　ISS 旧協定および旧 MOU の実施は、中核となる米国の財源不足もあり遅々として進まず、冷戦後、ソ連の承継国ロシアが加わる形で 1998 年に新しい「民生用国際宇宙ステーション協力協定」（「ISS 協定」）が採択された時点でも、いまだ ISS のいかなる部分の打上げも実現していなかった。ロシア参加後、同年の 11 月、始めてロシアの提供する「飛行要素」[17) の打上げが行われ、その後は順調に ISS の建設が進んだ。日本の提供する有人実験棟「きぼう」は 3 回に分けて米国からスペースシャトルで打ち上げら

---

15)　ISS 旧協定が締結された当時、ISS は西側の結束を意識して「フリーダム」と名づけられた。現在、ISS に固有の名称はない。

16)　日本は、旧 MOU にも単なるプロジェクト設計、業務実施の手続・実体規則を超えた法的判断を含む条項が存在するということを厳格に解し、日本国政府が NASA と旧 MOU を締結し、科学技術庁（現文部科学省）からの協力機関、特殊法人である宇宙開発事業団（現 JAXA）が科学技術庁の援助機関という位置付けを取ることとなった。この構成自体は現行 MOU（後掲注 20）参照）によっても変わらない。

17)　居住棟や実験等など、各参加主体が提供する ISS の要素の詳細は、ISS 協定附属書および MOU 3 条に規定される。日本の提供する飛行要素「きぼう」については、同 3 条 3 参照。

れ、2009 年 7 月に完成した。ISS 自体は、2011 年 7 月、最後のスペース
シャトルミッションにより完成したとされるが[18]、その後もロシアは ISS
協定に基づき新たな多目的実験棟の増築を計画しており、構造物としての
ISS は今後も進展が可能とされる[19]。

Ⅲ　ISS 運用を規定する国際法と関係国内法

1　国連宇宙 4 条約を前提とする ISS 協定

　ISS 建設・運用は文書としては 3 層構造によりなされる。具体的には、
① ISS 協定、② 4 つの MOU[20]、③ NASA と協力機関（日本以外においては
宇宙機関。日本は文部科学省[21]）との間で必要が生じたときに結ばれるさま
ざまな実施取極である。法的拘束力を有するのは ISS 協定のみである。
　ISS 協定は、国連を介在させずに採択された多国間条約ではあるが、加
盟国すべてが批准する国連宇宙 4 条約に従って ISS を建設・運用すること
となっている[22]。国連ではこれまで 5 つの宇宙関係条約を作成してきた
が、そのうち①宇宙条約（1967 年。カッコ内は発効年。以下同じ）、②救助返
還協定（1968 年）、③損害責任条約（1972 年）、④宇宙物体登録条約（1976
年）の 4 条約には、宇宙開発能力をもつほぼすべての国が加盟している。
ISS 協定では、相互放棄（後述）を除き、国連宇宙 4 条約体制に反する規定
は置かれていない。

---

18)　<https://www.nasa.gov/mission_pages/station/structure/iss_assembly.html>.
19)　ISS 協定 1 条 4 および 14 条は、ISS は一応の完成後も増築が想定されることを確認
　　し、その際の手続事項を定める。ロシアが計画する多目的実験棟の打上げは数次の延
　　期の後、現在、2021 年夏の打上げが予定されている。<https://tass.com/science/1280
　　677>.
20)　NASA と日本以外の 3 極の宇宙機関が 1998 年 1 月 29 日に署名した 3 つの MOU お
　　よび、NASA と日本国政府が 1998 年 2 月 24 日に署名した MOU を指す。注 16) 参
　　照。
21)　ISS 協定、4 条。日本国政府と NASA の MOU、1 条 2。
22)　ISS 協定、2 条 1、前文。

ISS を用いたビジネスを考える私人にとって特に有益と思われる規則に限定して、以下、ISS 協定の重要な規則について記述する。

2　国家管轄権行使の規則

　宇宙空間はいかなる国の領域でもないため[23]、宇宙での活動に国内法を適用するためには、宇宙空間に存在する物体・その中の乗員に対して自国法を適用する仕組みが必要である。国連宇宙 4 条約は、衛星・打上げ機等地上で製造し宇宙空間に導入する「宇宙物体」[24] を登録した「打上げ国」（後述）が「登録国」として、登録に基づいて主権類似の権限「管轄権及び管理の権限」を当該物体・乗員に対して行使すると規定する[25]。それを踏襲し、ISS 協定では、各参加主体がそれぞれ提供する飛行要素を国連登録し、登録に基づいて自国（欧州諸国については ESA に登録の責任を委任）の「管轄権及び管理の権限」を行使することとなった[26]。同時に自国民である人員が ISS 内で他国の飛行要素に所在する場合、当該人員に対して「管轄権及び管理の権限」を行使する規定が置かれた[27] ので、管轄権競合の場面が予想される。船舶、航空機であれば、執行管轄権行使の順位は、国際慣習法により船舶・航空機の登録国（移動体に対する準領域的管轄権）、乗員（属人的管轄権）と定まるが、ISS 内でも同様の順位が維持されるかについては不明瞭である。

　特定の活動の管轄権行使については、より明確な規則が置かれる。知的財産権については、特に属人的管轄権を廃し、ISS の飛行要素上で行われる活動は、当該要素の登録国の領域内でのみ行われたとみなすこととされた[28]。ESA の登録する飛行要素については、ESA のいずれの加盟国も自国の領域内で行われたとみなすことができる[29]。もっとも ISS 協定は参加

---

23)　宇宙条約Ⅱ条、ISS 協定、2 条 1、2 (c)。
24)　定義は、損害責任条約Ⅰ条(d)および宇宙物体登録条約 1 条(b)。
25)　宇宙条約Ⅷ条、宇宙物体登録条約Ⅱ条。
26)　ISS 協定、5 条 1。
27)　同上、5 条 2。
28)　同上、21 条 2。
29)　同上。

主体の国内法適用の根拠を与えるだけであり、実際に当該規定を地上で適用するためには、別途国内法を制定する必要がある。その点、米国は、1990年に特許法を改正し、米国が「管轄権または管理の権限」を有する宇宙物体内で行われ、使用された発明について、米国領域内で行われ、使用されたと解することとされた[30]。管理は管轄権の一要素であるため「管轄権および管理の権限」は通常管轄権を意味するが、米国特許法は、「管轄権または管理の権限」と規定することにより、米国が管轄権をもたない宇宙物体において特許権の侵害行為が行われる場合に、米国が管制その他の物理的な力・影響—管理—を行使するときに米国法が適用される可能性を示しており、ビジネスを行うにあたり、知的財産権の保護を考える上で注意が必要である[31]。

3 損害責任条約の適用：「打上げ国」責任

ここでは、先に紹介した JAXA の J-SSOD からの超小型衛星放出事業化に関連した例を考えてみたい。放出された衛星 X が他国の衛星 Y と衝突して衛星 Y を破壊した場合、また、可能性は低いが衛星 X が地上に落下して物理的損害を与えた場合、損害責任条約によると、「打上げ国」という類型の国が前者においては過失責任を、後者は無過失無限責任を負う[32]。「打上げ国」とは宇宙物体を①打ち上げる国（例 種子島の射場から文部科学省の衛星を打上げる場合の日本）、②打上げを行わせる国（例 他国の射場から自国／自国民の衛星を打上げるときの調達国）、③自国の領域から宇宙物体が打ち上げられる国、④自国の施設から宇宙物体が打ち上げられる国、をい

---

30) 35 USC §105.

31) 刑事裁判権については、例外的に犯罪行為が行われた場所のいかんを問わず、容疑者の国籍国の刑法を適用することを原則とするが、一定の条件が満たされれば、飛行要素登録国や被害者の国籍国の刑事裁判権が行使される場合もある（ISS 協定、22条）。米国は刑法改正により、米国が登録した宇宙物体は米国の「特別海事・領域管轄権」の下にある場所とみなすと規定する。18 USC §7 (6).したがって、米飛行要素内での犯罪行為は国内犯規定を適用することができる。しかしこのような擬制を用いない日本刑法の場合は国外犯規定のみが適用可能となる。

32) 損害責任条約、Ⅱ−Ⅲ条、Ⅻ条。宇宙条約Ⅶ条。

う³³⁾。上記日本企業が、A国のB企業の超小型衛星Xを放出するビジネスを行う場合、日本は④の類型の打上げ国となるのであろうか。宇宙4条約に「打上げ」の定義はない。地球から宇宙空間へ導入することをもって打上げと考え、ISSに向けて補給機を打ち上げた国が打上げ国となるのか、そのような国に加えISS上の施設から放出する場合の施設所有国も打上げ国となるのか、あるいは施設所有国のみが打上げ国となるのかは、ISS参加主体間の合意はない。

　日本の宇宙物体登録届出マニュアルでは、ISSからの放出については、「きぼう」からまたは「J-SSOD」からではなく「ISS」からの放出と記載すること、また、追加情報として地上からISSに衛星を輸送したロケット名称、その打上げ日、ISSへ接続した補給船名を記載することを求めている³⁴⁾。ISS参加主体すべてが共同打上げ国となるという趣旨かもしれない。加えて、日本の宇宙活動法³⁵⁾によると、「打上げ」は地上から地球周回軌道またはその外に宇宙物体を搭載した打上げ機（「人工衛星等」）を発射することである³⁶⁾。そこで、ISSからの衛星放出は、「打上げ」ではなく、「人工衛星管理設備を用いて、人工衛星の位置、姿勢および状態を把握し、これらを制御すること」（衛星管理）³⁷⁾となり、放出される超小型衛星を管理する者（内国人、外国人）は、人工衛星管理設備が日本国内に存在する場合に、衛星管理許可を受ける必要が生じる³⁸⁾。また、日本企業がJ-SSODからの放出を一括調達する場合には、仮に「放出」を「打上げ」と解するならば、J-SSODから軌道配置された個々の衛星の国籍国は「打上げ」とは無関係であり、日本企業が「打上げ」を調達したことになるかもしれない。結果、日本が「打上げを行わせる国」としての打上げ国責任を負って

---

33)　損害責任条約、第Ⅰ条(c)、宇宙物体登録条約第Ⅰ条(a)。

34)　〈https://www8.cao.go.jp/space/application/space_activity/documents/manual-spaceobjt.pdf〉12頁。

35)　平成28（2016）年法律第76号。

36)　宇宙活動法、第2条5号。

37)　同上、第2条7号。

38)　同上、第20条1。

被害国に賠償を支払い、当該日本企業が日本政府から求償される可能性がありうる[39]。

4　損害責任条約の例外

ISS 建設・運用はリスクの高い活動であるため、参加国間では、過失による損害が生じた場合に損害賠償請求権を相互に放棄するという規則を置いた[40]。これは、参加国の関係者に対しても拡張される。米国政府やNASA が一方の当事者である宇宙探査 2 国間枠組条約[41] や米国の商業宇宙打上げ法[42] 等で従来使われていた手法である。宇宙物体に起因して生じる物理的損害の賠償制度については、前述のように宇宙空間においては、ある宇宙物体が他の宇宙物体に対して引き起こした物理的損害に対しては、加害国である打上げ国が被害国である打上げ国に対して過失責任を負うが[43]、この一般規則は、特別法としての ISS 協定の相互放棄規定には適用しないと明定される[44]。

5　ISS 建設・運用のための特別規則

地上では国境を超える物品・技術、データの移転、また、ヒトの自国領域へのまたは自国領域からの移動についての規制は、関係条約や国際レジームに基づいて、輸出管理法、関税法、出入国管理法等に従って行われるが、これは ISS 建設・運用を円滑に進める障壁となりうる。そこで、ISS 協定は、国際探査枠組条約での協力規定等に倣い、特有の規定を置いた[45]。個々の移転・移動の細則については、第 3 層の実施取極に規定されることも少なくない。

---

39) 宇宙活動法に、衛星について政府が打上げ国責任を負った場合の求償規定はない。

40) ISS 協定、16 条。

41) See e.g., A/AC.105/C.2/112 (13 April 2017), p.11.

42) 51 USC § 50914 (b).

43) 損害責任条約、Ⅲ条。また、宇宙条約Ⅶ条。

44) ISS 協定、2 条 2 (a)、17 条 1。

45) 同上、18-20 条。

6　平和利用の範囲

　ISS は「民生（civil）」利用を目的とする構築物であり、「国際法に従って平和的目的」で設計、開発、運用、利用をすることが義務づけられている[46]。宇宙条約で規定される宇宙の平和利用[47] は、非軍事活動までを要求するものではなく、自衛権の範囲内の防衛目的の軍事利用は平和的目的に合致した利用であるというのが通説である[48]。しかし、ある実験や利用方法が平和的目的のものであるかは、各飛行要素の登録国の「平和利用」解釈により判断することとされており[49]、ISS 内での軍事目的での作業をビジネスとして行う場合には、当該飛行要素の登録国の国内法も含め、3層構造の文書が要求する条件を認識しておくことが必要である。

IV　おわりに

　日本企業が ISS 利用ビジネスに従事する場合、NASA 等米国からの資金・技術を得て活動する国と協力して行う場合には、特に米国法の域外適用による影響がどのような形で及び得るか、米国法や米国判例の研究が必要であろう。また、JAXA の事業化案件として行う場合には、3層構造のISS 国際約束における日本の権利義務、そして政府と民間の責任配分に注意しなければならない。基礎となる国連宇宙4条約の解釈でも ISS という場に適用する場合、「打上げ国」の範囲を含め、不明瞭な点は少なくない。ISS 利用のみならず、その先の LEO 有人・無人ビジネスの確立のためにも、参加国間の明確な合意形成が望まれる。

46）　同上、1条1。
47）　宇宙条約IV条。補足的に同条約 I 、III条。
48）　Stephan Hobe, et al., Cologne Commentary on Space Law, Vol.1（Carl Heymanns Verlag, 2009）, pp. 82-85.
49）　ISS 協定、9条3(b)。

第3節

測位衛星システム（GNSS）

小塚荘一郎

I　測位衛星システムの現況

　測位衛星システムとは、軌道上に配置した多数の衛星から送信される同期された測位信号を利用して、受信者の位置を測定できるようにした衛星システムのことである[1]。このうち、米国が構築した GPS（Global Positioning System）のように全世界的な規模を持つものを全世界的測位衛星システム（Global Navigation Satellite System: GNSS）と呼び、日本の準天頂衛星システムのように一部の地域を対象としたものを地域的測位衛星システム（Regional Navigation Satellite System: RNSS）という。

　米国の GPS（正式には NAVSTAR GPS）は、当初は軍用目的で構築されたものであるが、1990 年代に民生利用が解禁されたため、測位衛星システムを代表する存在となってきた。現在でも、一般的には、GNSS という用語よりも、特定国のシステムの名称である GPS のほうがはるかに高い知名度を持つであろう。しかし、急速な経済力の増大を背景に宇宙分野で存在感を高めている中国は、ここ数年で、独自の測位衛星システム BeiDou（北斗）を急速に完成させ、2019 年には、GPS 衛星よりも BeiDou 衛星を多く観測できる地点が地球上にかなり存在すると報じられるに至った[2]。ま

---

1)　受信者が自己の位置を正確に知っている場合に、逆に正確な時刻同期のために利用することもあるため、米国などでは、測位・航法・計時（Positioning, Navigation and Timing: PNT）システムと呼ばれる。
2)　2019 年 8 月 19 日日本経済新聞報道。

た、日本の準天頂衛星システムも 2018 年 11 月にサービスインするなど、測位衛星システムの運用主体の多様化が生じている。こうした状況の中で、2018 年に中国の西安で開催された国連 GNSS に関する国際委員会（ICG）会合で、中国の関係者から、測位衛星信号の不具合と民事責任に関するプレゼンがなされたり[3]、ドイツのミュンヘンで毎年開催される国際測位衛星サミットでも、比較法のセッションが設けられるなど、測位衛星をめぐる法制度が改めて注目を集めるようになってきた。中国の若手研究者による本格的な研究書も、最近、出版されている[4]。

　以下では、測位衛星に関する法制度をめぐってこれまでに国際機関で行われてきた議論を、特定分野に限定したもの（Ⅱ）と一般的なもの（Ⅲ）とに分けて振り返った上で、各国の測位衛星システムに関する法制度、とりわけ Galileo と呼ばれる GNSS を構築している欧州連合（EU）の制度について概観する（Ⅳ）。

Ⅱ　航空・海事分野における測位衛星の利用[5]

1　国際民間航空機関（ICAO）

　測位衛星システムを利用すれば、陸上の管制システムから遠く離れた海上やその上空でも現在地を正確に知ることができるため、航空機や船舶の航行にとって、有用性が大きい。ICAO は、1990 年代初頭には、衛星システムを利用した新しい航空管制システム（CNS/ATM）の構想を打ち出

---

3)　China National Administration of GNSS and Applications & Institute of Space Law and Strategy, Beihang University, "Identification and Distinction of GNSS Civil Liability", <https://www.unoosa.org/documents/pdf/icg/2018/icg13/pf04.pdf>（presentation at ICG-13, Xi'an）。

4)　Dejian Kong, *Civil Liability for Damage caused by Global Navigation Satellite System*（Kluwer, 2019）.

5)　Michael Chatzipanagiotis & Konstantina Liperi, "Regulation of global navigation satellite systems", in: Ram S. Jakhu & Paul Stephen Dempsey（eds）, *Routledge Handbook of Space Law*（Routledge, 2017）160, 175-178.

し[6]、その法的な問題点について検討を進めていった。

　その中で、まず問題となった点は、測位信号の安定的な提供が保証される体制の確保であった。当時、利用可能な GNSS としては、米国の GPS とロシアの GLONASS しか存在していなかったが、どちらも軍用の目的で構築されたシステムであったため、両国は、民生利用のために信号を提供し続ける法的な義務を負担することに難色を示した。結局、米国は 1994 年に、またロシアは 1996 年に、ICAO 理事会と書簡を交換し、その中で、測位信号の継続的な利用に対するコミットメントが表明された[7]。

　さらに、1998 年には、ICAO 総会において「GNSS サービスに関する国の権利及び義務の憲章」が採択された[8]。この「憲章」には、GNSS サービスを提供する国家はその継続性、可用性、完全性、正確性および信頼性を確保しなければならないこと、その中には、システムの機能不全や不具合が運用に及ぼす影響を最小限に抑え、迅速なサービスの再開に努めることが含まれること、が謳われている。もっとも、「憲章」は関係国に法的な義務を課すものではないと解されており、現実には、かなり長時間の不具合が生じても、米国やロシア政府から不具合の詳細に関する通知はなされていないという指摘もある[9]。

　その後、ICAO では GNSS を含む CNS/ATM の法的枠組の検討がアジェンダとして掲げられ、作業部会において議論が行われた。その中で大きな問題となった点は、GNSS の不具合から航空事故が発生した場合の責任の問題である。作業部会は、検討の結果を 2004 年の ICAO 総会に報告し、関

6)　中野秀夫『航空管制のはなし〔六訂版〕』（成山堂書店、2009 年）153 頁、藤田勝利編『新航空法講義』（信山社、2007 年）129 頁〔新田浩司〕。

7)　中国も、BeiDou に関して、安全かつ安定的な運用にコミットする旨を宣言しているが（The State Council Information Office of the People's Republic of China, China's BeiDou Navigation Satellite System (Foreign Language Press, 2016) p.8 <http://en.beidou.gov.cn/SYSTEMS/WhitePaper/201806/P020180608507822432019.pdf>）、一方的な宣言に止まり、ICAO 理事会との相互的なアクションには至っていない。

8)　"Charter on the Rights and Obligations of States Relating to GNSS Services" (ICAO Assembly Resolution A32-19, 2004).

9)　Kong (n 4), 132.

係者間の契約によってリスクの適切な分配が図られると提唱した[10]。しかし、そうした契約の実現において ICAO が果たすべき役割をめぐっては見解の対立が大きく、作業部会が推奨する契約モデルと一部有力国（欧州諸国）が支持したモデル合意案とが、報告書の資料として並列的に添付されるという事態になった[11]。

　有力国が支持したモデル合意案（Framework Agreement）は、GNSS の利用にかかわる国家間で締結されることを想定し、関係する主体間の関係を包括的に規律しようとするものである。関係主体としては、GNSS の運営を統括する GNSS 法人、GNSS の運用を行う GNSS 運用者、測位信号を利用した航空機向けサービスを提供する GNSS サービス提供者、および測位信号を利用する航空機である GNSS 利用者が挙げられている。GNSS 法人は、GNSS 運用者および GNSS サービス提供者との間で契約を締結し、それにもとづいて、測位信号を提供するとともに、不具合等の場合の責任分担や、損害発生に備えるための保険金額、契約当事者が必要と認めるならば被害者補償基金の運用などを行う。不具合にもとづく事故が発生した場合の損害賠償責任については、モデル合意案では直接規定しておらず、準拠法によって決定されることになっている。

　しかし、このような枠組を論ずること自体が、米国やロシアにとっては受け入れがたいものであった。GPS や GLONASS は、米ロがそれぞれ自国の（軍事上の）必要性から運用しているシステムの信号を開放し、民間主体による受信を容認しているにすぎないからである。そのため、作業部会が最終的に採択した報告書では、問題設定をまったく変えて、測位信号が契約にもとづいて提供される場合の測位信号提供者と航空管制者の間の契約モデル（Contractual Framework）を提示することになった。その中では、測位信号の継続性や信頼性の保証、対価に関する合意、そして不具合の場合の責任や主権免除の放棄などを定めることができる。これであれば、EU の Galileo などが航空管制向けなど精度の高い信号を契約にもとづいて提

---

10)　Report on the Establishment of a Legal Framework with Regard to CNS/ATM Systems including GNSS（A35-WP75, 2004）.
11)　契約モデルとモデル合意案の関係について、Kong（n 4）199-200 参照。

供するサービス（Galileo では Safety of Life〔SoL〕service と呼ぶ）の場合にのみ適用され、米ロのように信号を開放しているだけで利用者との間に契約関係がないシステムには、なんら関わりがない文書となる。

　現在も、ICAO のアジェンダには、GNSS を利用した CNS/ATM の法的検討が掲げられている[12]。しかし、作業部会の報告書が提出されて以降、アジェンダの優先度は大きく低下した。背景に、測位信号の利用をめぐる根本的な考え方の対立が存在する以上、巨大な事故の発生などにより状況が大きく変化しない限り、ICAO において議論がこれ以上に進展する可能性はないと思われる。

2　国際海事機関（IMO）

　海上交通にとっても、GNSS は航行を支援するシステムとして有用であり、IMO は、ICAO と並んで早くから GNSS の利用に着目してきた。また、2002 年以降、300 総トン以上の船舶（国際航海に従事しない船舶は 500 総トン以上、旅客船は総トン数にかかわらずすべて）は、測位信号を利用した自動識別装置（Automatic Identification System: AIS）を搭載する義務を課されている[13]。そこで、IMO は、海上交通によって利用されるために GNSS が満たすべき条件についてのポリシーを明らかにしてきた。これは、ICAO の「憲章」にほぼ相当するものであり、最初のポリシーが1997 年に採択され[14]、その後、2001 年に改訂ポリシーが採択されている[15]。その中では、一般的な航海時のユーザーの要求を満たすこと、地域特有の要求事項がある場合には地域的な補強システムを通じてそれを満たすこと、信頼性と低コストが求められること、などが書かれた上で、GPS と GLONASS が全世

---

12) Report of the 37th session of the Legal Committee（C-WP/14811, 2018）.

13) 1974 年海上人命安全条約（SOLAS 条約）第 V 章第 19 規則、船舶設備規程 146 条の29。

14) Maritime Policy for a Future Global Navigation Satellite System（GNSS）（A.860（20），1997）.

15) Revised Maritime Policy and Requirements for a Future Global Navigation Satellite System（GNSS）（A.915（22），2001）.

界無線航行システム（World-Wide Radionavigation System: WWRNS）として認められていた。その後、2014 年には BeiDou、2016 年には Galileo がWWRNS として承認され、日本の準天頂衛星システムも、承認を獲得すべく活動を行っている[16]。

　興味深いことに、船舶の航行では航空機に比較すると測位信号の不具合が事故に直結する可能性は小さいと考えられているのか、IMO では、民事責任や損害リスクの分配が深く議論された形跡はない。ポリシー文書には、「責任の問題に関する国際的に確立された原則の適用」について IMO が評価し、承認する任を負うとのみ記載されている。

Ⅲ　測位信号の不具合と民事責任

　測位信号の不具合から生じる民事責任の問題について、分野横断的に取り組んだ検討は、2006 年以降の数年間、ユニドロワ（私法統一国際協会）において行われた[17]。ユニドロワでは、イタリアが、この問題に関する国際条約を作成する必要性を訴えた。

　イタリアの主張は、GNSS の不具合が事故などを惹き起こし、損害を発生させた場合、各国の実質法が異なる上に、損害発生地（それも多数に上る可能性がある）や GNSS 運営者の所在地等の間で国際裁判管轄をめぐる争いが生起するため、紛争解決が遅れ、被害者の救済にも欠くというものであった。この問題を解決するためには、実質法を統一する私法条約を作成し、事故が発生した場合には、準拠法選択ルールにかからず、直接適用する必要がある。そして、手続法ルールとして、条約中に裁判管轄を規定した上で、条約の当事国間では判決を相互に承認・執行する旨を規定するべきである。また、GNSS の運用者が国または国に準ずる主体である場合には、被害者の保護を図るため、主権免除を排除する。

---

16)　<https://qzss.go.jp/events/imo_200206.html>
17)　これについては、清水真希子「GNSS（衛星測位システム）の不具合に関する民事責任」『落合誠一先生古稀記念・商事法の新しい礎石』（有斐閣、2014 年）591 頁に詳細な紹介がある。

ユニドロワに対しては、ジェノヴァ大学のカルボーネ教授を中心とする
グループから、国際条約作成の「フィージビリティ・スタディ」が提出さ
れた[18]。このスタディでは、原子力損害賠償責任に関する条約をモデルと
して、GNSS 運用者の無過失責任を定め、免責事由を戦争や災害、被害者
の故意・重過失などに限定するとともに、責任集中原則を採用し、GNSS
運用者以外の関係者は被害者に対して直接的な責任を負わないという責任
ルールが提案されていた。GNSS 運用者の責任については、損害賠償額を
一定金額に制限するとともに、それに相当する保険契約を義務づける。さ
らに、被害者の十分な救済を図るため、測位信号のユーザー国から拠出を
受けて補完基金を設立することも提案されている。

ユニドロワ理事会は、「衛星サービス起因の責任」について、アジェンダ
として取り上げるか否かを判断するための調査を事務局に指示し、それを
受けて 2010 ～ 2011 年に数回の非公式会合が開催された。しかし、ICAO
においても民事責任の問題を論ずることに強く抵抗した米国がここでも反
対したほか、欧州内部でも、ドイツ代表などから、条約の作成・普及の実
現可能性を疑問視する見解などが示されたこともあり、政府間専門家会合
を正式に開催するには至らなかった。2019 年のユニドロワ理事会に提出さ
れた 2020 ～ 2022 年の 3 か年計画には、このアジェンダは、もはや掲げら
れていない[19]。

ユニドロワにアジェンダが提案されたタイミングから推察すると、
ICAO の作業部会が民事責任や事故リスクの分配を規律するモデル合意案
を採択できなかったことに不満を抱いた勢力が、問題をユニドロワに持ち
込んで、不具合に起因する民事責任の国際的な規律を実現しようとした可
能性が高い。そして、カルボーネ教授らの「フィージビリティ・スタディ」
に、衛星メーカーのタレスグループに出資するイタリアのフィンメカニカ
社（当時）が協力していることから、GNSS 運用者への責任集中によって、

---

18)　Item No.20 on the Agenda: Liability for satellite-based services（Unidroit 2007 C.D.
　　（86）20）, Appendix.

19)　Item No. 14 on the agenda: Draft Triennial Work Programme 2020-2022（Unidroit
　　2019 C.D.（98）14 rev.）.

衛星メーカーが製造物責任訴訟にさらされる危険を排除しようとする政策的な意図があったのではないかとも推測される[20]。しかし、測位信号の利用により損害が発生する状況を具体的に想定してみると、測位衛星からの信号の送信と最終的なユーザーによる利用の間にさまざまな主体が介在し、それらの主体が信号の不具合を検知したり、複数の情報源を併用したりして事故の発生を予防する可能性を持っているという点で、原子力損害とは問題の性質が大きく異なっている[21]。そのため、推進者が想定していたような内容の条約がこの問題に適切な解決をもたらすかは疑わしく、仮にアジェンダが本格的に議論されていたとしても、議論は一筋縄では進まなかったであろう。

Ⅳ　各国の測位衛星システム法制——欧州連合（EU）を中心に

現在までに、GNSS に関して、とりわけ民事責任を規律する国際的な枠組を作成する試みはすべて挫折し、今後も実現する見込みは小さい。その結果、現状では、GNSS の運用については、もっぱら国内法（Galileo の場合は EU 法）によって規律されている。

1　米国[22]

米国の場合、GPS に関する規定は連邦法典の「軍」に関する章に置かれ、国防総省（宇宙軍が担当）が、GPS の能力を維持し、衛星・測位用ペイロードおよび地上設備を運用する責任を負う[23]。利用面では、運輸省が民生利

---

20)　小塚荘一郎＝佐藤雅彦編著『宇宙ビジネスのための宇宙法入門〔第2版〕』（有斐閣、2018年）266頁。

21)　この点については、小塚荘一郎＝藤野将生＝北永久「測位衛星システム（GNSS）から提供される情報の過誤と民事責任」情報法制研究2号（2017年）3頁参照。

22)　Andrea J. Harrington, "Regulation of navigational satellites in the United States", in: Jakhu & Dempsey (n 5) 291.

23)　10 USC § 2281.

用についての主導的官庁となり、国防長官と運輸長官を共同議長とする宇宙PNT運用委員会（National Executive Committee for Space-based PNT）が、GPSの運営に関する調整を行うという体制になっている。この運用委員会は、法令上の根拠はなく、大統領指令にもとづいて設置されたものである[24]。

2 ロシア[25]

ロシアのGLONASSは、航法活動に関する連邦法（Law No.22-FZ, 14 February 2009）にもとづいて構築されている。GLONASSはロシア連邦政府の所有物であり、連邦予算によって維持され、その基本的な運営方針はロシア政府によって決定される。システムの管理は国防省が担当し、その維持・開発および利用に関しては、ロスコスモス（ロシア国営宇宙公社）が、国防省・運輸省・外務省・通信省とともに調整する。

3 EU[26]

EUが構築するGalileoは、米ロとは異なり、民生利用のみを目的として構築されたGNSSである。その法的な根拠は2013年のEU規則であり[27]、それにもとづいて、無償で開放された測位信号（Open Service〔OS〕）のほか、精度の高い安全サービス（Safety-of-Life〔SoL〕service）、OSより多くの信号を提供する商業サービス（Commercial Service〔CS〕）、EU構成国のみの利用に供される公共限定サービス（Public Regulated Service〔PRS〕）、お

24) Presidential Decision Directive NSTC-6（March 28, 1996）. 現在は、"Memorandum on Space Policy Directive 7"（January 15, 2021）により置き換えられている。

25) Olga A. Volynskaya, "Regulation of navigational satellites in the Russian Federation", in: Jakhu & Dempsey（n 5）300; Alexey Bolkunov & Ingo Baumann, "GLONASS and PNT in Russia", *Inside GNSS* Mar./Apr. 2016, p.48..

26) Michael Chatzipanagiotis & Konstantina Liperi, "Regulation of navigational satellites in Europe", in: Jakhu & Dempsey（n 5）295.

27) Regulation（EU）1285/2013 of the European Parliament and of the Council on the implementation and exploitation of European Satellite Navigation Systems, OJEU 2013, L347/1.

および無償の救難サービス（Search and Rescue〔SAR〕Service）という5種の
サービスが提供される（2条4項）。Galileo システム（およびその補強システ
ムである EGNOS）に属するすべての有体物および無体物は EU が所有する
（6条）。Galileo プログラムについては、欧州委員会が最終的な責任を有し
（12条）、欧州宇宙機関（ESA）は、欧州委員会との包括協定にもとづいて、
システムの設計、開発および調達等を委託される（15条）。さらに、欧州
GNSS 監督庁（GSA）が、商業利用の推進、アプリケーションの普及とセ
キュリティ認証等を担当することとなっている（14条）。このような仕組み
は、ICAO で日の目を見なかったモデル協定案が、EU の複雑な機構の中
で実現したもののようにも感じられる。

4　中国 [28]

　中国の BeiDou は、米ロのシステムと同様に、軍民両用のシステムであ
るが、運用組織は、かなり複雑な形態をとっている。まず、BeiDou の運用
に関する基本方針を決定する機関は、China Satellite Navigation Commit-
tee（中国衛星導航系統委員会）である。その下で、実運用は、China Satellite
Navigation Office（中国衛星導航系統管理弁公室）が担当する。これは、政
府の関係各部が共同して業務を行う組織のようである。地上設備の運用
は、中央軍事委員会の傘下にある The Central Station for Satellite Naviga-
tion（衛星導航定位総站）が担う。そして、民生利用に関して、アプリケー
ションの運用や商業利用の推進を担当する組織として China National Ad-
ministration of GNSS and Application（中国衛星導航定位応用管理中心）が
置かれている。これらの政府組織が、法令上の根拠を有しているのか否か
は、英文で書かれた文献からは、はっきりしない。

---

28) Dejian Kong & Fabio Tronchetti, "Strategy, Governance, Policy and Law of the
BeiDou Navigation Satellite System" *Inside GNSS* Jan./Feb. 2017, p.38. なお、中国語
の名称は、簡体字を対応する日本の漢字に直して表記した。

V　結語

　GNSS をめぐっては、ICAO やユニドロワなど国際的な場で議論が行われたためもあり、不具合から損害が発生した場合の民事責任に対して、研究者の間で議論が多い。しかし、問題の性質に適合した解決策はいまだ発見されておらず、国際的な枠組が確立される可能性は小さい。その結果、国内法と、契約や利用条件、免責文言等に依拠しつつ実務が行われているという実態にある。

　しかし、GNSS の運用国やその関係事業者にとって、国外のユーザーから責任を追及されるリスクは、無視できるものではない。BeiDou システムの拡大とともに、中国が民事責任の問題に関心を抱きつつある様子は、そのことを端的に示していると言えよう。そのため、今後も議論は収束することなく継続されると予想される。日本でも、問題を掘り下げた検討が必要である。

第4節

宇宙資源開発

藤井康次郎／石戸信平

I　はじめに

　世界の宇宙産業市場は拡大を続けているが、近時、宇宙資源開発の実現および産業化に向けた動きが注目されている。宇宙資源開発とは、月や小惑星において水、鉱物等の非生物資源（以下「宇宙資源」という）を探査および採掘し、利用することを指している。用途としては、当面は宇宙空間内での利用が想定されており、たとえば、軌道上または天体上の人工衛星やロケット、ローバーやロボット等の動力源としてのエネルギー資源や、宇宙空間内での構造物の製造に用い得る鉱物資源の利用等が想定されている。これにより、月面開発や深宇宙探査活動を含む宇宙活動のコストダウンが期待される。米国や日本において、こうした宇宙資源開発を目指すベンチャー企業が育ちつつある。

　こうした動きを受け、諸外国の政府および研究機関は、宇宙資源開発に対する法制度のあり方について検討を開始している。この最たる例が、民間による宇宙資源開発を規律する世界初の法律である米国の商業宇宙打上げ競争力強化法（2015年11月発効）[1] である。また、ルクセンブルクも、民間による宇宙資源開発を規律する宇宙資源の探査及び利用に関する法律（2017年8月発効）[2] を制定した。米国法においては、私人による商業的な

---

1)　U.S. Commercial Space Launch Competitiveness Act

2)　Loi du 20 juillet 2017 sur l'exploration et l'utilisation des ressources de l'espace

小惑星資源および宇宙資源についての占有、所有、運搬、使用、販売をする権利が認められており[3]、また、宇宙資源についての権利は、米国が負う国際的な義務に従って取得されるとされている。ルクセンブルク法においても、私人による商業目的での宇宙資源の取得（appropriation）が認められ[4]、立法趣旨説明においては、宇宙資源の取得は、宇宙条約に抵触しないとの見解が付されている[5]。さらに、上記のほか、2019 年 12 月には、アラブ首長国連邦においても、宇宙資源の探査、開発、利用等の活動を政府の規制・監督の下に置く旨の内容を含む宇宙活動法が成立している[6]。

　なお、わが国でも、宇宙活動法および衛星リモートセンシング法の可決の際の附帯決議として、政府に対して宇宙資源開発をめぐる国際的な動向の把握および関連産業の振興に向けた措置の検討が求められており、2016 年度改定の宇宙基本計画工程表にも宇宙資源開発に係る国際動向把握と将来の取組みの検討が工程として追加された。宇宙産業ビジョン 2030（宇宙政策委員会宇宙産業振興小委員会）においても、宇宙資源開発を含めた新ビジネスについて、諸外国の動向等も踏まえ、わが国においても、新たなビジネスを見据えた環境整備に向けて、法整備の必要性も含めて、必要な措置について検討を行っていくと明記された。さらに、後述するように、2021 年 6 月には、民間事業者に宇宙資源への所有権を認める等の内容を盛り込んだ議員立法が成立している。

---

3)　US, Section 51303

4)　Article 1, Loi du 20 juillet 2017 sur l'exploration et l'utilisation des ressources de l'espace

5)　Projet de loi sur l'exploration et l'utilisation des ressources de l'espace, p. 9., available at <http://rybn.org/thegreatoffshore/THE%20GREAT%20OFFSHORE/1.ENCYCLOPEDIA/SPACERESOURCES.LU,%202017/Projet-de-loi-espace---vers-presse.pdf>

6)　Space Sector Law（Federal Law No.12 of 2019 on the Regulation of the Space Sector）, Article 4(i)(j), Article 18

Ⅱ　宇宙条約等との関係

　他方、宇宙資源開発については宇宙条約等の国際法との整合性の観点から議論がなされていることにも留意が必要である。宇宙条約上、天体それ自体の所有は否定されているという解釈が通説となっている。宇宙条約2条は、「月その他の天体を含む宇宙空間は、主権の主張、使用若しくは占拠又はその他のいかなる手段によっても国家による取得の対象とはならない」と規定しているところ、私人による天体の所有も同条により否定されていると考えられている。すなわち、どの国家にも領有されていない宇宙空間の土地について私人が所有を宣言した場合でも、それは事実行為としての占有に過ぎず、当該私人の国籍国が当該土地を自国の領域に編入し、当該私人による占有を追認することにより、私人に事実行為としての占有が初めて法的な所有になり変わると解されるところ、そのような国家の追認は、宇宙条約上禁止されているからである[7]。他方で、宇宙条約上、また国際法上、宇宙空間において採掘した資源の所有は禁止されていないとの見解も有力に唱えられている。たとえば、国際宇宙法学会（International Institute of Space Law）の声明文においては、現在の国際法の下で宇宙資源に対する所有権は否定されないということが明確に宣言されている[8]。

　また、宇宙条約1条は、宇宙空間の探査および利用は、全ての国の利益のための活動でなければならないことを定めている。これを踏まえると、私人による宇宙資源の所有は、当該私人の属する国の利益になるにとどまり、全ての国の利益にはならないという理由で私人が宇宙資源を所有することが認められないのではないかが問題となりうる。この点については、スペース・ベネフィット宣言（国連総会決議51/122、コンセンサスで採択）が、宇宙活動によって得られる成果の直接的な配分ではなく、情報共有や

---

7)　小塚荘一郎＝佐藤雅彦編著『宇宙ビジネスのための宇宙法入門〔第2版〕』（有斐閣、2018年）37-38頁〔青木節子〕。

8)　国際宇宙法学会の声明文については、以下のリンクを参照〈http://www.iislweb.org/docs/SpaceResourceMining.pdf〉。

技術移転等途上国の参加条件を整備（援助）することでも達成可能としていることは、民間事業者の所有権を否定しないという考え方と親和的であるとの指摘もある[9]。ただし、この点についての議論は始まったばかりともいえる。

なお、宇宙資源に対する所有権が否定されないとしても、宇宙資源を開発する際には、天体上に鉱区を設定した上で、資源採掘のための一定の構築物を設置し、運営する必要がある。このような行為は、その態様次第では、宇宙条約2条が禁止している使用または占拠による取得（所有）に該当するおそれがある。この点については、宇宙条約、国連憲章その他の国際法で明示的に禁止されていない態様での使用または占拠であれば広く認められるという解釈と、国際法上明示的に禁止されていない態様によるものであっても、天体を事実上所有する効果をもたらすような使用または占拠まで禁止すべきであるという解釈との間で争いがある[10]。

ところで、月協定[11]においては、太陽系の地球以外の全ての天体およびかかる天体を周回する軌道、天体や当該軌道に到達するその他の飛行経路（1条1項・2項）における天然資源が人類の共同の財産（CHM原則）に該当するとされ（11条1項）、採掘前の天然資源に対する所有権が否定されている（11条3項）。そして、天然資源の開発については、国際レジームを設立して行うこととされている（同条5項）。月協定の当事国はわずか18か国に過ぎないものの[12]、月協定の当事国からすれば、宇宙資源の開発に

9)　中谷和弘＝米谷三以＝藤井康次郎＝水島淳「宇宙資源開発をめぐる動向と法的課題」ジュリストNo.1506（2017年5月号）48頁参照。

10)　See, Atsushi Mizushima, Kojiro Fujii and Shimpei Ishido, "What Is an Appropriate Interaction Between International Law and Domestic Legal Systems to Promote Space Resources Development?" Air and Space Law, Vol. 42 (2017), p. 550.

11)　Agreement governing the Activities of States on the Moon and Other Celestial Bodies (entry into force on 11 July 1984)

12)　2021年1月1日時点。アルファベット順に、アルメニア、オーストラリア、オーストリア、ベルギー、チリ、カザフスタン、クウェート、レバノン、メキシコ、モロッコ、オランダ、パキスタン、ペルー、フィリピン、サウジアラビア、トルコ、ウルグアイ、ベネズエラの18か国。

は、かかる国際レジームの設立が必要ということになる。ただし、国連海洋法条約に基づく深海底の開発において、月協定と同様の CHM 原則に沿って国際レジームが構築されたが、海洋法条約で採用されたいわゆるパラレル方式・バンキング方式の深海底開発の仕組みは機能しているとはいえない。

Ⅲ　国連での議論

　米国やルクセンブルクの立法例が出る中で、2017 年 4 月に開催された国連宇宙空間平和利用委員会法律小委員会（以下「UNCOPUOS 法小委」という）の第 56 会期では、宇宙資源開発についての議論がはじめて取り上げられた。同会期では、米国およびルクセンブルクの国内法制定を一方的であるとして懸念を示す意見が多かったが、2018 年 4 月の第 57 会期では、懸念を示す意見は減少し、「多くの国が、今後の課題として、宇宙資源関連活動が宇宙条約に即して実施されるための国際枠組み、ガイドライン等の必要性、および、その際に留意すべき事項として、全人類・全ての国の利益、途上国配慮、環境保護・持続可能性、天体取得の禁止を定めた宇宙条約第 2 条との関係の整理等に言及があった」[13]。

　ただし、宇宙資源の探査、開発および利用活動について、宇宙条約をはじめとする既存の国際宇宙法の下で、どのような宇宙資源について、どのような探査、開発および利用活動が、いかなる条件で許容されているかについての広範な共通理解はまだ形成されていないのが現状である。

　商業的利用も含め、宇宙資源の「利用」は主要な宇宙関連条約の下で許容されるとの見解を示す国もあれば、月協定または代替的な国際レジームにより「開発」が許容されうるとの見解を示す国もある[14]。

　また、領有禁止の原則を始めとする既存の国際宇宙法における原則との整合性を確保すべきとの見解が多くの国から示され、また、宇宙資源開発

---

13)　2018 年 5 月 30 日宇宙ビジネスを支える環境整備に関する論点整理タスクフォース「（資料 2）軌道上の衛星間衝突事故及び宇宙資源関連活動に関する主な論点」5-6 頁。

14)　See. e.g., A/AC.105/1203, paras. 245, 267.

が全人類のための利益に行われることや発展途上国への利益の共有がなされることを求める発言も多い[15]。

国際的なルールの形式として、ガイドラインを整備する案やモデル条項を整備する案も挙げられている[16]。

国内立法例については、自ら国内法の整備を進めている国を中心に、国内法の発展を支持ないし擁護する見解が示される一方、発展途上国を中心に国内法の先行的な発展に対する懸念も引き続き示されている[17]。

2021 年 6 月の UNCOUPOS 法小委では、ベルギーおよびギリシャの提案に基づき、宇宙資源の利用および開発のための国際レジームの検討のためのワーキング・グループの設立が決定された[18]。今後 UNCOPUOS 法小委においても国際的な枠組みの検討が本格化することが期待されるが、近い将来に重要論点について合意が形成されることは困難なようにもみえる。

Ⅳ　ハーグ WG の取組み

他方、UNCOPUOS 法小委とは別に、宇宙資源開発を巡る国際的な議論を深め、将来のルール形成の参考とするための本格的な国際的な取組みもみられる。具体的には、宇宙資源ガバナンスについてのハーグワーキンググループ[19] が組織され、宇宙資源開発を適正に進めるための枠組みを、多様な国の政府機関、宇宙機関、国際機関、学者、企業といった有志のマルチステークホルダーの参加の下、検討された。2017 年 9 月に枠組みの草案が発表され、その後パブリックコメント手続を経て、2019 年 11 月、同グ

---

15)　See, e.g., A/AC.105/1203, paras. 253, 257.

16)　See, e.g., A/AC.105/1203, para. 244.

17)　See, e.g., A/AC.105/1203, para. 254.

18)　A/AC.105/C.2/L.314/Add.8.

19)　The Hague International Space Resources Governance Working Group、活動内容等については、以下のリンクを参照 <https://www.universiteitleiden.nl/en/law/institute-of-public-law/institute-of-air-space-law/the-hague-space-resources-governance-working-group>。なお、筆者が運営委員を務める西村高等法務研究所（NIALS）もその中核的メンバー（consortium partner）となっている。

ループは、宇宙資源活動に関する国際枠組が備えるべき基本要素（Building Blocks）（以下「ハーグ WG の BB」という）を採択し、公表した[20]。

　ハーグ WG の BB は、宇宙資源開発の実現を可能とする国際枠組みのあり方を検討したものであり、以下のような原則を打ち出している点が特徴的である。まず、宇宙開発についての国際的枠組みの構築を提唱しているが、これは条約のような固い形だけではなく、また、国際機関の創設を必ずしも前提とするものではなく、ソフトローや行動原則のような形も想定されている（序文）。また、立ち上がりつつある宇宙資源開発を萎縮させないように、産業や技術が立ち上げる前の過度な規制を戒めており、技術やビジネスモデルの進展にあわせて徐々に規制のあり方を検討するという「順応的なガバナンス（adaptive governance）」の原則を提唱している（序文、4.2 (a)）。国際枠組みとそれ以外のルール（国内法制、民間のガイドライン等）との関係については、国際的枠組みが採択されるまでの間、国家、国際組織および非政府主体が、ハーグ WG の BB を考慮し、使用することを奨励している（序文）。国際枠組みは、新たな国内法制の発展の参考とされるだけではなく、既存の国内法制の適用のあり方の参考とされるべきとしており（1.2 (b)）、また、国際枠組みは、国内法制、国際組織および非政府主体のベストプラクティスの特定をするものでもある（1.2 (d)）とされており、国際枠組みと国内法制等は、双方向的なものであり、かつ、いずれの存在が先であるべきかについても議論を限定していない。

　ハーグ WG の BB は、国際的枠組みが提供すべき具体的なルールのあり方についても提案を行っている。まず、資源の開発者に対し資源について

---

20) Building Blocks for the Development of an International Framework on Space Resource Activities (November 2019), available at <https://www.universiteitleiden.nl/binaries/content/assets/rechtsgeleerdheid/instituut-voor-publiekrecht/lucht--en-ruimterecht/space-resources/bb-thissrwg--cover.pdf>。なお、ハーグ WG の BB のコメンタリーも出版され、ハーグ WG のウェブページ上でも公開されている(Olavo de O. Bittencourt Neto, Mahulena hofmann, Tanja Masson-Zwaan and Dimitra Stefoudi (eds.), *BUILDING BLOCKS FOR THE DEVELOPMENT OF AN INTERNATIONAL FRAMEWORK FOR THE GOVERNANCE OF SPACE RESOURCE ACTIVITIES, A COMMENTARY* (2020, Eleven International Publishing)。

の権利（resource rights）を認めるべきとしており、かつ、国際枠組みの参
加国がこれを相互に承認すべきことが提唱されている（8）。宇宙資源の活
用による利益の共有については、国際的ファンドの創設も触れられている
が、人材育成、オペレーションへの参加、技術面の支援も並列して提唱さ
れているなど、非金銭的なアプローチも重視されており（13.1）、強制的な
金銭の分配は否定されている（13.2）。また、ハーグ WG の BB は、別途、
パイオニア企業への配慮も明記している（4.2（k））ことも注目に値する。
さらに、宇宙資源開発のプロジェクトが競合しうることを想定して、国際
的な調整のあり方としては、宇宙資源の探査・採掘のための優先権（地理
的範囲や最大期限については限定される）の設定（7）と登録（14（a））が提唱
されている。加えて、ハーグ WG の BB では、国家等が、宇宙資源開発か
ら生じうる他の宇宙活動、宇宙環境に対する有害な影響を回避・軽減する
ための措置を講ずる義務を明確にし、具体化する（10）とともに、宇宙資
源開発活動に対する有害な干渉を回避するための安全区域の設定（11.3）が
提唱されている。

　かかるハーグ WG の取組みについては、草案（2017 年 9 月）の段階でも
2018 年 4 月に開催された UNCOPUOS 法小委でも取り上げられた。国際的
なルールに関する議論が UNCOPUOS 以外のフォーラムで行われることを
批判する見解も少数みられたが（ベルギー、ロシア）、ハーグ WG の活動な
いしかかる活動の成果を好意的に評価する見解も複数見られた（米国、オ
ランダ、ルクセンブルク、フランス、インドネシア、メキシコ、UAE）[21]。

V　宇宙資源開発に関するルール形成に向けた直近の様々な動き

　上述のとおり、ハーグ WG の BB が提唱する国際枠組みのあり方は、国
際機関の創設を必ずしも前提とするものではなく、ソフトローや行動原則
のような形式も想定しており、さらに、ハーグ WG の BB 自体が、国際的

21）　See, A/AC.105/1203, paras. 258, 263, 264.

枠組みが採択されるまでの間、国家、国際組織および非政府主体が、ハーグ WG の BB を考慮し、使用することを奨励している。直近では、国内法整備、有志国による国際協定、民間のガイドライン等による宇宙資源開発に関するルール形成の動きが活発化していることが注目に値する。

　まず、わが国では、2019 年に宇宙活動法施行規則の改正が行われ、人工衛星の管理に係る許可申請書の様式（様式十七）の「人工衛星の利用の目的及び方法」の欄内にチェックボックスが新たに設けられ、その中に「宇宙科学・探査（資源探査を含む）」との項目が含まれることとなった。これは、2018 ～ 19 年にかけて行われた内閣府タスクフォースの議論の結果を反映したものである [22] が、日本政府が、宇宙資源探査活動がそれ自体合法な活動であるとの前提に立ち、同活動について宇宙活動法に基づき監督を行う意思を様式の改正という形で示したものであり、米国、ルクセンブルクに続き、宇宙資源立法を行ったものと評価することができるものである [23]。また、2020 年 9 月には、超党派議連である「宇宙基本法フォローアップ議員協議会」により、宇宙資源の所有権を民間企業等に認めるとともに、宇宙資源の探査や開発を目的とする人工衛星の管理に係る宇宙活動法第 20 条 1 項の許可の特例を設ける法律案がとりまとめられた [24]。同法律案は、2021 年 6 月に参議院で可決、成立し、同月に公布されている（宇

---

22)　2018 年 5 月 30 日宇宙ビジネスを支える環境整備に関する論点整理タスクフォース・前掲注 13) 6-7 頁、同資料では、民間事業者が「ランダーやローバー等（略）を用いて宇宙資源の探査を行う行為自体は、宇宙条約で禁止される行為ではなく、一定の基準を満たせば、現行の宇宙活動法で認められ得るものであることを明確化すべき」であること、「具体的には、国内に所在する人工衛星管理設備を用いて管理されたランダーやローバー等の『人工衛星』を用いて宇宙資源探査を行う行為が、宇宙活動法第 20 条の『人工衛星の管理に係る許可』の対象になる旨を何らかの形（宇宙活動法のガイドライン等）で明示すべき」であるとの問題提起が行われている。

23)　水島淳「宇宙資源に関する法制度の動向」（2019 年 12 月 18 日、三菱総合研究所主催セミナー「宇宙開発の未来共創 2019」におけるプレゼン資料）17 頁、available at <https://www.mri.co.jp/seminar/dia6ou000001p7ap-att/frontier-sympo2019_2-1_nishimura_1.pdf>

24)　「宇宙資源の所有権　超党派で法整備へ」（産経新聞 2020 年 9 月 21 日）、available at <https://www.sankei.com/politics/news/200921/plt2009210020-n1.html>

宙資源の探査及び開発に関する事業活動の促進に関する法律（令和3年法律第83号））。この法律の施行により、日本を拠点とする民間企業による宇宙資源の探査・開発の法的な予測可能性が確保され、関連産業の振興が期待されるところであり、今後の運用が注目される。

　次に、2020年10月14日、日米を含む8か国[25]が、アルテミス合意に署名した。当該合意には法的拘束力はないが、NASAが進める月面探査計画である「アルテミス計画」の推進のために、宇宙空間の民間による探査・利用の規律を強化するための一連の原則、ガイドラインを打ち出すものである。打ち出された原則の中には、宇宙資源固有のものもあり、宇宙資源の採取が本来的に宇宙条約2条の下での（宇宙空間の）国家による取得（national appropriation）を構成するものではない旨が確認されており（10.2条）、署名国間で宇宙資源の採取それ自体は宇宙条約の違反を構成するものではない旨が確認されたという意味で注目に値するものである。

　また、民間主導のソフトロー形成の動きとして、Moon Village Association による Moon Village Principles の作成が注目に値する。同原則は、「持続可能な月面活動のためのベスト・プラクティス」を策定することを目的とするものであり、その適用範囲は、月面における宇宙資源開発だけではなく、月面における活動全般に及ぶものである。しかし、2020年2月に改訂された際の目的の一つが、ハーグWGのBBとの整合をとることであった旨が明記されており[26]、ハーグWGのBBがルール形成に影響を与えた例であると評価することができる。

Ⅵ　おわりに

　以上みてきたように、宇宙資源開発については、法的にはその許容性を含めて国内法制と国際法が交錯する興味深い領域である。また、国際的議論のフォーラムについても、伝統的な国連というフォーラムだけではなく

25）米国、日本、豪州、カナダ、イタリア、ルクセンブルク、アラブ首長国連邦、英国
26）Moon Village Principles（MVP）Issue 2, draft, available at <https://moonvillageassociation.org/moon-village-principles-mvp-issue-2-draft-public-consultation-opens/>

て、いわば場外でのマルチステークホルダーでの本格的なルール形成の動きも並行して見られるという点で目を引くところがある。

　今後は、宇宙資源開発に関する具体的なルール作成の動きが、国連、有志国間、国内法制整備、民間が主導するソフトロー形成等が並行して進展していくこととなる。これは、ルールのフラグメンテーションのリスクをはらむものであるが、各フォーラムにおけるルール形成においてハーグWGのBBが参照される等、フォーラム間の相互参照が行われることで、このようなリスクが軽減され、ルール間での調整が促進されることが期待される。

宇宙交通管理（STM）とは何か

竹内　悠

I　はじめに

　人類の宇宙開発の歴史が60年を超え、社会生活の宇宙への依存度が高まった現代において、宇宙空間は当初想定されていなかった混雑を経験している。実は現在宇宙空間を周回する人工物体のうち、運用中の衛星は全体のわずか5パーセント強しかなく、それ以外の物体は、運用を終了した衛星や衛星を軌道へ投入して役割を終えたロケット上段部、あるいはそれらが何らかの原因で破砕した破片等のいわゆるスペースデブリになっている。その数は、地上から観測可能な直径10cm以上のもので約19,000個、直径1mm程度のものまで含めると約1億個にも上るともいわれている[1]。加えて、小型衛星コンステレーションによる通信事業、軌道上サービス事業、宇宙観光業、天体資源採掘業等の参入によって現代の宇宙空間は、急速に混雑し、競争が激化（congested, contested, and competitive）しつつある[2]。これまでのような同一軌道上を周回する衛星やスペースデブリのみならず、大量の小型衛星、不規則な動きをする宇宙機や国際宇宙ステーション以外の滞在型人工物体、弾道飛行を実施するサブオービタル機等をも避けて運用しなければならなくなる時代に突入しようとしている。

---

1)　加藤明『スペースデブリ：宇宙活動の持続的発展をめざして』（地人書館、2015年）14〜25頁。

2)　National Security Space Strategy (Unclassified Summary) (Department of Defense & Office of the Director of National Intelligence, 2011).

　これらの複雑化する宇宙環境に対応するために必要な概念として現在注目を集めているのが宇宙交通管理（Space Traffic Management：STM）である。STM に世界中の宇宙政策関係者の注目が集まりだしたのは、米国における一連の宇宙政策がSTM の概念を用いて語られ始めた 2016 年ころからである。本節では、これらの状況を紹介しつつ、現在の宇宙をめぐる状況に STM が貢献できる可能性と課題を紹介する。

Ⅱ　STM を巡る近年の動向

1　米国における STM 政策への注目

　概念としては十数年の歴史を持つ STM だが、政策として注目を集めたのはオバマ大統領が「2015 年宇宙法[3]」に署名した 2015 年 11 月だ。この法律はオバマ政権最後の宇宙関連法であったことから、論点は多岐に亘っていたが、同法は、従来、戦略軍統合宇宙作戦センター（Joint Space Operation Center：JSPOC）（当時）が担ってきた、宇宙状況監視（Space Situational Awareness：SSA）に基づく衝突回避のための情報提供業務のうち、民生機関に提供するサービスを、民生用宇宙交通管理（Civil Space Traffic Management：CSTM）として、軍ではない民生行政機関へ移管するべきか、という検討を政府に指示した。これに答申した大統領府科学技術政策局（OSTP）、連邦航空局（FAA）を傘下に持つ運輸省、宇宙機関としての連邦航空宇宙局（NASA）は、いずれもが、CSTM 機能を JSPOC から FAA へ移管させるべきと結論付けた。国防省と FAA はこれに基づいて移管のための共同プロジェクトを立ち上げて検討に着手し、FAA は航空管制における情報提供の実績を背景に、8 年程度でシステム立上げを含む業務移管を完了して独自のCSTM を担う自信を見せた[4]。しかし 2016 年 11 月に

3)　Public Law No.114-90, 2015.
4)　Office of Commercial Space Transportation, FAA, "Towards a Civil Space Traffic Management System"（2016）, https://www.faa.gov/about/office_org/headquarters_offices/ast/media/6_space_traffic_management_plans.pdf, last accessed at 30th.

トランプ大統領が当選すると、商業重視の共和党が与党になったこととも相まって、規制官庁である FAA の権限拡大にもつながる前記の流れに逆風が吹き始めた。加えて、NASA 長官が 16 か月も任命されないなど宇宙政策の政治的な優先順位が低下する中で、米国内では STM を巡る議論が活発に交わされることとなり、期せずして主に 3 つの観点で STM の重要性が強調されるようになった。1 つ目はオバマ政権が残した、CSTM の国防省から民生機関への移管方法、2 つ目は宇宙資源探査や軌道上サービス等の新たな宇宙活動を民間が行おうとするときの許認可官庁の選定と体制構築、そして 3 つ目が小型衛星群や宇宙旅行等のすでに既存の体制で許可が出されつつある活動に対する新たな安全規則の作成・適用である。特に共和党政権が標榜する産業振興との親和性から 2 つ目と 3 つ目の観点が大きく取り上げられ、トランプ政権が1993年以来復活させた米国国家宇宙会議（National Space Council）において、商務省を主体とする体制を構築する方針が 2018 年 6 月に決定された[5]。商務省は人工衛星の運用実績がある米国海洋大気庁（NOAA）を擁しているが、同体制の主体となるのは実働メンバー 3 名の商業宇宙室（Office of Space Commerce）であった。商務省は、同室の局への昇格や幹部ポストを含む大幅増員、権限の追加等を含む予算要求を繰り返し、トランプ政権末期の 2020 年 12 月にようやく 1000 万ドルの予算の議会承認を得た。しかし2021年より再び民主党政権に交代するため、本政策の先行きは依然不透明と言わざるを得ない。

2　国際社会の動き

　宇宙環境の悪化に関する国際的認識が高まった2000年代後半から、国際社会において宇宙活動に関するルール作りの議論が再燃し、宇宙先進国の主導権争いも巻き込んで 3 つのイニシアチブとして表出した。第 1 は、国連宇宙空間平和利用委員会（COPUOS）におけるブラッシェ議長（仏、2006年～ 2007 年期）の提唱による「宇宙活動の長期的持続可能性」議題（LTS）

Dec., 2020.

5)　Presidential Memoranda, "Space Policy Directive-3, National Space Traffic Management Policy", June 18, 2018.

である。これは2011年から科学技術小委員会の元に作業部会（WG）と4つの専門家会合（EG）を設置して議論され、宇宙運用のリスクを低減するべくすべての宇宙機運用者に適用可能な「自発的推奨ガイドライン」の作成を目指し、2019年6月にガイドライン採択に至った[6]。第2は、2008年にEUが国際社会に提案した「宇宙活動に関する国際行動規範案」（ICOC）で、宇宙活動の安全保障（security）、安全運用（safety）および持続可能性（sustainability）のための規範を採択して、各国の政治的コミットメントの確保を目指したが、2016年以降は進展していない。第三は、国連総会の諮問に基づいて2012年に設置された「宇宙の透明性信頼醸成措置（TCBM）に関する国連政府専門家会合（GGE）」であり、ヴァシリエフ議長（露）のリードで2013年7月に最終報告書が提出された[7]。この最終報告書は、宇宙のTCBMを深化させる上で、関連施設の相互訪問や政策・活動に関する情報交換等の伝統的なTCBMの有効性等を報告している。これらの動きは、見方によっては米国とロシアと欧州という伝統的宇宙先進国の主導権争いのようにもみえるが、より包括的な概念であるSTMの実現を念頭に置き、STMレジーム構築に向けたルール整備の初期段階が表出したものとみるべきである[8]。これは、上記のイニシアチブの大半が頓挫していたことをきっかけに専門家有志によるSTMのための規則案作成に拍車がかかっていることとも符合する。

---

6)　A/74/20 (2019).

7)　A/68/189 (2013).

8)　見解を共有するものとして、Kai-Uwe Schrogl, et al., Space security and the European Code of Conduct for Outer Space Activities, 4 UNIDIR Disarmament Forum "A Safer Space Environment?" (2009); Kai-Uwe Schrogl, Space traffic management: The new comprehensive approach for regulating the use of outer space—Results from the 2006 IAA cosmic study, 62 Acta Astronautica 272 (2008); Yu Takeuchi, "Space Traffic Management as a Guiding Principle of the International Regime of Sustainable Space Activities," 4 Journal of East Asia and International Law (2011) また、2016年にはCOPUOSにおいて、LTSはSTM実現のための議論だという認識が表明されたり（A/AC.105/2016/CRP.13)、2018年からCOPUOS法律小委員会において「STMの法的側面に関する情報交換」が議題化されるなどの変化がみられる。

Ⅲ　宇宙交通管理（STM）とは何か

1　宇宙物体の運用の実際

　宇宙物体の運用を安全に実施するための一概念であるSTMの理解には宇宙物体の運用の実際に対する理解が不可欠である。宇宙物体は宇宙空間において太陽からの圧力、不均一な地球の重力、希薄大気の抵抗等から様々な影響を受けながら飛行しているため、一定の軌道に留まっているわけではない。その運用は通常、当該物体との通信による正確な位置の把握と、必要に応じた軌道と姿勢の制御によって実施する。他の宇宙物体との衝突回避のためには、他の物体と、自己物体の軌道予測値同士を解析することで接近を検知する。すなわち、衝突回避のためには、宇宙空間に存在する観測可能なすべての物体の軌道情報をデータベース化した宇宙状況監視（Space Situational Awareness：SSA）によるデータに頼る必要がある。現在世界最大のSSAデータを有している米国統合軍宇宙構成部隊統合宇宙作戦センター（Combined Space Operation Center：CSPOC）は、直径約10cm以上の宇宙物体の軌道情報を保有し、接近解析の結果、接近リスクがある衛星の運用者に対して、接近情報を提供して注意を促している。また、CSPOCはこのデータの一部を会員制のHPで公開しているほか[9]、各国の軍や宇宙機関をはじめとする主要な衛星運用者との間でSSA共有協定を締結し、より詳細なデータ交換による衝突回避に貢献している。これは、衝突回避に必要となる軌道変更運用のための衛星燃料を節約して運用寿命を延ばしたい衛星運用者にとって有益なサービスとして広まり、2020年12月時点で26の政府機関、80の商業運用機関、2つの国際機関と締結している[10]。またCSPOCにとっても運用者からの最新の軌道情報を入手するこ

9）　https://www.space-track.org/, last accessed at 30th Dec., 2020.

10）　Clinton Crosier, "United States Strategic Command Space Situational Awareness Sharing Program Update", 54th Session, Scientific and Technical Subcommittee, United Nations Committee on the Peaceful Uses of Outer Space, Vienna, Austria（3

とでデータベースの精度向上が期待できるメリットがある。このように現在の衛星運用者は、自らの衛星運用情報とSSAから得られる接近情報を用いて他の宇宙物体との接近・衝突のリスクを回避しながら運用している。なお近年ではCSPOCの役割を代替すべく独自のSSA能力を構築して商用SSAサービスを展開する事業者が米国を中心に現われている。

2　STM概念の登場と理論

　STMの概念は、1999年米国航空宇宙学会（AIAA）において、宇宙機の運用全体を宇宙交通と捉え、円滑な交通を確保するために一定のルールを導入して管理するという概念の提唱として登場し[11]、それまでの宇宙5条約[12]を中心とした国際ルールに一石を投じた[13]。STM概念はAIAAによって国際宇宙航行アカデミー（IAA）に研究を委託する形で理論的な整理が行われ、2006年にIAA報告書として公表された[14]。同報告書は、STMを「宇宙への安全なアクセス、宇宙空間での運用及び地球への帰還において物理的障害及び電波干渉を防ぐための技術的、規制的なルール一

February 2016), http://www.unoosa.org/documents/pdf/copuos/stsc/2017/tech-34E.pdf, last accessed at 30th Dec., 2020.

11)　青木節子「先進国の宇宙開発利用における「宇宙交通管理」概念の発展」宇宙開発戦略本部宇宙開発戦略専門調査会宇宙活動に関する法制検討ワーキンググループ第3回（2009年3月12日）資料、available at http://www.kantei.go.jp/jp/singi/utyuu/housei/dai3/siryou4.pdf（last accessed 30th Dec., 2020）.

12)　月その他の天体を含む宇宙空間の探査及び利用における国家活動を律する原則に関する条約（宇宙条約）（1967年）、宇宙飛行士の救助及び送還並びに宇宙空間に打ち上げられた物体の返還に関する協定（救助返還協定）（1968年）、宇宙物体により引き起こされる損害についての国際的責任に関する条約（損害責任条約）（1972年）、宇宙空間に打ち上げられた物体の登録に関する条約（登録条約）（1975年）および月その他の天体における国家活動を律する協定（月協定）（1979年）をいう。

13)　宇宙5条約体制におけるSTMの位置づけや課題については、Yu Takeuchi, Legal Aspects of International Regime for Space Traffic Management, Master's Thesis, McGill University（2014）; 竹内悠「宇宙交通管理のための法的課題」空法55号（2014年）参照.

14)　Kai-Uwe Schrogl, et al, Cosmic Study on Space Traffic Management, International Academy of Astronautics（IAA）（2006）.

式」[15] と定義し、宇宙交通の現状を分析した上で、包括的な宇宙交通管理
レジーム構築のために必要な検討事項を整理した。この報告書は STM の
必要性を世に訴える問題提起の役割を果たし、以降学界では STM を扱っ
た研究が漸増してきた[16]。IAA 報告書は、STM を実現するためには宇宙
諸条約に加えて国際的な政府間協定に基づく包括的な STM レジームが必
要であり、そのレジームによって主に次の4つの規則群を規定する必要が
あるとした[17]。なお、これらは現行の運用においても部分的には実施され
ているものの、総体としてカバーされていないことに課題がある。

(1)　基盤となる共通のデータベース

　前述した CSPOC の SSA 情報が最も広く使われているが、ロシアは類似
の能力を有しているほか、欧州各国や日本でも部分的な能力を有してい
る[18]。CSPOC からの接近情報と衛星運用者が保有している軌道情報が整
合しない場合には、両者の解析が保有する誤差やその誤差の根拠などを解
析してデータの確からしさを検証する必要がある。観測データの共有や解
析アルゴリズムの標準化ができれば技術的には解析水準を統一できるとさ
れるが、後述する政治的課題が残る。

(2)　軌道上マヌーバに関する情報共有規則

　データベース上での軌道が正確だったとしても、衛星運用者が大きく軌
道変更（軌道上マヌーバ）をする場合には予めその観測予測値をデータベー
スに登録しておかなければ、データベースの情報に基づいて回避行動を

15)　Ibid at p.17.
16)　たとえば、International Space University, Space Traffic Management（2007）; William H. Ailor, "Space traffic management: Implementations and implications", 58 Acta Astronautica（2006）; Setsuko Aoki, "Space Traffic Management"for the Prevention of Weaponization of Outer Space", 51st Colloquium on Law of Outer Space, International Institute of Space Law（IISL）（2009）.
17)　IAA Report, pp.91-92.
18)　Brian Weeden, "Space Situational Awareness Fact Sheet", May 2017, https://swfound.org/media/205874/swf_ssa_fact_sheet.pdf, last accessed at 30th Dec., 2020.

とったところ、軌道変更後の他衛星に接近してしまうということが起こりうる。軌道上マヌーバは当該宇宙機の運用者しか把握していないため、その運用者がデータベースへ登録する方法を規則化しておく必要がある。これは、CSPOCがSSA共有協定で部分的に実現しようとしているものだが、協定を締結していない運用者の情報がカバーできていない。情報に漏れがあった場合には結局のところ前記(1)のデータベースが不十分ということにもなる。

(3) 衝突回避のための交通管理規則

前項で紹介した宇宙機の運用方法は、現在の実行上とられている方法だが、規則として確立されているものではない。航空機では衝突コースに乗った場合には相互に右旋回して回避するなどの運航規則が確立しており[19]、宇宙機にもこうした共通の交通管理規則が必要だ。

(4) 交通管理規則の違反に対する責任

交通規則の実効性を確保するためには、宇宙物体の運用中に生じた損害が、交通規則違反に起因する場合には、当該違反者に責任が求められなければならない。既存の法体系では軌道上損害の場合には過失責任が適用されるが[20]、地上損害に対しては打上げ国に無過失責任を課す宇宙損害責任条約との間で齟齬を来たす。

3 STMの課題

STMそのものを担保する法的根拠は現存していないため、当事者同士の合意によってSTM国際レジームを形成していくことが必要不可欠になる。この合意形成に向けてはいくつかの法的、政治的課題を解決する必要がある。

---

19) 国際民間航空条約（シカゴ条約）付属書2「航空規則」。
20) ただし、宇宙空間における過失認定に困難さは残る（竹内・前掲注13)参照）。

(1)　法的課題

　宇宙活動においては、他の交通分野に比してその法制度の性質から、交通管理に対するインセンティブが働きにくい構造的な問題がある。第1は、領域に対する国家主権が宇宙空間には及ばない点にある。陸上、海上、航空はいずれにおいても国家主権の範疇にある領域に隣接しているため、各国は領域主権の管理責任を果たすためにもその領域を統制するインセンティブがある。しかし宇宙空間は国家による領有を一般的に禁止されたため（宇宙条約2条）、主権国家から空間として統制するインセンティブを奪った形になっている。第2に、国際的な認知を与えない物体に対する扱いである。陸上、海上、航空のそれぞれの空間においては、無登録によって国籍不明の機体や船舶は制裁の対象であり、通航禁止や拿捕の対象になる不利益を被る。他方宇宙空間においては、宇宙物体登録が実施されていなかったとしても、管轄権が主張できないに過ぎず、当該物体の運用に支障を来たすような不利益を被らない。これによって、運用者が当該国において速やかに登録手続きをとるインセンティブも奪っているといえる。

(2)　政治的課題

　STMを実現するための規則の作成には大きく3つの政治的課題が残されている。第1に、これらの規則は、宇宙機の能力を制限するものとなることも考えられるため（たとえば運用終了後に廃棄軌道に移動できるよう余分な燃料を搭載する規則や交通規則に従って回避行動が取れるような推進系を搭載する規則等）、1か国のみで導入すると国際競争力を阻害することが懸念されている。したがって、導入のタイミングが困難であり、これまでの国際的なイニシアチブがコンセンサスに達しなかった原因もそこにあると考えられている。

　第2は資金的課題である。共通データベースの運営主体と交通管理規則の監督主体は中立的な機関である必要があるが、現存する諸機関にはこうした機能がないため、新設するには新たなコスト負担となる。これは、米国のCSTMを担う商務省に頼るのか、国際的なデータベース運用機関を立ち上げるのか、あるいは航空法の浸透に実績を有する国際民間航空機関

（ICAO）がその役割を担うのか、といった議論を惹起している[21]。加えて商用SSAサービスの発展により、これらの中立性をどのように確保すべきかという課題も挙がっている。

そして第3は国家安全保障の課題であり、これまでの議論が遅々として進まない真の原因とも目されている。SSAは各国の宇宙における物体探知能力そのものであるため、その性能が露見してしまう観測データは機密情報扱いであり、実は共有は現実的ではない。そこでSSAデータに一定の処理を施したデータベースの共有が議論されているが、その場合に、これまで意図的に共有してこなかった安全保障目的の衛星群の情報が漏れることを恐れる安全保障当局がデータベースの共通化に暗黙裡に反対しているのではないかともいわれている。

このように、STM実現のための共通規則については、一国による実施では解決し得ない法的、政治的課題が存在するため、国際レジームを形成して関係国の合意を積み重ねて醸成していく必要がある。

Ⅳ　おわりに

国際社会は国連宇宙5条約体制を墨守したまま宇宙活動開始半世紀を迎えたが、急速に混雑し、競争が激化しつつある宇宙空間にあって、安全かつ持続可能な宇宙活動を継続するためには、STMの概念を導入して宇宙機の往来を「交通」として整理する必要性が生じつつある。本節ではこれを導入する必要性と課題を紹介した。航空機の発達が世界のヒトとモノの移動に劇的な変化を与えたのは誕生からおよそ100年後だった。宇宙開発の歴史が新たな半世紀に入った今日こそ、宇宙機が高度な輸送手段として活躍する時代の到来を視野に入れた国際STMレジームの構築が必要とされている。

21）Ram Jakhu et al., "The Need for an Integrated Regulatory Regime for Aviation and Space, ICAO for Space?", Springer-Verlag Wien, 2012.

第6節

サイバーセキュリティ

青木節子

I 宇宙ビジネス発展の前提条件としてのサイバーセキュリティ

　本節は、サイバー攻撃[1]の防止、被害軽減が宇宙ビジネス発展にとって必須の課題であるにもかかわらず、宇宙法が必ずしもサイバーセキュリティ[2]を適切に確保していない現状を確認し、どのような対応が必要とされるかを考察する。

　現在、ほぼすべてのビジネス展開は、インターネットへの接続なしには不可能である。そのため、業務上のデータ取得の妨害、窃取、不正使用、

---

1) 「サイバー攻撃」を「インターネットに接続にされる機器やネットワークの技術的手段によりインターネット上に構築される環境（「サイバー空間」）において、またはその環境を用いて行う活動（「サイバー活動」）を通じて正当な利用者のデータ取得を妨げ、窃取、不正使用し、またはデータを破棄・改竄すること、および、地上もしくは宇宙にある標的を物理的に破壊し、またはその機能を破壊、変更、低下させること」と定義する。この定義は、ISO/IEC の定義、米国防総省の定義などを参考にして作成した。

2) 「サイバーセキュリティ」にはさまざまな定義があるが、本節では、サイバー攻撃を防止し、防止できなかった場合には、その被害を最小限にとどめ、迅速にサイバー空間の安全性を取り戻すことと考える。See, e.g., US National Institute of Standards and Technology, *Framework for Improving Critical Infrastructure Cybersecurity, Version 1.1, 16 April 16 2018*. <https://www.nist.gov/cyberframework/framework>; ISO/IEC TS 27100, *Information Technology –Cybersecurity –Overview and Concepts [draft]*, 2018, <https://www.iso27001security.com/html/27100.html>.

271

またはデータの破棄、改竄、漏洩等をもたらすサイバー攻撃を適切に防止し、データの安全な管理を確保することが重要な課題となっている。そして、以下の理由により、ロケット打上げや衛星運用に代表される宇宙活動にとっては他の産業にも増してサイバーセキュリティの確保は重要であるといえる。宇宙活動は、「宇宙物体」[3] または「宇宙システム」（space-based systems）、通信リンク（communication links）、地上局（ground-based systems）からなる「宇宙資産」（space assets）[4] の一体化した運用が特徴であるが[5]、地上局にあるコンピュータにマルウェアが侵入し、宇宙物体／宇宙システムの機能が毀損された場合に、地上からの制御によりサイバー攻撃の被害を除去・軽減することには限界があるからである。しかも、静止軌道上で15年程度運用される大型衛星に搭載される追跡・監視・制御（TT&C）機器やソフトウェアは旧式なものとならざるを得ず、最新のサイバー攻撃技術の餌食となりやすい。

　それにもかかわらず、この問題の重要性は、必ずしも十分に共有されてきたとはいえない。それは、第1に、宇宙でのサイバーセキュリティ問題は、長く宇宙の軍事利用問題と考えられてきたためであり、第2に、2005年頃までは、宇宙ビジネスは主として大企業が担うものであったからであろう。1990年代以降、地上の軍隊運用が各種衛星データに依存する程度は一貫して高まっているが、多くの国は厳しい財政事情の中、防衛費の増加は困難であり、軍事専用衛星を増やすことはかなわなかった。そこで、平時から民間の通信衛星、リモートセンシング（RS）衛星運用企業のサービスを購入し、需要が急激に拡大する武力紛争時には特に購入量を増やすことにより、軍事専用衛星の不足を補ってきた[6]。国防省に選定される少数

---

3)　国連宇宙関係条約で使用される用語であり、地球から宇宙に導入される人工物の総体を指す。宇宙損害責任条約1条(d)、宇宙物体登録条約1条(b)参照。

4)　See, e.g., US-China Economic and Security Review Commission, 2011 Report to the Congress, 2011, pp.214-215.

5)　「宇宙資産」全体を「宇宙システム」と称することもある。後掲注7) 参照。

6)　See, e.g., Jeremy Singer, "Firms to Arrange Satellite Services for Pentagon", Space News, 19 February 2001, p.19.

の大企業は、軍事宇宙に対する業務提供者として政府の求める水準のサイバーセキュリティを備えていることが前提とされていたと一応は考えられる。

　しかし、2010 年代に入り、世界各地で高性能の小型衛星の開発、製造、運用を行う中小の新興企業が宇宙ビジネス市場の重要なアクターとして活動するようになった。宇宙技術の進展とともに、安価で高性能の小型通信衛星、小型 RS 衛星は軍事用途にも利用されるようになり、商用小型衛星のサイバーセキュリティ問題が浮上してきた。2020 年 9 月、トランプ政権の 5 番目の宇宙政策指令（SPD-5）「宇宙システムのためのサイバーセキュリティ原則」が採択された[7] が、それ以前から米国産業界では、サイバーセキュリティ対策を怠ることにより、将来、政府が過剰な規制を及ぼすことを懸念して、汎用利用が想定される先進的な小型衛星の暗号化を業界団体の自主的な義務とすべきであるという意見が高まっていた[8]。小型衛星を一万機以上のコンステレーションで運用する大がかりなビジネスも始まりつつあり、産業界は、2019 年には自衛策として、サイバーセキュリティ情報を交換し対策を共有する「宇宙情報共有分析センター（ISAC）」を設置した[9]。SPD-5 は、産業界の流れと親和性の高いもので、宇宙資産所有者・管理者に対して、宇宙資産の認証許可・暗号化の強化、物理的な脆弱性軽減、地上局保護、サイバーセキュリティの衛生状態確保措置採用、サプライチェーンリスク管理等を要請するものの、特に新たな規則を作成し、または、衛星運用の免許規則等にサイバーセキュリティ強化の要請を含めることはしていない。産業界がベストプラクティスを作り出しそれを共有することを政府として支援していくという方法をとり、その観点から、ISAC の活動を特に支持している[10]。

---

7)　The White House. Memorandum on Space Policy Directive-5—Cybersecurity Principles for Space Systems, 4 September 2020 (hereinafter "SPD-5").

8)　<https://spacenews.com/no-encryption-no-fly-rule-proposed-for-smallsats>; <https://spacenews.com/smallsat-cybersecurity-2020/>.

9)　<https://spacenews.com/space-industry-group-focused-on-cybersecurity-to-begin-operations-in-spring-2020/>.

10)　SPD-5, supra note 7, Sec. 4.

II　衛星運用に対するサイバー攻撃を規律する国際法

　通信衛星に対して最も頻繁に行われるサイバー攻撃は、衛星の上りリンクに対して偽の信号を伝送し、衛星搭載機器での処理を混乱させて、下りリンクへの的確な情報伝送を妨げる受信妨害（ジャミング）である。このような問題については、被害企業の国籍国が、国際電気通信連合（ITU）の無線通信部門（ITU-R）に置かれた無線通信規則委員会（RRB）で、ITU憲章・条約、無線通信規則（RR）等を適用して「有害な混信」（harmful interference）[11]をもたらすジャミングの停止を加害業者の国籍国に要請し、ITU憲章の義務に従った是正措置を取ることを求める[12]。ITU/RRBには証拠に基づき違反を認定し、違反国に是正を要求する権限はないので、加害国が非協力的な場合には、効果がない。そこで、2012年以降、RRを改正し、有害な混信回避を技術上の義務から一定の規範性をもつ義務に高める努力はなされているが、改正内容は不十分である[13]。

　通信衛星へのサイバー攻撃の対処は国家間交渉が中心なので、私企業ができることはサイバー攻撃を受けたことを早期に検知し、ジャミングが実施された場所と状況を可能な限り正確にモニタリングする能力を備え、自国の主管庁がITU/RRBで相手国と交渉しやすくすることにとどまる。将来的には、サイバー攻撃に対する防止措置基準を、サプライチェーンを共有しうる友好国の事業者間で作成し、自発的なガイドラインとすることも考えられるだろう。

　公表されたRS衛星や測位航法衛星へのサイバー攻撃では多くの場合、衛星のTT&Cの制御を奪われており、宇宙条約上回避すべき「有害な干渉」（harmful interference）[14]に該当するのみならず、一般国際法上の不干渉義務違反に該当する可能性もある[15]。ただし、前者は具体的な条約規定

---

11) ITU憲章附属書1003およびRR1.169。
12) ITU憲章6条1、2および45条1-3; RR 15.1。
13) RR15.1, RR.15.21 §13; Resolution 186 (PP-2014), 7 November 2014.
14) 宇宙条約9条3-4文。

としての行為規範ではあるが、紛争解決規範が欠如しており、後者は主権尊重という国際法の原則から導かれる射程の不明瞭な国際法規則にすぎず、個々具体的な状況での適用を可能とする条約や慣習法が存在しない限りは、実効性に乏しいものとなる。特にサイバー攻撃を主権侵害という枠組で追及することが可能かという点においては、見解が鋭く対立しており[16]、現在、国家間で実行されている対抗措置（報復）については国際法上確立した規則を見出すことはできない。陸・海・空とは異なる宇宙空間およびサイバー空間の特質を考慮した上での具体的規則が近い将来に形成される可能性は低く、衛星運用者が取りうる措置は、宇宙資産のサイバーセキュリティを高めることおよび適切な保険を手配することなどにとどまると思われる。

Ⅲ　宇宙空間からのサイバーセキュリティ問題

1　国際宇宙ステーションの裁判管轄権配分と国内法適用可能性

2019年1月、国際宇宙ステーション（ISS）から米国家航空宇宙局（NASA）の宇宙飛行士が、離婚協議中の配偶者の銀行口座に少なくとも2回許可なくアクセスしたとして、配偶者が米連邦取引委員会（FTC）に個人識別情報（ID）不正取得・不正使用を理由に苦情申し立てを行った。事実であれば、宇宙で初めての犯罪、しかもNASAのPCを用いたサイバー犯罪ではないかと話題になったが、2020年4月6日にテキサス州連邦大陪審は、元配偶者（同年1月に離婚成立）が虚偽の申立を行っていたと判示した[17]。本件自体は犯罪ではなかったが、今後確実に生じる宇宙空間での犯罪（サイ

---

15)　実例については、青木節子「宇宙資産に対するサイバー攻撃に適用可能な国際法の検討」国際法外交雑誌115巻4号（2017年）14〜16、21〜22頁参照。

16)　認める見解としてはタリンマニュアルの規則4がある。Michael N. Schmitt (ed.), Tallinn Manual 2.0 on the International Law Applicable to Cyber Operations (Cambridge Univ. Press, 2017) pp.17-27.

17)　<https://www.nytimes.com/2019/08/23/us/nasa-astronaut-anne-mcclain.html>.

バー犯罪を含む）にはどのような法律が適用されるのか、という点に注目が集まった。

現行民生用国際宇宙ステーション協力協定（「ISS協定」）は、米国、ロシア、欧州宇宙機関（ESA）の加盟国、カナダ、日本が加盟国となる多国間条約である[18]。ISS協定は、各国がそれぞれ自国民について裁判管轄権を行使すると規定し、本件においては米国となる[19]。では、具体的には米国のいかなる法が適用されるのであろうか。米国は、1981年に刑法を改正し、米国刑法の域外適用が可能な領域、すなわち「特別海事・領域管轄権」（special maritime and territorial jurisdiction）が及ぶ範囲に、新たに宇宙飛行・宇宙航行のために使用または設計され、宇宙条約および宇宙物体登録条約に従い米国に登録された機器が加えられた[20]。しかし、関連するすべての刑事法のあらゆる規定が米国領域外で必ず適用されると決まっているわけではない。本件には「コンピュータ詐欺と濫用に関する法律」（CFAA）[21]の適用が推定されるが、CFAA自体に特別海事・領域管轄権行使を明示的に許容する規定がみられず、また、議会調査局（CRS）報告書によると、域外適用を行う刑事関係法リストに、CFAAを含めていない[22]。そこで、ISSでの事例に同法を用いることができるかは不透明であるとされる[23]。

2　宇宙物体に対する国内法適用の必要

日本の刑法においては、国外にある日本国籍の船舶・航空機内での犯罪は日本国内で実行されたものと擬制される[24]が、宇宙物体を「その他政

---

18) ISS協定の詳細については、小塚荘一郎・佐藤雅彦編著『宇宙ビジネスのための宇宙法入門〔第2版〕』（有斐閣、2018年）第3章II、120～153頁〔佐藤雅彦〕参照。

19) ISS協定22条。

20) Pub. L. 97-96 added §7 (6), 21 December 1981, 95 Stat. 1210; 18 USC §7 (6).

21) 1984年に初めて制定され、1986年以降内容の大幅修正とともに現行の名称となる。Pub. L. 99-474, 16 October 1986, 100 Stat. 4404.

22) Charles Doyle, *Extraterritorial Application of American Criminal Law*, CRS 94-166, 31 October 2016, pp. 42-67（Attachment）.

23) <https://www.cfr.org/blog/cyber-crime-outer-space-houston-do-we-have-problem>.

24) 刑法1条2。

令で定める機器」としての「航空機」[25]と位置付けていないため、日本が登録する宇宙物体内で犯罪が行われた場合は、国外犯として扱われる[26]。ISS協定起草時、宇宙に滞在する人間は非常に限られることから、宇宙物体内を日本国内とみなし刑法の適用範囲を拡大する利益はないと判断されていた。

　しかし、今後、日本人の所有・運用する宇宙ステーションに、ビジネス、観光、勉学などさまざまな目的で多様な国籍の人間が滞在する可能性を考えると、サイバー攻撃だけに限っても、国外犯規定の適用だけでは不十分であろう。また、これは、無人の宇宙物体に対しても言いうることであろう。日本の衛星や無人ステーションにサイバー攻撃がなされた場合に、日本法の適用を確保するためにも、宇宙物体の少なくとも一部（どのような類型の宇宙物体に対してか、登録を要件とするのか等については本節では扱わない）に船舶・航空機類似の擬制を可能とすることが必要であろうと考える。

Ⅳ　おわりに

　宇宙ビジネスを健全に成長させるためのサイバーセキュリティ向上のためには、多角的な取組が必要であろう。喫緊の措置としては、各国、各主体が自身の宇宙資産のサイバーセキュリティ強化を図ることであろうが、中期的には以下の検討が必要であろう。第1に、ITU法体制における過度の国家主権の尊重を改め、ジャミング等のモニタリング結果の客観的な認定機能をRRBが保持するようにRRの改正を図ることである。第2に、国際宇宙法においては、サイバー法分野におけるサイバー空間の主権についての議論との整理を図りつつ、「有害な干渉」回避義務からより具体的な規則の形成を図ることである。そして、第3に、日本の課題としては、有人・無人の宇宙物体に対する自国法の適用状況を検討し、必要な場合に船舶・航空機と同様の扱いが可能になるよう、立法措置を取ることである。

---

25)　航空法2条1。
26)　刑法2、3条、3条の2、4条。

第5章

宇宙ビジネスをめぐる基礎理論の展開

国際私法

I　はじめに

　宇宙活動に関して生じうる私法の抵触の問題は、これまでにも散発的に検討されることはあった[1]。しかし、いわゆる「宇宙国際私法」は、管見の限り、現在でも必ずしも宇宙法という分野において確立した位置づけを得ているわけではない[2]。宇宙活動のきわめて国際的な性質に照らすとや

---

1)　古くは Hamilton DeSaussure and P P C Haanappel, 'A Unified Multinational Approach to the Application of Tort and Contract Principles to Outer Space' (1978) 6 Syracuse J Int'l L & Com 1 があるほか、1980 年代以降、例えば Karl-Heinz Böckstiegel, 'The Law Applicable to Contracts on Space Activities' (1982) 25 Proc Int'l Inst Space L 203、Mariam Yuzbashyan, 'Potential Uniform International Legal Framework for Regulation of Private Space Activities' (2010) 53 Proc Int'l Inst Space L 39 など、国際宇宙法学会会議録でも国際私法に関する論考が時折発表されている。このほか、刑事裁判管轄権を中心に論じつつ民事裁判管轄権にも若干触れるものとして P J Blount, 'Jurisdiction in Outer Space: Challenges of Private Individuals in Space' (2007) 33 J Space L 299、EU 法を中心に民事裁判管轄や手続等について論じるものとして Nikolay Natov, 'Private International Law Aspects of the Draft International Code of Conduct for Outer Space Activities' (2017) 66 ZLW 290 がある。

2)　小塚荘一郎＝佐藤雅彦編著『宇宙ビジネスのための宇宙法入門〔第 2 版〕』（有斐閣、2018 年）7 〜 10 頁は、便宜的に、宇宙法を①国際宇宙法、②国内宇宙法、③宇宙私法、④国際宇宙私法の類型に整理しているが、宇宙法の文献の中で圧倒的な比重を占めており、多くの研究の蓄積があるのは①である。Francis Lyall and Paul B Larsen, *Space Law: A Treatise* (2nd edn, Routledge 2018) 29-32 のように、宇宙法の法源に関し、宇宙の商業化に伴い契約法や国際私法等を含む国内法の重要性が高まりつつあ

や奇妙にもみえるこの状況の背景には、もちろん、従来の宇宙活動は国家主導で行われ、宇宙利用に関するルール形成も主に国際法の平面で行われきたという事情があろう。ただ、宇宙活動に伴い生じる法的問題を抵触法的に分析すること自体の困難や、その割にはその実益が必ずしもはっきりしないことも、これに影響しているのではないかとも思われる。

宇宙活動に伴い生じる法律問題を抵触法的に分析しようとすると、次のような困難に直面する。第１に、宇宙空間は、法的にみるとかなり特殊な領域である。単に、公海などと同じく国家主権が及ばない領域であるというだけであれば、海事事件の知見を応用できるかもしれない。ところが、実際には、国家と、宇宙活動を行う主体や宇宙空間に所在する物体との法的な結びつきは、海事法におけるそれとは相当に異なっている。第２に、宇宙ビジネスには様々なものがあり、渉外的な問題の表れ方もそれに応じて異なる。契約準拠法の決定のように、基本的には他の国際ビジネスの延長線上で考察することが可能な問題もあれば、宇宙空間にある物体同士の衝突や、宇宙資源に対する権利の得喪など、国際宇宙法特有の要素を踏まえて検討する必要がある問題も存在する。前者については、伝統的な国際私法の枠組みのもとで把握することが自然で、予測可能性、法的安定性の観点からも望ましいのであろうが、後者についてはどうだろうか。また、これらの統一的、連続的な把握は必要なのだろうか。第３に、国際私法規則は現実には国内法として存在し、その適用は紛争解決の場によって左右される。国家の関与が強く、民間企業が絡む紛争であっても仲裁による紛争解決が選択されるのであれば、「法の適用に関する通則法」（平成18年法律78号。以下「通則法」）のような国内法としての国際私法の解釈論は周辺的な意味しか持ちえないのではないか。本稿は、このような困難を生んでいる法的現状を確認し、「宇宙国際私法」の議論の前提を整理することを主な目的とする。

ることを指摘するものもあるが、③、④についてはまとまった記述がないものも多い。

II　宇宙法の枠組みと国際私法

　まず、法の適用に関する理論的な枠組みを確認した上で（1）、国際宇宙法のもとでの、宇宙活動の主体、宇宙空間に存在する物体と国家との法的な結びつき、紛争解決における特徴を簡単に整理する（2）。これらを踏まえ、宇宙ビジネスに関する紛争は、抵触法的にはどのように把握できるかを検討する（3）。

1　法の適用に関する理論的枠組み

　多くの国は、準拠法選択規則としてわが国の通則法と同様に、法律関係から出発して適用される法を決定するアプローチ、より具体的には、渉外的法律関係を類型化し、契約、物権、不法行為といった単位法律関係ごとに当事者の合意、物の所在地、不法行為地といった一定の連結点を定め、これに従って適用されるべき法を決定するという手法を採用している（双方主義、法律関係からのアプローチなどとよばれる）。他方で、国際的な法律問題への対応は双方的抵触規則のみに委ねられているわけではない。行政法、競争法などのいわゆる公法に属する領域では、実質的な規範を定める法規定の目的や性質から、その地理的な適用範囲を画定するアプローチが採用されており（一方主義、法規からのアプローチなどという）、このような適用機序が妥当する法律はいわゆる私法の領域にも存在する（絶対的強行法規、国際的強行法規、強行的適用法規などとよばれる）³⁾。

　19 世紀に確立した双方的抵触規則の枠組みは、公法と私法の区別を前提に、国家の関心が薄くある程度の一般性が認められる私法領域については外国法と内国法を対等に扱い、法の内容の相違が私人の活動の妨げになら

---

3)　通則法は国際的強行法規について規定していないが、少なくとも法廷地のそれが準拠法にかかわらず適用されうることを否定するものではない。小出邦夫『逐条解説・法の適用に関する通則法〔増補版〕』（商事法務、2014 年）88 頁、92 〜 93 頁、380 〜 381 頁参照。なお、このような法規の名称について、中西康ほか『リーガルクエスト国際私法〔第 2 版〕』（有斐閣、2018 年）131 〜 132 頁参照。

ないよう消極的な形で私的利益の調整を図るもので、公法と私法の相対化が顕著となった現在、理論的には大きな課題を抱えている[4]。また、実務的にも重要性が認められるはずの、法規からのアプローチによるべき事項の画定、双方主義との関係などについても、必ずしも一致した見解があるわけではない[5]。さらに、この点についての考え方は法域によって異なり得ることにも、留意が必要である[6]。

2　宇宙法の枠組み[7]と紛争解決

現在の国際宇宙法の枠組みは、1967 年に作成された宇宙条約（昭和 42 年条約 20 号。以下 OST）を中心に形成されている。宇宙条約の定める原則は、以下の点で宇宙空間を法的に特殊な領域としている。①宇宙空間の領有は禁止されている（OST2 条）。②非政府団体（non-governmental entities）が

---

4)　沿革と潮流につき、簡潔には櫻田嘉章『国際私法〔第 7 版〕』（有斐閣、2020 年）37 頁以下、最近の学説につき横溝大「グローバル化時代の抵触法」浅野有紀ほか編著『グローバル化と公法・私法関係の再編』（弘文堂、2015 年）109 頁以下〔初出：社会科学研究 65 巻 2 号 129 頁（2014 年）〕参照。

5)　問題状況について、例えば道垣内正人『ポイント国際私法 総論〔第 2 版〕』（有斐閣、2007 年）72 ～ 84 頁参照。消費者保護法、労働者保護法、外国為替法等の中に国際的な強行規定が含まれるとされるが（櫻田嘉章＝道垣内正人編著『注釈国際私法(1)』〔有斐閣、2011 年〕37 ～ 38 頁〔横溝大〕、268 ～ 270 頁〔西谷祐子〕、小出・前掲注 3）102 頁など参照）、一般的な決定基準は定まっておらず個別具体的に判断せざるを得ない（櫻田＝道垣内・同 37 頁のほか、野村美明「契約の準拠法Ⅰ——当事者による法選択と強行法規」日本国際経済法学会編『国際経済法講座Ⅱ 取引・財産・手続』3 頁〔法律文化社、2012 年〕32 頁など参照）。通則法の消費者保護、労働者保護の規定は法廷地の強行的適用法規の適用を排除するものではなく、国際的強行法規との関係を特に問題視しない立場もある（小出・前掲注 3）89 頁）。他方で、通則法制定以前の論文だが、早川吉尚「準拠法の選択と「公法」の適用」国際私法年報 5 号 206 頁（2003 年）217 ～ 220 頁のように二つの手法の重畳的な適用に批判的な見解もある。

6)　特に宇宙ビジネス先進国である米国において、関係する法域の法政策を含む諸要素を総合考慮して最密接関係地法を決定する一方主義的なアプローチが採用されていることは、この問題の検討にあたって重要と思われる。米国抵触法の全体像は、樋口範雄『アメリカ渉外裁判法』（弘文堂、2015 年）が分かりやすい。

7)　その概要につき、小塚荘一郎「宇宙ビジネス法の構造と課題」国際私法年報 21 号 102 頁（2019 年）102 ～ 111 頁を参照。

行う宇宙活動についても国家が責任（responsibility）を負い、「関係当事国
（appropriate State Party）」が許可および継続的監督を行うものとされてい
る（OST6 条）。③「打上げ国」は、打ち上げの失敗や衛星の落下、衛星の
衝突等により外国または外国人に損害を与えた場合は責任（liability）を負
う（OST7 条）。④宇宙物体の登録国は、その宇宙物体およびその乗員に対
し、それらが宇宙空間にある間は「管轄権及び管理の権限（jurisdiction and
control）」を保持し、宇宙空間に発射された物体とその構成部分の所有権
（ownership）は宇宙空間にあること、地球への帰還によって影響を受けな
い（OST8 条）。③については宇宙損害責任条約（昭和 58 年条約 6 号）、④は
宇宙物体登録条約（昭和 58 年条約 7 号）によって、より具体的な規律が定
められている。主に②の責務の履行のために、宇宙活動国の多くは行政的
な許可、継続的監督の根拠となる行政法を制定している（日本について、宇
宙活動法〔平成 28 年法律 76 号〕、衛星リモートセンシング法〔平成 28 年法律 77
号〕参照）。

　国際法上の議論はさておき、民事紛争について検討する前提としては次
の点が重要であろう。国際宇宙法は国家間の義務と責任について規定する
ものだから、②や③は宇宙活動に関与する主体の民事責任の成立を妨げる
ものではない。③については特に、宇宙損害責任条約 11 条 2 項が打上げ国
の裁判所等での損害賠償請求は妨げられない旨を明文で規定している。②
を受けて制定される行政法規には打上げ事業者等の民事責任に関する規定
が置かれていることがあるが、わが国の宇宙活動法 35 条以下のように、政
策的考慮を強く反映したものとなっていることがある[8]。④は一見したと
ころ船舶や航空機の国籍・登録と類似しているが、実際上、宇宙物体は必
ずしも地球への帰還が予定されているわけではないこと、法的にも宇宙物
体の登録には物権関係の公示の機能はなく、登録されていない衛星の割合
が非常に高いこと等から、公海とその上空との共通点は①の結果にとどま
り、船舶や航空機の登記・登録とパラレルに考えるのは難しい[9]。

8）　諸外国の宇宙活動法の概観として小塚・前掲注7）108 〜 111 頁参照。なお、日本
　　法の詳細は、宇賀克也『逐条解説宇宙二法』（弘文堂、2019 年）参照。

　次に、紛争解決の場に目を向けると、宇宙活動は国家主導で行われてきたという経緯、さらに②の原則ゆえに、宇宙活動に関する紛争は国家が関与する形で生じる可能性が高い。国家間の紛争についてはまずは関係する諸条約の規定によることになるだろうが、民間企業と国家が関係する紛争で、拘束的かつ終局的な解決を目指すのであれば、仲裁が第一の選択肢になるだろう [10]。

3　宇宙ビジネスと抵触法的分析の視点

　2の現状を前提とすると、地球から離れる程に、宇宙ビジネス紛争における利害調整の枠組みとして双方的抵触規則が機能しうる余地がどの程度あるのか、より深刻に問題になりうると思われる [11]。また、紛争解決の場が主に仲裁であるならば、裁判規範としての抵触規則の精緻化よりは、交渉や仲裁において補助線となりうる理論的な軸の提供がここでは必要とされるのではないだろうか [12]。

---

9)　船舶との対比による検討として、Souichirou Kozuka and Fumiko Masuda, 'Private International Law（Conflict of Law Rules）for Human Presence of Long Term in the Space'（2014）57 Proc Int'l Inst Space L 193 参照。なお、OST8 条の管轄権および管理の権限に関する規定により民事裁判管轄権に国際法上どのような制約が生じるのかについては、必ずしも一致した明確な見解はないように思われる。Natov（n 1）は同条に基づく管轄権の存在を前提とする検討のように読めるが、Blount（n 1）319-322 は別個の問題と把握するようである。

10)　国家が関与する紛争では主権免除の問題が生じる。また、特に技術的、安全保障的な要素が絡むときは非公開性を確保できる紛争解決方法が望ましいと思われる。紛争の特徴を踏まえた検討として Tare Brisibe, 'Settlement of Disputes and Resolution of Conflicts' in Ram S Jakhu and Paul Stephen Dempsey（eds）, *Routledges Handbook of Space Law*（Routledge 2017）90 ff参照。なお、ハーグに所在する常設国際仲裁裁判所（PCA）は、宇宙の商業利用の発展を受け、2011 年に UNCITRAL モデル仲裁規則を参考に「宇宙活動紛争に関する仲裁規則（Optional Rules for Arbitration of Disputes relating to Outer Space Activities）」を制定している。

11)　双方的抵触規則の適用を前提とする検討として、小塚・前掲注7）111 ～ 114 頁、Kozuka and Masuda（n 9）などがあるが、その前提を疑うことも可能と思われる。

12)　仲裁における実体準拠法の決定はより柔軟である。全般的には、谷口安平＝鈴木五十三編著『国際商事仲裁の法と実務』（丸善雄松堂、2016 年）270 ～ 278 頁〔早川吉

　宇宙ビジネスには、商業化がかなり進んでいる(a)打上げサービス、(b)人工衛星を利用した通信、測位、リモートセンシングなどから、(c)今後の展開が注視される宇宙観光や、(d)スペースデブリの除去、(e)宇宙資源探査等を目指す先端的なビジネスなど、様々なものが含まれる[13]。(a)や(b)に関して、契約当事者間の問題に従前の契約準拠法に関する理論枠組みを及ぼすこと、人工衛星の不具合等によって地上で生じる契約外債務の問題を隔地的不法行為に関する議論を踏まえて検討すること等は、基本的に妥当と思われる[14]。これに対し、宇宙活動法のロケット等落下損害に係る民事責任の規定（宇宙活動法35条以下）は、国際競争力確保の観点等から導入された、付保強制と政府補償を前提とする規律になっていることに鑑みると、法規からのアプローチにより馴染む性質のものではないだろうか。(c)や(e)に関しては、国際宇宙ステーション（ISS）の法的枠組みが一応参考になると思われる。ISS の運用に関しては、政府間協定によって宇宙諸条約の定める原則を踏まえてより具体的に国家管轄権の配分、調整が行われてい

　尚〕など、仲裁法の文献を参照されたい。国家対民間企業の紛争では、国際法や法の一般原則、非国家法の準拠法適格性など、国家契約に関する議論も関係しうる。例えば、多喜寛『国家契約の法理論』（中央大学、2007年）9頁以下、高杉直「国際開発契約と国際私法——安定化条項の有効性と非国家法の準拠法適格性」阪大法学52巻3＝4号（2002年）1007頁参照。投資条約上の投資紛争という形をとることもあるかもしれない。

13)　各ビジネスをめぐる法的状況については、さしあたり小塚＝佐藤・前掲注2）219頁以下のほか、本書第3章、第4章の論考を参照されたい。

14)　検討の例として、Lyall and Larsen (n 2) 29-30 参照。GNSS の不具合による民事責任については、2000～2010年代の UNIDROIT での論点整理の際に抵触法的な問題も扱われている。清水真希子「GNSS（衛星測位システム）の不具合に関する民事責任」飯田秀総ほか編『商事法の新しい礎石：落合誠一先生古稀記念』（有斐閣、2014年）591～626頁参照。より詳細な検討として Lesley Jane Smitha and Catherine Doldirinab, 'Jurisdiction and Applicable Law in Cases of Damage from Space in Europe—The Advent of the Most Suitable Choice—Rome II, Acta Astronautica 66 (2010) 239. 人工衛星に対する担保権設定については、ケープタウン条約宇宙資産議定書との関連で米国統一商事法典（UCC）第9編の担保権の登録制度とその抵触規則の適用が検討されてきた。Mark J Sundahl, The Cape Town Convention（Nijhoff 2013）15-19 参照。

る[15]。一方主義的アプローチによれば、民事的な問題に関しても国家管轄権の配分を尊重すべきことになるのかもしれないが、伝統的な双方的抵触規則が適用されると考えれば、特殊な領域であること自体は民事上の救済を認めるための妨げにはならないと思われる[16]。ただ、その実効性、妥当性には検討の余地があるかもしれない。

Ⅲ　おわりに

　本稿は状況の整理を試み若干の論点を指摘したにとどまる。日本の裁判所で争われるかはともかく、宇宙の商業利用の進展とともに、私法的な規律や法の抵触の問題は重要性を増すことにはなるだろう。研究の発展が期待される領域であることは、疑いないと思われる。

---

15)　本書第4章第2節参照。詳細な研究として、福嶋雅彦「多極間友人宇宙協力と国際法」堅法61号（2020年）67頁。

16)　例えば、知的財産権侵害について日本法は（様々な批判があるものの一応は）双方的アプローチを採用しているから（最判平成14年9月26日民集56巻7号1551頁）、実質法上の属地主義による制約は問題となりうるにせよ、抵触規則の解釈によって損害賠償請求、差止請求に関し最密接関係地法を探求すること自体は可能と思われる。なお、小塚＝佐藤・前掲注2）144～145頁、206～208頁参照。

第2節

宇宙ビジネス法の将来：まとめと展望

小塚荘一郎

I　宇宙活動法の広がり

　宇宙ビジネス法の将来を展望するにあたって、各章の内容を簡単に振り返っておこう。

　本書では、大別すると、2つの観点から世界の宇宙法の姿を描き出そうとしてきた。その1つは、世界各国で制定されている宇宙活動法の紹介である。宇宙活動法とは、民間主体による宇宙活動に対して、宇宙条約6条で関係国に義務づけられている許可および監督を及ぼし、国家間の枠組である宇宙条約および関連する条約（宇宙諸条約）の規律が遵守されることを確保するための国内法令の総称であり、日本では、「人工衛星等の打上げ及び人工衛星の管理に関する法律」がこれに相当する。ニュースペースの時代には、民間主体が直接に宇宙活動の担い手として活動するため、宇宙活動法の適用を通じて宇宙諸条約の内容を確実に実施することが重要になる。

　一方では、民間事業者による宇宙活動が活発な米国（第2章第1節）やフランス（第2章第4節）のように、よく知られた宇宙活動法がある。どちらも、日本で参照されることが多いものであるが、立法の背景や運用の実際にも注意しつつ、正確に理解する必要がある。両国の宇宙活動法は、民間事業者による宇宙活動に対して国際法の枠組を及ぼすだけではなく、とくにロケットによる宇宙物体の打上げを産業として支援し、振興する目的から、打上げによる損害につき事業者の損害賠償責任の一部を政府が補償す

るという制度を持つ点で共通するが、その制度設計は、細かく比較すると同じではない。

　なお、狭義の宇宙活動法ではないが、米国では、サブオービタル飛行実施者の搭乗者に対する責任の制限や、宇宙事業者に対する優遇税制など、より広範な産業振興が各州の立法によって行われていることも注目される（第2章第2節）。まだ立法が実現していないため、そこでは取り上げなかったが、ワシントン州でも宇宙産業の振興を図る法案が議会に提出された[1]。ワシントン州の中心都市シアトルは Amazon の拠点として知られるが、同社グループは、地上受信設備（AWS Ground Station）や通信衛星コンステレーション（Project Kuiper）などを通じて宇宙ビジネスに参入しつつある。シアトルはまた、同社の創業者であるジェフ・ベゾスが率いる Blue Origin の所在地でもあり、この両社を軸として、デジタル産業と宇宙産業が融合するニュースペースの新たな中心地となりつつある。

　他方で、2010年代の後半以降、ニュースペースの潮流の中で、より明確に宇宙産業の振興を意図した宇宙活動法を制定する国も現れた。英国（第2章第5節）やニュージーランド（第2章第8節）がその例である。この両国は、当面、他国（米国）の事業者による活動拠点を誘致しようとしている点に類似性があり、そのため、いずれの法律も、打上げ（英国ではサブオービタル飛行を含む）の許可や射場の運営に関する制度を設けている。しかし、それにとどまらず、宇宙産業を発展させるための工夫が盛り込まれている点に注目したい。

　このほかにも、小型衛星によるリモートセンシングビジネスなどが生まれつつあるフィンランド（2018年1月）や、アゾレス諸島に射場の建設を計画しているポルトガル（2019年1月）で宇宙活動法が制定されているが、ヨーロッパの中では、宇宙資源開発をはじめとするニュースペースの拠点となることを目指したルクセンブルクの立法が注目されよう（第2章第7

---

1)　Fostering economic growth in Washington by supporting emerging businesses in the new space economy, Washington State HB 2596 (66th Legislature); Encouraging economic growth in Washington by providing tax preferences for advanced spacecraft manufacturing, Washington State HB 1190 (67th Legislature).

節）。2017年に、先行して宇宙資源開発に関する法律が制定された後、3年半を経て、2020年末には一般的な宇宙活動法が採択された。

　また、豊富な資金力を背景に宇宙開発国として急速な成長を遂げてきたアラブ首長国連邦でも、2019年12月に宇宙活動法が成立した（第2章第9節）。この法律は、有人宇宙飛行や原子力動力源を使用した宇宙活動、宇宙資源の探査・開発・使用などにわたる広範な規律を定めた点で注目される。その後、ドバイ国際金融センターが、2021年2月に宇宙裁判所を設立するプロジェクトを発表するなど（コラム4）、アラブ首長国連邦は、ますます斬新なアプローチでニュースペースをリードしようとしている。

　伝統的な宇宙開発国の場合、ニュースペースの時代には、政府や宇宙機関による調達が、宇宙産業を振興する上で重要な手法の一つとなる。自由経済体制をとる米国や欧州、日本など（いわゆる西側諸国）では、宇宙開発の初期から民間事業者が関与してきたのであるが、その時期には、政府や宇宙機関がミッションの目標設定やシステムの設計の責任を担い、民間事業者はサプライヤーにすぎなかった。これに対してニュースペースが出現すると、政府・宇宙機関は達成すべき成果を明示してサービスを調達する立場となり、そうした成果を実現するためのシステム設計自体を民間事業者に委ねるようになったのである[2]。とりわけ米国では、調達の仕組みの中で、市場のダイナミズムを活かし、スタートアップ（いわゆる宇宙ベンチャー）の新しい発想を取り入れていくことが意識的に行われ（第2章第3節）、大きな成功を収めている（コラム2）。これに対して、欧州では、ESA（欧州宇宙機関）とEU（欧州連合）の制度が交錯する中で独特の調達制度が形成されているほか（第2章第6節）、安全保障にかかわる分野では、関連産業の特性などから、独自の調達制度が整備されている（コラム3）。これらの調達制度は、日本ではこれまで断片的にしか紹介されていないように思われるが、宇宙政策において参照すべき点が少なくない。

---

[2]　Ram S. Jakhu & Joseph N. Pelton (eds), *Global Space Governance: An International Study* (Springer, 2017) 114-115.

Ⅱ　宇宙活動を取り巻く国際制度の動向

　宇宙ビジネスは、各国の宇宙活動法の適用を受けるだけではなく、関連する国際的なルールにも規律される。国連による多数国間条約の採択という形で宇宙法のルールが形成されることは行われなくなって久しいが、複数国間の合意による枠組や、既存条約の解釈や運用の改訂、さらには官民の主体によるグローバルな認識の共有などを通じて、宇宙ビジネスに関する国際ルールは、不断に形成され続けている。これらを特定の主題ごとに検討することが、本書の第2の観点であった。

　まず、宇宙ビジネス活動の制度的な前提ともいうべき主題がある。メガコンステレーションの出現によって変容を迫られている周波数管理の問題（第3章第1節）、宇宙ビジネスにとっても喫緊の課題となりつつあるサイバーセキュリティの問題（第4章第6節）、そしてさまざまな思惑から世界的に議論が進行した宇宙交通管理の問題（第4章第5節）がそれである。周波数管理については、ITU（国際電気通信連合）による規律が機能していることから、無線通信規則を逐次改正することで国際ルールが発展していくが、サイバーセキュリティへの対処は、ITUによる技術的な対応だけでは、おそらく十分ではないであろう。そして、宇宙交通管理をめぐっては、その概念や問題の位置づけを含めて議論の整理が必要な状況にある。また、宇宙ビジネスから生ずる法律問題を考える上では、国際私法の考え方（第5章第1節）を明確化していくことも重要な課題であるが、伝統的な準拠法選択のルール（双方的抵触法ルール）が妥当する範囲はどこまでかという認識も含め、世界的にも未解明の点が多い。

　次に、宇宙ビジネスのプラットフォームとなるような制度として、国際宇宙ステーション（第4章第2節）や、測位衛星システム（第4章第3節）を挙げることができる。いずれも、商業利用の拡大が期待されているが、制度的には対照的な発展を遂げている。国際宇宙ステーション（ISS）に関しては、参加国間の国際合意（ISS協定およびその下位規範であるMOUと実施取極）による活動の枠組を堅持しつつ、その運用を通じて商業利用の拡大

が図られてきた。他方、測位衛星システム（GNSS）は、信号の安定的な提供など技術的な点を除いて国際的なルールが存在しないまま、システムを構築した各国の国内法（欧州では EU 法）によって規律されている。いずれの場合も、商業利用に際しては、契約や利用条件などが関係者の権利義務を規律するが、そこに既存法令の解釈や適用の問題が生じるため、実務面における宇宙ビジネス法の課題は大きい。

　そして、新たに行われるようになった宇宙ビジネス取引に関しても、国際的なルールが問題となる。このうち、宇宙資源開発（第 4 章第 4 節）や射場規制（スペースポート、第 3 章第 4 節）については、国際的なフォーラムが形成され、関係者間で認識の共有が図られつつある。宇宙資源開発については、天体からの資源採取という行為自体が初期には論争的にみえたために議論が開始されたという経緯はあるが、実際には、開発を行おうとする企業等の主体が天体上の特定の地点で競合する可能性があるため、一定のルールを国際的に共有することの意義は大きい。スペースポートの場合、宇宙空間への打上げや発射地点の近くに帰還するサブオービタル飛行のみを想定すれば国ごとの規律で足りるが、宇宙空間を経由した 2 地点間の飛行が実用化に近づくと、国際的にルールを共通化し、相互運用性を高めることが必要になると予想される。これらに対して、商業有人宇宙飛行（スペースツーリズム、第 4 章第 1 節）については、米国内に安全基準などを標準化する動きもあるものの、国際的なコンセンサス形成への道はなお遠いように思われる。また、衛星の軌道上売買（第 3 章第 2 節）や、宇宙ビジネスのファイナンス（第 3 章第 3 節）では、もっぱら個別の取引において宇宙諸条約との整合性が問題となるため、現在ではまだ国際的なルール形成に対する関心は高くない。しかし、案件数が増加すれば、ここでも統一的な解決が模索されるようになるであろう。

III　宇宙ビジネス法の現在地

　本書の冒頭（第 1 章）で、宇宙ビジネス法は 3 層ないし 4 層から構成される複合的な構造を持つと述べた。第 1 層は宇宙諸条約と ITU の法体系か

らなる国際法のルールであり、第2層はその国内実施を確保し、自国の宇宙活動を規律するための各国の国内法からなる。そうした国際法・国内法の下で、宇宙ビジネスを成り立たせるためにさまざまな民商事法、経済法等が適用ないし利用されることになり、それが宇宙ビジネス法の第3層を構成する。そして、近年になって存在感を増してきた第4層は、事業者団体等によって形成される自主規範（私的主体間のソフトロー）である。現在は、宇宙活動法の立法など第2層の各国法が比較的活発に動いているが、立法の内容は少しずつ異なっているため、相互の間で整合性の確保や抵触・競合の調整が問題となりつつある[3]。この状況に対して事業者は、さしあたり、第3層ないし第4層に属する宇宙法務によって対応しているが、より大きな視点でみれば、第1層の国際法ルールのレベルにおいて、さまざまなフォーラムを通じた緩やかな認識の共有（国家間のソフトロー）による解決が模索されている。本書が描き出した世界の宇宙ビジネス法の現状は、そのようにまとめることができそうである。

　そうした中で、第1層と第2層の中間に位置する規範として、二国間や有志国間の枠組が重要性を増しつつあるようにみえる。とりわけ、宇宙探査については、米国が、政策的な方向性を共有する国との間でアルテミス合意（平和的目的のための月、火星、彗星及び小惑星の民生探査及び利用における協力のための原則）を成立させ、日本もこれに参画した。アルテミス合意は、政治的な宣言であって条約のような法的規範ではないとされているが（同合意第1部参照）、科学データの公表や宇宙文化遺産の保全、宇宙資源開発における相互調整など、宇宙探査が本格化するとともに生ずる新たな問題点について、規律を導入する枠組である。そして、その中では、天体上の資源に対する所有権を承認することが宣言されており、国際的に立場が大きく分かれる法的な論点について、一方の立場が明確に示されている。

　二国間の枠組の事例としては、米国が、ニュージーランドや英国との間で締結している技術保護協定（TSA）が挙げられよう（第2章第5節・第8節参照）。TSAは、米国の事業者が米国外でロケットの打上げやサブオー

---

3)　Jakhu & Pelton (fn 2), 130-131.

ビタル機の運用を行う際に技術管理規制を遵守する上で不可欠な制度と考えられている。ニュージーランドにとっては、射場国として宇宙開発競争に参入する上で米国との TSA の締結は不可欠であったし、英国が米国との間で 2020 年 6 月に締結した TSA は、英国のスペースポート構想を実現に向けて大きく進めるものと評されている。

Ⅳ　宇宙法の役割の変容

　宇宙ビジネス法の将来を展望するため、以上にまとめた現状を、やや巨視的に、宇宙法の役割の変遷という観点から位置づけてみよう。

　黎明期の宇宙法が、宇宙空間における軍備管理法として形成されたことは、よく知られている。宇宙開発の先陣を競い合った米ソのいずれにとっても、宇宙空間が敵対する勢力に支配され、自国の安全保障が宇宙から脅かされる危険性は、必ず排除しておかなければならないものであった。その結果、宇宙活動の自由（宇宙条約 1 条）、宇宙空間及び天体の領有禁止（同条約 2 条）、宇宙空間及び天体における大量破壊兵器の禁止（同条約 4 条）などが、宇宙空間を規律する重要な原則として確立された。宇宙空間において一切の軍事利用を禁止するといった極端な理想主義を避けつつ、一定の枠組の中で、宇宙技術を管理する役割が、宇宙法に託されたわけである[4]。

　その後、民間事業者（非政府主体）による宇宙活動が活発になるとともに、宇宙法の役割は、政府による事業活動の管理へと変容した。民間事業者の活動も宇宙活動の自由という原則を享受する前提の下で、それを適切に管理する体制をつくり、国家間で形成された安定的な宇宙法の秩序が空洞化しないように担保することが、宇宙法の役割となった。そのためには、宇宙条約の中でも、非政府主体の宇宙活動に対する関係国の許可及び継続的監督（宇宙条約 6 条）や、宇宙物体に関する登録国の管轄権及び管理の権限（同条約 8 条）、さらには、宇宙活動から発生する損害についての打上げ

---

4)　青木節子『日本の宇宙戦略』（慶應義塾大学出版会、2006 年）125 頁以下、青木節子『中国が宇宙を支配する日』（新潮新書、2021 年）109 頁以下。

国の責任（同条約7条）などが重要な意味を持つ。そして各国は、これらの原則を国内法の平面で実施するとともに、必要に応じて政策目的をも加味して、宇宙活動法を制定していった。第1章で提示した表現を用いるなら、政策目的の要素が大きくなり、また現代的になるにつれて、宇宙活動法は第1世代から第2世代、そして第2.5世代へと進化した。

　その結果として開花した「ニュースペース」は、宇宙産業の姿を大きく変え、小型化・スマート化した宇宙物体が、急速に宇宙空間を埋めつつある。広大に見えた宇宙空間も、近い将来には、周波数や宇宙物体の軌道、天体上の活動拠点、そして宇宙デブリの問題を含めた宇宙交通など、さまざまな面で、利用が輻輳することが予想される。そうした中で、宇宙法の役割はふたたび変容し、資源管理法へと姿を変えるであろう。宇宙条約の中では、他国の宇宙活動に対して「有害な干渉」を及ぼす場合に、協議によって解決することを要請する9条が、大きな意味を持つことになる。協議とは、国家間のアドホックな調整プロセスを意味する場合もあるが、宇宙活動の主体が多様化した時代には、ある程度一般化された基準が、政府や事業者、NGOなどの関与の下で形成されていくのではないか。そして、そのような基準を実施するために、各国の宇宙活動法は対応を求められ、資源管理を目的とした第3世代へと進化していくであろう[5]。こうして、宇宙ビジネス法は、今後もダイナミックな発展を続けていくのである。

---

5)　この点は、小塚荘一郎「宇宙開発利用の今後と法的課題」法律のひろば74巻4号（2021年）32頁、36～37頁でも論じている。

執筆者・翻訳者紹介

青木　節子（あおき　せつこ）
　慶應義塾大学大学院法務研究科教授。慶應義塾大学法学部卒業。カナダ、マッギル大学法学部附属航空宇宙法研究所博士課程修了（Doctor of Civil Law）。2016 年 4 月より現職。

石戸　信平（いしど　しんぺい）
　西村あさひ法律事務所カウンセル弁護士。東京大学法学部、同大学法科大学院卒業、University College London 修了 (LLM in International Law)。2012-15 年、外務省国際法局経済条約課課長補佐（任期付弁護士）。第一東京弁護士会宇宙法研究部会副部会長。

上久保　知優（かみくぼ　ともひろ）
　弁護士。慶應義塾大学法科大学院修了。2014 年より西村あさひ法律事務所に勤務。2021 年より官庁に出向中。

木下　圭晃（きのした　よしあき）
　JAXA 有人宇宙技術部門計画マネージャ。早稲田大学法学部卒業、南カリフォルニア大学経営学部修了。パリ駐在員事務所長などを経て現職。

小塚　荘一郎＊（こづか　そういちろう）
　学習院大学法学部教授。東京大学法学部卒業、博士（法学）。東京大学助手、上智大学法科大学院教授などを経て現職。2016-17 年、IBA（国際法曹協会）宇宙法委員会委員長。

小林　佳奈子（こばやし　かなこ）
　TMI 総合法律事務所アソシエイト弁護士。2010 年第二東京弁護士会登録、2014-2015 年、総務省総合通信基盤局電波部電波政策課出向。

齋藤　俊（さいとう　すぐる）
　　TMI総合法律事務所アソシエイト弁護士。2019年第一東京弁護士会登録。

笹岡　愛美＊（ささおか　まなみ）
　　横浜国立大学国際社会科学研究院准教授。慶應義塾大学法学研究科後期博士
　課程単位取得退学、修士（法学）。流通経済大学法学部を経て現職。2014-16
　年、法務省民事局調査員（商法（運送・海商関係）改正担当）。

重田　麻紀子（しげた　まきこ）
　　青山学院大学大学院会計プロフェッション研究科教授。慶應義塾大学大学院
　法学研究科後期博士課程単位取得退学。横浜市立大学准教授を経て2016年4
　月から現職。博士（法学）。

新谷　美保子（しんたに　みほこ）
　　TMI総合法律事務所パートナー弁護士。2006年第一東京弁護士会登録。JAXA
　の非常勤招聘職員、一般社団法人Space Port Japan設立理事、文科省宇宙開
　発利用部会「革新的将来宇宙輸送システム実現に向けたロードマップ検討会」
　委員等。

竹内　悠（たけうち　ゆう）
　　JAXA研究開発部門研究推進部主任。慶應義塾大学宇宙法研究センター研究
　員兼務。一橋大学国際・公共政策大学院修了（国際・公共政策修士（専門職））、
　マギル大学航空宇宙法研究所修士課程修了（法学修士（LLM））。JAXA総務
　部法務課、外務省総合外交政策局宇宙室（出向）等を経て現職。

谷　瑞希（たに　みづき）
　　JAXA調達部プロジェクト調達室主査。入社以来、プロジェクト立上げ、打上
　げ事業の民間移管その他契約法務、調達・産業促進の政策提言等に従事。ま
　た、文部科学省宇宙関連法案準備室（出向）での立法法務等を経て現職。
　Leiden Excellence奨学生としてオランダ・ライデン大学法科大学院航空宇宙
　法修士課程修了。

谷口　富貴（たにぐち　ふうき）
　　JAXA国際宇宙探査センター所属。早稲田大学法学研究科修了。文部科学省へ
　の出向、パリ駐在員事務所所長代理などを経て現職。

濱田　祥雄（はまだ　さちお）

　和田倉門法律事務所弁護士。大阪大学法学部法学科、大阪大学高等司法研究科、博士（法務）。西中・宮下法律事務所を経て現職。

Helen Tung（ヘレン・タン）

　英国法廷弁護士（バリスタ）、NewSpace2060（ニュースペース系スタートアップ企業のアドバイザー組織）創業者。シェフィールド大学（英国）およびティルブルフ大学（オランダ）にて法学の学位取得、グリニッジ大学（英国）博士課程単位取得。専門分野は金融法、破産法、建設法、海事法、宇宙法。

　英国高等法院、控訴院での訴訟、ドバイ仲裁裁判所およびドバイ国際金融センター裁判所での実務経験豊富。UAE（アラブ首長国連邦）宇宙機関に対する宇宙法政策アドバイザー。

藤井　康次郎（ふじい　こうじろう）

　西村あさひ法律事務所パートナー弁護士。東京大学法学部卒業、ニューヨーク大学ロースクール修了（LLM in Competition Innovation and Information）。2012-14 年、経済産業省通商機構部国際経済紛争対策室参事官補佐（任期付弁護士）。

藤田　唯乃（ふじた　ゆの）

　弁護士。大手医薬品メーカー法務部勤務。北海道大学法科大学院修了。西村あさひ法律事務所、三井物産株式会社を経て現職。

藤野　将生（ふじの　まさお）

　オリック東京法律事務所外国法共同事業弁護士（日本、CA、NY）。東京大学理学部物理学科在学中に JAXA 宇宙オープンラボの下で研究。東京大学法科大学院、スタンフォード大学法科大学院各卒業、修士（法学）。

増田　史子（ますだ　ふみこ）

　岡山大学学術研究院社会文化科学学域（法）教授。京都大学法学部卒業、英国オックフォード大学法学修士課程（Magister Juris）修了。京都大学大学院法学研究科助手、准教授（国際取引法）、岡山大学大学院社会文化科学研究科准教授（商法）を経て現職。

宮城　健太郎（みやぎ　けんたろう）
　　西村あさひ法律事務所パートナー弁護士。東京大学法学部第一類卒業。司法修
　　習修了後、西村あさひ法律事務所入所。2013 年 Northwestern University
　　School of Law 卒業後、2013-14 年ロンドンの Norton Rose Fulbright LLP で
　　の海外研修を経て、現職。

野村　遥祐（のむら　ようすけ）
　　クリフォードチャンス法律事務所外国法共同事業弁護士。東京大学法学部卒
　　業、修士（法学）。

渡邉　亜希子（わたなべ　あきこ）
　　慶應義塾大学法学研究科修士（公法学専攻、宇宙法専修コース）。2007 年より
　　民間通信会社にて企業法務を担当。

※　本書の内容および見解はすべて個人のものであり、各執筆者が所属する組織
　　等の見解を示すものではない。

世界の宇宙ビジネス法

2021年10月15日　初版第1刷発行

編 著 者	小　塚　荘一郎
	笹　岡　愛　美
発 行 者	石　川　雅　規

発 行 所　株式会社 商 事 法 務
〒103-0025 東京都中央区日本橋茅場町 3-9-10
TEL 03-5614-5643・FAX 03-3664-8844〔営業〕
TEL 03-5614-5649〔編集〕
https://www.shojihomu.co.jp/

落丁・乱丁本はお取り替えいたします。　　　印刷／㈲シンカイシャ
©2021　Souichirou Kozuka, Manami Sasaoka　Printed in Japan
Shojihomu Co., Ltd.
ISBN978-4-7857-2905-9
＊定価はカバーに表示してあります。